ISBN: 978-7-04-036886-4

理查德·菲利浦斯·费曼（Richard Phillips Feynman，1918—1988），著名美国物理学家，加州理工学院物理系教授，诺贝尔物理学奖得主。

1918 年 5 月 11 日，费曼出生于纽约市皇后区。童年时，费曼接受了来自父亲的科学启蒙教育，父亲所启发的思考方式影响了费曼的一生。高中毕业后进入麻省理工学院学习，并于 1939 年获得学士学位。随后进入普林斯顿大学念研究生，师从约翰·惠勒（J. A. Wheeler），1942 年获得理论物理学博士学位。1943 年进入洛斯阿拉莫斯国家实验室，参与了曼哈顿计划。1945 年费曼开始在康奈尔大学任教，1951 年转入加州理工学院。在加州理工学院期间，因其幽默生动、不拘一格的讲课风格深受学生欢迎。1963 年出版《费曼物理学讲义》。1965 年，费曼因在量子电动力学方面的贡献与施温格（Julian Schwinger）、朝永振一郎（Sin-Itiro Tomonaga）共同获得诺贝尔物理学奖。1972 年获得奥斯特教学奖章。1986 年，费曼受邀调查挑战者号航天飞机失事事件。1988 年 2 月 15 日，费曼因癌症于加州洛杉矶与世长辞。

在学生时期，费曼就表现出了不凡的研究能力。他的大学毕业论文题目是《分子中的力》，在这篇论文中，他提出了后来所称的费曼 - 海尔曼定理。在整个科研生涯中，费曼在物理学的几个领域都有建树。除了因之荣获诺贝尔物理学奖的量子电动力学方面的工作之外，广为人知的另外两项重大贡献：一是量子力学的路径积分形式，这种形式从经典力学中的最小作用量原理延伸出来，通过“对历史求和”来处理量子力学问题，这是有别于薛定谔的波动力学及海森伯的矩阵力学的第三种量子力学形式；二是费曼图，这一工具大大简化了量子场论的计算。费曼的研究工作还包括：低温下液氦的超流动性理论；弱相互作用的 V-A 理论；强相互作用的部分子理论等。

费曼不仅是一位顶尖的科学家，同时也是一名优秀的教师。费曼非常热爱教学工作，他曾写道：“我不相信，如果不教书我还能过得下去……教学和学生使我的生命得以延续。如果有人给我创造一个很好的环境，但是我不能教学的话，那我永

在洛斯阿拉莫斯期间，为了排遣工作压力，费曼开始以打鼓自娱，渐渐鼓艺日精，后来曾以芭蕾舞团的职业乐师身份登台演出。图为费曼击打邦戈鼓。

远不会接受它，永远不会。”20 世纪 60 年代初，美国一些理工科大学鉴于当时的大学基础物理教学与现代科学技术的发展不相适应，纷纷试行教学改革。在这个背景下，费曼参与了加州理工学院基础物理教学的改革尝试。他从 1961 年 9 月到 1963 年 5 月，进行了为期两个学年的有关基础物理学的系列讲演。他的讲演经过莱顿（Robert B. Leighton）和桑兹（Matthew Sands）的整理，以《费曼物理学讲义》之名于 1963 年出版。《科学美国人》这样赞誉这套书："尽管这套教材深奥难懂，但是它的内容丰富而且富有启发性……它已经成为讲师、教授和低年级优秀学生的学习指南。"这套书本来是面向大学一二年级学生的，可是最能认识到这套书价值的却是物理教师，他们从中找到了自己授课的灵感。故而有人称费曼为“老师的老师”。

除了《费曼物理学讲义》之外，费曼还有许多优秀的著述：《量子力学与路径积分》《量子电动力学讲义》《费曼统计力学讲义》《基本过程理论》《光子 – 强子相互作用》《费曼引力学讲义》《费曼计算学讲义》等。这些书无不有鲜明的“费曼风格”，即对基本概念、定理和定律的讲解生动清晰、通俗易懂，而且特别注重物理分析和描述，反映了费曼自己以及其他在前沿研究领域工作的物理学家所通常采用的分析和处理方法。无论对于学生还是教师，这些书都有着极大的参考价值。

费曼的一生多彩多姿。除了对理论物理学做出了巨大贡献之外，他还是一名探险者、鼓手、艺术家和玛雅文化专家。可以用这样一句话来总结描述费曼：一位独辟蹊径的思考者，超乎寻常的教师，尽善尽美的演员，一位热爱生活和自然的人。

1965年诺贝尔物理学奖获得者

RICHARD P. FEYNMAN 著作选译 第一辑

QUANTUM ELECTRODYNAMICS

LIANGZI DIANDONG LIXUE JIANGYI

量子电动力学讲义

R. P. 费曼 著 张邦固 译 朱重远 校

高等教育出版社·北京
HIGHER EDUCATION PRESS BEIJING

图字：01-2013-2080 号

QUANTUM ELECTRODYNAMICS
by Richard P. Feynman
Simplified Chinese translation copyright © 2013
by Higher Education Press Limited Company
Published by arrangement with Westview Press, A Member of Perseus Books Group
through Bardon-Chinese Media Agency
博達著作權代理有限公司

图书在版编目（CIP）数据

量子电动力学讲义 /（美）费曼（Feynman, R. P.）著；张邦固译. — 北京：高等教育出版社，2013. 5（2024.5重印）
书名原文：Quantum electrodynamics
ISBN 978-7-04-036960-1

Ⅰ. ①量… Ⅱ. ①费… ②张… Ⅲ. ①量子力学－电动力学－研究 Ⅳ. ① O413.1 ② O442

中国版本图书馆 CIP 数据核字（2013）第 037270 号

策划编辑 王 超　　责任编辑 王 超　　封面设计 王 洋　　版式设计 余 杨
插图绘制 尹 莉　　责任校对 刁丽丽　　责任印制 朱 琦

出版发行	高等教育出版社	咨询电话	400-810-0598
社　　址	北京市西城区德外大街 4 号	网　　址	http://www.hep.edu.cn
邮政编码	100120		http://www.hep.com.cn
印　　刷	涿州汇美亿浓印刷有限公司	网上订购	http://www.landraco.com
开　　本	787mm × 1092mm　1/16		http://www.landraco.com.cn
印　　张	14		
字　　数	260 千字	版　　次	2013 年 5 月第 1 版
插　　页	1	印　　次	2024 年 5 月第 4 次印刷
购书热线	010-58581118	定　　价	59.00 元

本书如有缺页、倒页、脱页等质量问题，请到所购图书销售部门联系调换

物 料 号　36960-00

中译本前言

本书作者 R. P. 费曼是国际著名物理学家, 由于量子电动力学方面的工作, 曾荣获 1965 年度诺贝尔物理学奖。鉴于本书是一本名著, 而且量子电动力学理论本身又是那样美妙, 这点不仅表现在理论形式的和谐, 更主要的是理论预言与实验事实之间有惊人的一致性, 例如, 目前测量电子反常磁矩的实验值已高达十二位有效数字, 而量子电动力学的理论计算值竟能在实验误差之内与之相符合, 因此, 我希望把本书介绍给读者。

翻译过程中有几点需要说明:

1. 本书原是讲课笔记。公式图表均按讲课的次序编号。为了便于读者阅读, 中译本将第 1 讲、第 2 讲等补进目录中了。

2. 为了在符号上尽量一致, 中译本将原附录中用黑体表示 $\boldsymbol{A} = A_\mu\gamma_\mu$ 的记法改成与正文一致的记号 $\not{A} = A_\mu\gamma_\mu$。

3. 对于原书中明显的印刷错误, 已作更正, 不再一一说明。

朱重远老师详细校订了译稿, 特在此深表谢意。

张邦固

2013. 1. 3

目 录

序

本书的材料，基本上是 1953 年在加利福尼亚理工学院开设的三学期量子力学课程中最后一学期课堂笔记的内容。实际上，中间一学期就讲授过一些光与物质相互作用的问题，这些内容也收集在本书中，作为前六讲。从第 7 讲起，开始讲述相对论性理论。

本书的目的是，以尽可能简单易懂的方式介绍量子电动力学的主要结果和计算过程。有许多攻读实验物理学学位的学生，并不打算继续研读更高深的理论物理研究生课程，这门课就是为他们的需要而设置的。我希望，他们能够学会怎样计算光子过程的各种截面，这些截面对于设计高能物理实验，例如使用加利福尼亚理工学院回旋加速器的实验，是十分重要的。因此，本书没有涉及理论物理学家在处理更复杂的 π 介子和核子相互作用问题时要用到的许多量子电动力学内容。也就是说，书中没有讨论量子电动力学许多不同公式化体系之间的关系，如场的算符表示，也没有明显讨论 S 矩阵性质等。在更高深的量子场论课程里会有这些内容的。尽管如此，本课程仍能自成体系。这很像讲授 Newton 定律的课程，即使删去了最小作用量原理或者 Hamilton 方程这样一些内容，但从物理学角度来讲，它仍能完整地讨论整个力学。

把初等量子力学和量子电动力学放在一门课程里只讲授一年，这是一种试验。这样做是基于这样的想法：为了进入新的物理学领域，学生必须牢固地掌握先前教学阶段的内容。头两个学期安排的是普通量子力学，采用 Schiff 的书作为主要参考书 (删去了同量子电动力学有关的 X, XII, XIII 和 XIV 各章)。不过，为了能够顺利地讲授本课程后面的内容，我们以式 (15–3) 至 (15–5) 所表述的方式，对传播子理论和势散射作了详细介绍。另一独特之点是将非相对论 Pauli 方程写成本书第 4 页中的形式。

这次试验并不成功。全部内容要一年讲完显得过多了。因此, 本书中有很多内容, 现在是放在上过整整一年量子力学研究生课程以后再来讲授。

本书是根据 A. R. Hibbs 记录的原始笔记, 后经 H. T. Yura 和 E. R. Huggins 编辑和修改整理而成的。

R. P. 费曼

加利福尼亚, 帕萨迪纳

1961 年 11 月

一、

光与物质的相互作用
—— 量子电动力学

第 1 讲

光与物质相互作用的理论称为量子电动力学. 由于表述这一理论有许多等价方法, 使这一学科显得比实际情况难. 最简单的一种方法是 Fermi 方法. 但是, 我们将采用另一出发点, 即仅仅假设光的发射及吸收. 用这种形式, 理论可以得到最直接的应用.

Fermi 方法的讨论[1)]

假设整个宇宙的所有原子都装在一个盒子中. 按照经典方法, 这个盒子可以看作有一些本征模, 这些模可用谐振子分布以及这些振子与物质之间的耦合来描述.

过渡到量子电动力学, 仅需假设这些谐振子是量子力学振子, 而不是经典振子. 它们具有能量 $\left(n+\dfrac{1}{2}\right)\hbar\omega, n=0,1,2,\cdots$, 零点能为 $\dfrac{1}{2}\hbar\omega$. 于是, 这个盒子看成是充满了能量分布为 $n\hbar\omega$ 的光子. 光子与物质的相互作用使第 n 类光子的数目改变 ± 1 (发射或吸收).

可把盒子中的波表示为平面驻波、球面波或平面行波 $\exp(\mathrm{i}\boldsymbol{K}\cdot\boldsymbol{x})$. 人们可以说, 在所有电荷之间有瞬时库仑相互作用 e^2/r_{ij}, 而且仅是横波. 于是库仑力可以直接加进 Schrödinger 方程. 其他形式的表达式有 Hamilton 形式的 Maxwell 方程、场算符等.

---

1) *Revs. Modern Phys.*, **4**, 87(1932).

Fermi 方法导致了无穷大自能项 e^2/r_{ii}. 采用适当坐标系统可以消除这一项, 但这样一来, 横波贡献变成无穷大 (其解释更为含糊不清). 这一异常现象, 是现代量子电动力学的中心问题之一.

第 2 讲

量子电动力学规则

此处不加证明地把 "量子电动力学规则" 叙述如下:

1. 一个原子系统在从一种状态跃迁到另一种状态的过程中, 吸收一个光子的振幅准确地等于在下列势作用下作同一跃迁的振幅: 此势等于表示该光子的经典电磁波势, 只要: (a) 该经典电磁波已归一化到其能量密度为 $\hbar\omega$ 与每立方厘米找到此光子的概率的乘积; (b) 将实的经典波分解成两个复波 $\mathrm{e}^{\mathrm{i}\omega t}$ 和 $\mathrm{e}^{-\mathrm{i}\omega t}$, 只取 $\mathrm{e}^{-\mathrm{i}\omega t}$ 部分; (c) 在微扰中势仅作用一次, 即电磁场强度仅应保留到一级.

在规则 1 中把 "吸收" 一词换成 "发射" 时, 仅需用 $\exp(\mathrm{i}\omega t)$ 代替 $\exp(-\mathrm{i}\omega t)$.

2. 每立方厘米可获得的具有给定极化的状态数是

$$\mathrm{d}^3\boldsymbol{K}/(2\pi)^3.$$

注意, 这个数精确地等于经典理论中每立方厘米的正则模数.

3. 光子服从 Bose-Einstein 统计规律. 即对全同光子的集合, 其状态必须是对称的 (交换光子, 振幅相加). 另外, n 个全同光子状态的统计权重是 1 而不是经典的 $n!$.

于是, 只要适当地归一化, 一个光子总可以用经典 Maxwell 方程的解来表示.

尽管有许多表达方式都是可行的, 但用平面波来描述电磁场最方便. 一个平面波总可以只用一个矢量势来表示 (可用适当的规范变换使标量势为零). 一个实的经典波的矢势为

$$\boldsymbol{A} = a\boldsymbol{e}\cos(\omega t - \boldsymbol{K}\cdot\boldsymbol{x})$$

我们使 $\boldsymbol{A}$ 的归一化与每立方厘米找到该光子的概率为 1 这件事相对应. 因此平均能量密度是 $\hbar\omega$.

对平面波

$$\boldsymbol{E} = -\left(\frac{1}{c}\right)\left(\frac{\partial \boldsymbol{A}}{\partial t}\right) = \left(\frac{\omega a}{c}\right)\boldsymbol{e}\sin(\omega t - \boldsymbol{K}\cdot\boldsymbol{x})$$

和
$$|\boldsymbol{B}| = |\boldsymbol{E}|$$
因此平均能量密度等于

$$\begin{aligned}\frac{1}{8\pi}\overline{(|\boldsymbol{E}|^2 + |\boldsymbol{B}|^2)} &= \frac{1}{4\pi}\left(\frac{\omega^2 a^2}{c^2}\right)\overline{\sin^2(\omega t - \boldsymbol{K}\cdot\boldsymbol{x})} \\ &= \frac{1}{8\pi}\left(\frac{\omega^2 a^2}{c^2}\right)\end{aligned}$$

令其等于 $\hbar\omega$, 我们便得到

$$a = \sqrt{\frac{8\pi\hbar c^2}{\omega}}$$

于是

$$\begin{aligned}\boldsymbol{A} &= \sqrt{\frac{8\pi\hbar c^2}{\omega}}\boldsymbol{e}\cos(\omega t - \boldsymbol{K}\cdot\boldsymbol{x}) \\ &= \sqrt{\frac{4\pi\hbar c^2}{2\omega}}\boldsymbol{e}\{\exp[-\mathrm{i}(\omega t - \boldsymbol{K}\cdot\boldsymbol{x})] \\ &\quad + \exp[+\mathrm{i}(\omega t - \boldsymbol{K}\cdot\boldsymbol{x})]\}\end{aligned}$$

因此, 我们将一个原子系统吸收一个光子的振幅取为

$$\sqrt{\frac{4\pi\hbar c^2}{2\omega}}\exp[-\mathrm{i}(\omega t - \boldsymbol{K}\cdot\boldsymbol{x})] \tag{2–1}$$

对于发射光子的情况, 矢势除指数上是正号外与上式相同.

例: 设一个原子处于能量为 E_{i} 的激发态 ψ_{i}, 跃迁到能量为 E_{f} 的末态 ψ_{f}, 其每秒跃迁概率与在矢势

$$a\boldsymbol{e}\exp[\mathrm{i}(\omega t - \boldsymbol{K}\cdot\boldsymbol{x})]$$

作用下的跃迁概率相同, 后者表示发射的光子. 按照量子力学的规则 (Fermi 黄金规则)

跃迁概率/秒 $=(2\pi/\hbar)|_{\mathrm{f}}(\text{势})_{\mathrm{i}}|^2\cdot$ (态密度)

态密度 $=K^2\mathrm{d}K\mathrm{d}\Omega/(2\pi c)^3\mathrm{d}(\omega\hbar) = \omega^2\mathrm{d}\Omega/(2\pi c)^3\hbar$

可以用微扰理论来计算矩阵元 $U_{\mathrm{fi}} = {}_{\mathrm{f}}(\text{势})_{\mathrm{i}}$. 在下一讲再更详细地解释这一点. 在此, 我们首先强调给出同样的物理结果的位势选取不止一种 (这就是总可以选择光子的 $\phi = 0$ 的原因).

第 3 讲

用势

$$\boldsymbol{A}(\boldsymbol{x},t)=a\boldsymbol{e}\exp[-\mathrm{i}(\omega t-\boldsymbol{K}\cdot\boldsymbol{x})]$$
$$\phi=0$$

来表示平面波光子, 实质上是一种"规范"选择. 存在这种选择自由的原因是 Pauli 方程在量子力学规范变换下不变.

量子力学变换是经典变换的直接推广. 这里, 如果

$$\boldsymbol{E}=-\nabla\phi-\frac{1}{c}\frac{\partial\boldsymbol{A}}{\partial t}$$
$$\boldsymbol{B}=\nabla\times\boldsymbol{A}$$

且 χ 是任一标量, 则代换

$$\boldsymbol{A}'=\boldsymbol{A}-c\nabla\chi$$
$$\phi'=\phi+\frac{\partial\chi}{\partial t}$$

保持 $\boldsymbol{E}$ 和 $\boldsymbol{B}$ 不变.

在量子力学中, 引进了波函数的附加变换:

$$\psi=\mathrm{e}^{-\mathrm{i}\chi}\psi$$

Pauli 方程在此变换下不变, 证明如下. 因为 Pauli 方程是

$$-\frac{\hbar}{\mathrm{i}}\frac{\partial\psi}{\partial t}=\frac{1}{2m}\left[\boldsymbol{\sigma}\cdot\left(\boldsymbol{p}-\frac{e}{c}\boldsymbol{A}\right)\right]\left[\boldsymbol{\sigma}\cdot\left(\boldsymbol{p}-\frac{e}{c}\boldsymbol{A}\right)\right]\psi+e\phi\psi$$

于是有

$$\frac{\partial}{\partial x}\psi'=\frac{\partial}{\partial x}\mathrm{e}^{-\mathrm{i}\chi}\psi=\mathrm{e}^{-\mathrm{i}\chi}\frac{\partial\psi}{\partial x}-\mathrm{i}\frac{\partial\chi}{\partial x}\psi\mathrm{e}^{-\mathrm{i}\chi}$$
$$p(\mathrm{e}^{-\mathrm{i}\chi}\psi)=\mathrm{e}^{-\mathrm{i}\chi}(p-\hbar\nabla\chi)\psi$$

及

$$\left(\boldsymbol{p}-\frac{e}{c}\boldsymbol{A}\right)\mathrm{e}^{-\mathrm{i}\chi}\psi=\mathrm{e}^{-\mathrm{i}\chi}\left(\boldsymbol{p}-\hbar\nabla\chi-\frac{e}{x}\boldsymbol{A}\right)\psi$$

对时间的偏微商产生 $(\partial\chi/\partial t)\psi\mathrm{e}^{-\mathrm{i}\chi}$ 的项, 这项中有 $\phi\mathrm{e}^{-\mathrm{i}\chi}\psi$. 因此, 作

$$\psi'=\mathrm{e}^{-\mathrm{i}\chi}\psi$$
$$\boldsymbol{A}'=\boldsymbol{A}-\frac{\hbar c}{e}\nabla\chi$$
$$\phi'=\phi+\frac{\hbar}{e}\frac{\partial\chi}{\partial t}$$

代换可以保持 Pauli 方程不变.

将光子的矢势 $\boldsymbol{A}$ 作为由态 i 跃迁到态 f 的微扰势引入 Pauli Hamilton 量. 任何可写为下式的与时间有关的微扰

$$\Delta H = \mathrm{e}^{\mathrm{i}\omega t}U(x,y,z)$$

产生的矩阵元 U_{fi} 为

$$\begin{aligned}U_{\mathrm{fi}} &= \int \psi_{\mathrm{f}}^{*}\Delta H\psi_{\mathrm{i}}\mathrm{d}V \\ &= \int \phi_{\mathrm{f}}^{*}\exp\left(\mathrm{i}\frac{E_{\mathrm{f}}}{\hbar}t\right)\mathrm{e}^{\mathrm{i}\omega t}U(\boldsymbol{x})\exp\left(-\mathrm{i}\frac{E_{\mathrm{i}}}{\hbar}t\right)\phi_{\mathrm{i}}(\boldsymbol{x})\mathrm{d}V\end{aligned}$$

此式表明, 这一微扰与能量分别为 $E_{\mathrm{i}}-\omega\hbar$ 和 E_{f} 的初态和末态之间的时间无关微扰 $U(x,y,z)$ 的效果相同. 众所周知1), 最重要的贡献来自 $E_{\mathrm{f}}=E_{\mathrm{i}}-\omega\hbar$ 的那些态.

使用前面的结果, 每秒跃迁概率是

$$P_{\mathrm{fi}}\mathrm{d}\Omega = \frac{2\pi}{\hbar}|U_{\mathrm{fi}}|^{2}\frac{\omega^{2}\mathrm{d}\Omega}{(2\pi c)^{3}\hbar}$$

为确定 U_{fi}, 写出

$$\begin{aligned}H &= \frac{1}{2m}\left(\boldsymbol{p}-\frac{e}{c}\boldsymbol{A}\right)^{2}-\frac{e\hbar}{2mc}(\boldsymbol{\sigma}\cdot\nabla\times\boldsymbol{A})+eV \\ &= \frac{1}{2m}\boldsymbol{p}\cdot\boldsymbol{p}+eV-\frac{e}{2mc}(\boldsymbol{p}\cdot\boldsymbol{A}+\boldsymbol{A}\cdot\boldsymbol{p}) \\ &\quad -\frac{e\hbar}{2mc}(\boldsymbol{\sigma}\cdot\nabla\times\boldsymbol{A})+\frac{\boldsymbol{e}^{2}}{2mc^{2}}\boldsymbol{A}\cdot\boldsymbol{A}\end{aligned}$$

按照规则, 势只起一次作用, 即只计及一级项, $\boldsymbol{A}\cdot\boldsymbol{A}$ 项不对此问题作贡献. 利用 $\boldsymbol{A}=a\boldsymbol{e}\exp[-\mathrm{i}(\omega t-\boldsymbol{K}\cdot\boldsymbol{x})]$ 及二个算符关系式

(1) $$\nabla\times\boldsymbol{A}=\mathrm{i}\boldsymbol{K}\times\boldsymbol{e}a\mathrm{e}^{+\mathrm{i}\boldsymbol{K}\cdot\boldsymbol{x}}\mathrm{e}^{\mathrm{i}\omega t}$$

(2) $$\boldsymbol{p}\mathrm{e}^{+\mathrm{i}\boldsymbol{K}\cdot\boldsymbol{x}}=\mathrm{e}^{+\mathrm{i}\boldsymbol{K}\cdot\boldsymbol{x}}(\boldsymbol{p}+\hbar\boldsymbol{K})$$

或

$$\boldsymbol{p}\cdot\boldsymbol{e}\mathrm{e}^{+\mathrm{i}\boldsymbol{K}\cdot\boldsymbol{x}}=\mathrm{e}^{+\mathrm{i}\boldsymbol{K}\cdot\boldsymbol{x}}(\boldsymbol{p}\cdot\boldsymbol{e}+\hbar\boldsymbol{K}\cdot\boldsymbol{e})$$

---

1) 例如可参见 L. D. Landau 和 E. M. Lifshitz,《量子力学 (非相对性理论)》§40. 中译本: Л. Д. 朗道, E. M. 栗弗席兹. 量子力学 (非相对性理论). 严肃 译, 喀兴林 校. 北京: 高等教育出版社, 2008.

式中 $\boldsymbol{K}\cdot\boldsymbol{e}=0$ (此结果来自规范的选取及 Maxwell 方程), 则有

$$\begin{aligned}U_{\mathrm{fi}}=a\int\phi_{\mathrm{f}}^{*}[&-(e/2mc)(\boldsymbol{p}\cdot\boldsymbol{e}\mathrm{e}^{+\mathrm{i}\boldsymbol{K}\cdot\boldsymbol{x}}+\mathrm{e}^{+\mathrm{i}\boldsymbol{K}\cdot\boldsymbol{x}}\boldsymbol{e}\cdot\boldsymbol{p})\\&+(e\hbar\mathrm{i}/2mc)\boldsymbol{\sigma}\cdot(\boldsymbol{K}\times\boldsymbol{e})\mathrm{e}^{+\mathrm{i}\boldsymbol{K}\cdot\boldsymbol{x}}]\phi_{\mathrm{i}}\mathrm{d}V\end{aligned}$$

这个结果是精确的, 可用所谓 “偶极” 近似将其简化, 为推导这一近似, 考虑 $(e/2mc)(\boldsymbol{p}\cdot\boldsymbol{e}\mathrm{e}^{\mathrm{i}\boldsymbol{K}\cdot\boldsymbol{x}})$ 项, 它是原子中电子速度的量级, 即电流的量级. 指数可按下式展开

$$\mathrm{e}^{\mathrm{i}\boldsymbol{K}\cdot\boldsymbol{x}}=1+\mathrm{i}\boldsymbol{K}\cdot\boldsymbol{x}+\frac{1}{2}(\mathrm{i}\boldsymbol{K}\cdot\boldsymbol{x})^{2}+\cdots$$

$\boldsymbol{K}\cdot\boldsymbol{x}$ 是 a_0/λ 的量级, 这里 $a_0=$ 原子的线度, λ 是波长. 如果 $a_0/\lambda\ll 1$, 那么可以忽略高于 a_0/λ 一阶的所有项. 要作偶极近似也必须忽略 U_{fi} 中的最后一项. 这是容易做到的. 因为该项可取为 $(\hbar K/mc)=(\hbar Kc/mc^2)\approx(mv^2/2mc^2)$ 的量级. 尽管略去这一项, 这个估计仍然是过高, 更正确的估计是

$$\left(\frac{e\hbar\mathrm{i}}{2mc}\right)\boldsymbol{\sigma}\cdot(\boldsymbol{K}\times\boldsymbol{e})\mathrm{e}^{+\mathrm{i}\boldsymbol{K}\cdot\boldsymbol{x}}\approx\frac{V}{c}[\boldsymbol{\sigma}\cdot(\boldsymbol{K}\times\boldsymbol{p})\ \text{的矩阵元}]$$

其中矩阵元是

$$\int\phi_{\mathrm{f}}^{*}\boldsymbol{\sigma}\cdot(\boldsymbol{K}\times\boldsymbol{p})\phi_{\mathrm{i}}\mathrm{d}V$$

一个好的近似可以将自旋及空间部分分开:

$$\begin{aligned}\phi_{\mathrm{f}}^{*}&=\phi_{\mathrm{f}}^{*}(\boldsymbol{x})U_{\mathrm{f}}\quad(\text{自旋})\\\phi_{\mathrm{i}}&=\phi_{\mathrm{i}}(\boldsymbol{x})U_{\mathrm{i}}^{*}\quad(\text{自旋})\end{aligned}$$

于是在这种近似精度下, 由于态正交, 所以积分

$$\int\phi_{\mathrm{f}}^{*}(\boldsymbol{x})\phi_{\mathrm{i}}(\boldsymbol{x})U_{\mathrm{f}}^{*}(\boldsymbol{\sigma}\cdot(\boldsymbol{K}\times\boldsymbol{p}))U_{\mathrm{i}}\mathrm{d}V=0$$

现在应用偶极近似. 便有

$$U_{\mathrm{fi}}=-a\frac{e}{c}\frac{\boldsymbol{p}_{\mathrm{fi}}\cdot\boldsymbol{e}}{m}\tag{3–1}$$

其中,

$$\boldsymbol{p}_{\mathrm{fi}}\cdot\boldsymbol{e}=\int\phi_{\mathrm{f}}^{*}(\boldsymbol{p}\cdot\boldsymbol{e})\phi_{\mathrm{i}}=\boldsymbol{e}\cdot\int\phi_{\mathrm{f}}^{*}\boldsymbol{p}\phi_{\mathrm{i}}\mathrm{d}V$$

这样,

$$P_{\mathrm{fi}}\mathrm{d}r=\frac{2\pi}{\hbar}\left[\frac{e}{mc}a\right]^{2}(\boldsymbol{p}_{\mathrm{fi}}\cdot\boldsymbol{e})^{2}\mathrm{d}\Omega\frac{\omega^{2}}{(2\pi c)^{3}\hbar}$$

应用算符代数, $\boldsymbol{p}_{\rm fi}/m = {\rm i}\omega_{\rm fi}\boldsymbol{x}_{\rm fi}$. 故

$$P_{\rm fi}{\rm d}\Omega = a^2\left[\frac{e^2\omega^4}{(2\pi\hbar)^2c^5}\right]\cdot(\boldsymbol{e}\cdot\boldsymbol{x}_{\rm fi})^2{\rm d}\Omega$$

式中 $\boldsymbol{x}_{\rm fi} = \int\phi_{\rm f}^*\boldsymbol{x}\phi_{\rm i}{\rm d}V$. 将 $P_{\rm fi}$ 对 ${\rm d}\Omega$ 积分可得总概率

$$\begin{aligned}\frac{\text{总概率}}{\text{秒}} &= \int a^2\frac{e^2\omega^4}{(2\pi)^2\hbar^2c^5}(\boldsymbol{e}\cdot\boldsymbol{x}_{\rm fi})^2{\rm d}\Omega \\ &= a^2\frac{e^2\omega^4}{2\pi\hbar^2c^5}\int_0^\pi|\boldsymbol{x}_{\rm fi}|^2\sin^3\theta{\rm d}\theta \\ &= \frac{a^2 4e^2\omega^4}{6\pi\hbar^2c^5}|\boldsymbol{x}_{\rm fi}|^2\end{aligned}$$

注意到图 3–1, 可将 $\boldsymbol{e}\cdot\boldsymbol{x}_{\rm fi}$ 项解出

$$|\boldsymbol{x}_{\rm fi}\cdot\boldsymbol{\theta}| = |\boldsymbol{x}_{\rm fi}|\sin\theta$$

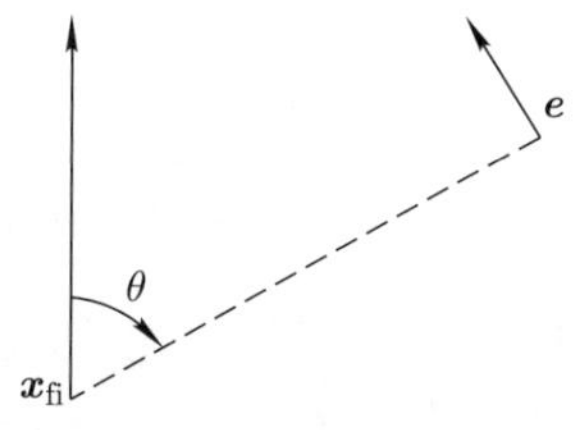

图 3–1

将 a^2 表达式[1] 代入, 得

$$\frac{\text{总概率}}{\text{秒}} = \frac{4}{3}\frac{e^2}{\hbar c}\frac{\omega^3}{c^2}|x_{\rm fi}|^2$$

第 4 讲

光的吸收

根据微扰论, 在时间 T 内由状态 k 到状态 l (图 4–1) 的跃迁振幅为

$$a_{lk} = -\frac{\rm i}{\hbar}\int_0^T {\rm e}^{\frac{\rm i}{\hbar}E_l t}U_{lk}(t){\rm e}^{-\frac{\rm i}{\hbar}E_k t}{\rm d}t$$

其中 $U_{kl}(t)$ 与时间的关系为

1) 按照第 2 讲 1(b) 的叙述, a 是式 (2–1) 中 ${\rm e}^{-{\rm i}(\omega t-\boldsymbol{K}\cdot\boldsymbol{x})}$ 的系数. 所以我们有 $a^2 = 4\pi\hbar c^2/2\omega$.

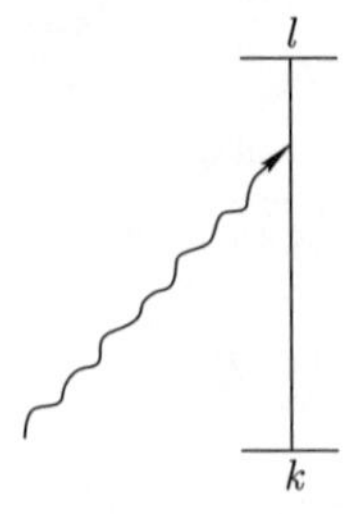

图 4–1

$$U_{lk}(t) = u_{lk}\mathrm{e}^{-\mathrm{i}\omega t}$$

(按照第 2 讲的规则, 指数上取负号, 并仅包括势的线性项.) 应用上面的时间关系式来完成积分, 得到

$$a_{lk} = -\frac{\exp\left[\frac{\mathrm{i}T}{\hbar}(E_l - E_k - \hbar\omega)\right] - 1}{E_l - \hbar\omega - E_k} u_{lk}$$

跃迁概率则为

$$|a_{lk}|^2 = \frac{4\sin(\Delta T/2\hbar)}{\Delta^2}|u_{lk}|^2 \quad \Delta = E_l - E_k - \hbar\omega$$

这是吸收在 (θ, φ) 方向上行进、频率为 ω 的光子的概率. 与光子方位的关系已包含在矩阵元 u_{lk} 中. 例如, 见偶极近似下跃迁概率与方向的关系式 (4–1).

若入射的辐射具有一定的频率分布和方位分布, 即假设

$$P(\omega, \theta, \phi)\mathrm{d}\omega\mathrm{d}\Omega = \{\text{一个光子出现在频率 } \omega \text{ 到 } \omega + \mathrm{d}\omega,\text{ 沿 } (\theta, \phi) \text{ 方向的 } \mathrm{d}\Omega \text{ 立体角内的概率}\}$$

若要求在 (θ, ϕ) 方位上运动的任何光子的吸收概率, 就必须对所有频率积分. 吸收概率是

$$\int_0^\infty \frac{4\sin^2\left(\frac{\Delta T}{2\hbar}\right)}{\Delta^2}|u_{lk}|^2 P(\omega, \theta, \phi)\mathrm{d}\omega\mathrm{d}\Omega$$

在 T 很大时, 只有当 $\hbar\omega$ 的值在 $E_l - E_k$ 附近时, 因子

$$\Delta^{-2}\sin^2(\Delta T/2\hbar)$$

才表现为不能忽略, 对积分有贡献的频率范围很小, $P(\omega, \theta, \phi)$ 在此范围内基本上是常数, 因此可以提出积分号. u_{lk} 也类似. 这样

$$\text{跃迁概率} = 2\pi\hbar^{-2}|u_{lk}|^2 P(\omega_{lk}, \theta, \phi)\mathrm{d}\Omega \tag{4–1}$$

式中

$$\hbar\omega_{lk} = (E_l - E_k)$$

要是入射强度 (单位时间内通过单位面积的能量) 记为

$$\text{强度} = I(\omega,\theta,\phi)\mathrm{d}\omega\mathrm{d}\Omega = \hbar\omega c P(\omega,\theta,\phi)\mathrm{d}\omega\mathrm{d}\Omega$$

那么, 式 (4–1) 也可写成

$$\text{跃迁概率} = 2\pi\hbar^{-2}|u_{lk}|^2(\hbar\omega_{lk}c)^{-1}I(\omega_{lk},\theta,\phi)\mathrm{d}\Omega \tag{4–2}$$

在偶极近似中

$$u_{lk} = \sqrt{\frac{2\pi\hbar}{\omega_{lk}}}\frac{e}{m}(\boldsymbol{p}_{lk}\cdot\boldsymbol{e}) = \sqrt{\frac{2\pi\hbar}{\omega_{lk}}}e\omega_{lk}(\boldsymbol{x}_{lk}\cdot\boldsymbol{e})$$

用此近似, 每秒总吸收概率为

$$4\pi^2e^2\hbar^{-2}c^{-1}(\boldsymbol{x}_{lk}\cdot\boldsymbol{e})^2I(\omega_{lk},\theta,\phi)\mathrm{d}\Omega \tag{4–3}$$

伴随原子从状态 l 跃迁到状态 k 的自发发射概率为

$$\text{每秒自发发射概率} = 2\pi(\hbar)^{-2}(2\pi c)^{-3}|u_{kl}|^2\omega_{lk}^2\mathrm{d}\Omega$$

显然它与伴随原子从状态 k 跃迁到状态 l 的光子吸收概率 (式 (4–1)) 有关系. 因为 $|u_{lk}| = |u_{kl}|$, 尽管初态与末态的顺序颠倒了, 这种关系是有的. 用概率 $n(\omega,\theta,\phi)$ 概念来描述此关系是最为简单, 这里 $n(\omega,\theta,\phi)$ 是占据特定光子状态的概率. 因为在频率范围 $\mathrm{d}\omega$ 和立体角 $\mathrm{d}\Omega$ 内有

$$(2\pi c)^{-3}\omega^2\mathrm{d}\omega\mathrm{d}\Omega$$

个光子态, 故在这个区间存在某种光子的概率是

$$P(\omega,\theta,\phi)\mathrm{d}\omega\mathrm{d}\Omega = n(\omega,\theta,\phi)(2\pi c)^{-3}\omega^2\mathrm{d}\omega\mathrm{d}\Omega$$

用 $n(\omega,\theta,\phi)$ 表示的吸收概率为

$$\text{跃迁概率/秒} = 2\pi\hbar^{-2}|u_{lk}|^2n(\omega,\theta,\phi)(2\pi c)^{-3}\omega_{kl}^2\mathrm{d}\Omega \tag{4–4}$$

此式可以解释如下. 因为 $n(\omega,\theta,\phi)$ 是光子态被占据的概率, 上式右边其余的项必然是在那个状态中光子每秒被吸收的概率, 比较式 (4–4) 与自发辐射速率表明

每秒从某一状态吸收一个光子 (或说每吸收一个那种状态的光子) 的概率 = 每秒自发发射一个光子到那个态的概率

下面将看到, 即使每个状态中的光子可能多于一个, 只要 $n(\omega,\theta,\phi)$ 取为每个状态光子数的平均值, 式 (4–4) 仍然是正确的.

如果初态由处于同样光子态的两个光子组成, 由于无法区分它们, 初态的统计权重应是 1/2!. 而吸收振幅将是单光子时的二倍. 将统计权重乘以此过程振幅的平方后, 发现每秒跃迁概率是每个光子态只有一个光子时的二倍. 若初始光子态有三个光子, 且其中一个被吸收, 则可能发生下面六种情况 (见图 4–2).

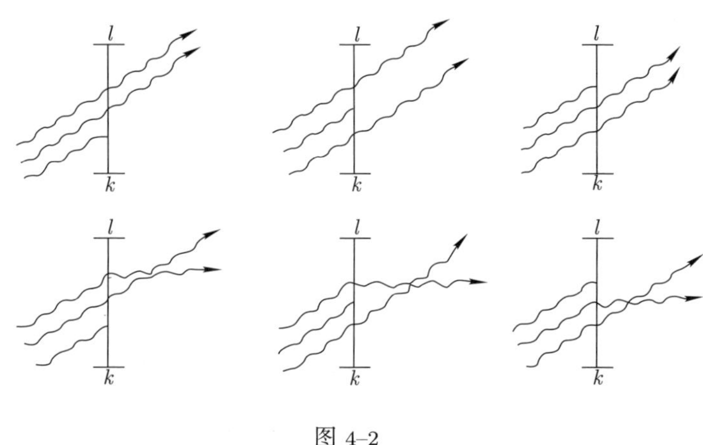

图 4–2

三个入射光子中任何一个均可能被吸收, 此外未被吸收的光子可以互相交换. 初态的统计权重是 1/3!, 末态的是 1/2!. 此过程的振幅应是单光子过程振幅的 6 倍. 于是, 跃迁概率是每个初态具有一个光子时的 $(1/3!)(1/2!)6^2 = 3$ 倍. 一般来说, 若每个初始光子态有 n 个光子, 则其跃迁概率是单个光子时的 n 倍. 因此, 当 $n(\omega,\theta,\phi)$ 取为每个光子态中光子数的平均值时, 式 (4–4) 仍是正确的.

入射辐射可以诱导出发射一个光子的跃迁. 这样的过程 (包括一个入射光子) 可以用图形表示, 如图 4–3.

一个光子入射到原子上有两个不可分辨的光子跑出来. 末态统计权重为 1/2!, 此过程的振幅应乘以 2, 所以这种过程的发射概率是自发辐射的两倍. 对于 n 个入射光子, 初态统计权重是 $1/n!$, 末态的统计权重是 $1/(n+1)!$, 此过程的振幅是自发发射振幅的 $(n+1)!$ 倍. 因此, 每秒发射概率是自发发射概率的 $(n+1)$ 倍. 可以说, 其中的 n 来自跃迁速率的诱导部分, 而 1 来自跃迁速率中的自发部分.

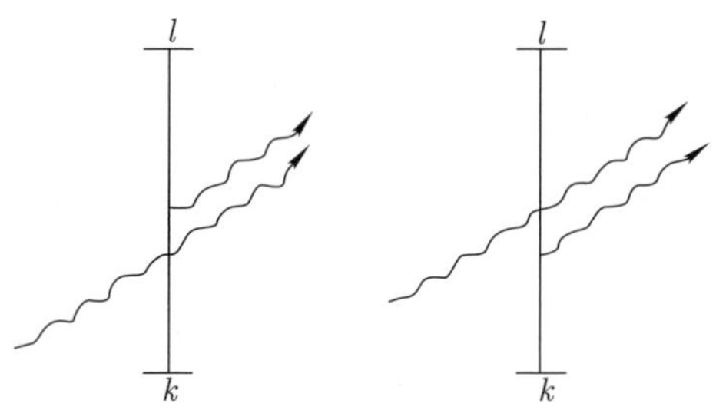

图 4–3

因为计算跃迁概率时所用的势已经归一化为每立方厘米一个光子, 而跃迁概率又取决于该势振幅的平方, 那么当每个光子态中有 n 个光子时, 要得到正确的吸收跃迁概率, 应将势归一化为每立方厘米具有 n 个光子 (振幅大了 $\sqrt{n}$ 倍). 这是半经典辐射理论尚能有效的基础. 在该理论中, 吸收是以下列势作为微扰计算得到的结果: 此势归一化到场中的实际能量. 即, 当有 n 个光子时, 归一化为 $n\hbar\omega$. 然而, 用这种方法却得不到正确的发射跃迁概率, 因为此概率正比于 $n+1$. 其错误在于忽略了跃迁概率中的自发部分. 在半经典辐射理论中, 发射概率的自发部分是通过一般论证得到的, 其中包括自发部分导致可观察的 Planck 分布公式的论证部分. Eeinstein 第一个用半经典论证导出了这些关系.

第 5 讲

偶极近似中的选择定则

在偶极近似中有关的矩阵元是

$$\boldsymbol{x}_{\mathrm{if}}=\int\psi_{\mathrm{f}}^{*}\boldsymbol{x}\psi_{\mathrm{i}}\mathrm{d}V$$

$\boldsymbol{x}_{\mathrm{if}}$ 的分量是 $x_{\mathrm{if}}, y_{\mathrm{if}}, z_{\mathrm{if}}$. 并且

$$\text{跃迁概率}\approx|x_{\mathrm{if}}|^2+|y_{\mathrm{if}}|^2+|z_{\mathrm{if}}|^2$$

选择定则是由那些能使这些矩阵元为零的条件决定的. 例如, 若初态和末态的氢原子都处于 S 态 (球对称), 则 $\boldsymbol{x}_{\mathrm{if}}=0$, 这些状态之间的跃迁是“禁戒”的. 对于 P 态到 S 态的跃迁, 因为 $x_{\mathrm{if}}\neq0$, 所以跃迁是“允许”的.

一般来说, 对单电子跃迁, 选择定则是 $\Delta L=\pm1$. 从坐标 x, y 和 z 实质上是 Legendre 多项式 P_1 就能看出这点. 若初态的轨道角动量是 n, 则波函数包

含 P_n. 但

$$P_1P_n = \frac{1}{2n+1}[nP_{n-1} + (n+1)P_{n+1}]$$

因此, 要矩阵元不等于零, 末态角动量必须是 $n \pm 1$, 所以末态波函数将含有 P_{n+1} 或 P_{n-1}.

对于复杂原子 (多于一个电子), Hamilton 量是

$$H = \sum_\alpha \frac{1}{2m}\left[\boldsymbol{P}_\alpha - \frac{e}{c}A(\boldsymbol{x}_\alpha)\right]^2 + \text{Coulomb 项}$$

跃迁概率正比于 $|P_{mn}|^2 = \left|\sum_\alpha (P_\alpha)_{mn}\right|^2$, 其中求和是对该原子的所有电子进行的. 正如已证明的那样, 除常数外 $(P_\alpha)_{mn}$ 与 $(x_\alpha)_{mn}$ 都是相同的. 所以跃迁概率正比于

$$|\boldsymbol{x}_{mn}|^2 = \left|\sum_\alpha (x_\alpha)_{mn}\right|^2$$

特别, 两个电子的矩阵元是

$$\int \psi_\mathrm{f}^*(\boldsymbol{x}_1, \boldsymbol{x}_2)(\boldsymbol{x}_1 + \boldsymbol{x}_2)\psi_\mathrm{i}(\boldsymbol{x}_1, \boldsymbol{x}_2)\mathrm{d}^3\boldsymbol{x}_1\mathrm{d}^3\boldsymbol{x}_2$$

在坐标旋转时, $\boldsymbol{x}_1 + \boldsymbol{x}_2$ 的性质类似于某种有单位角动量的 "物体" 的波函数. 如果这 "物体" 与初态原子没有相互作用, 则乘积 $(\boldsymbol{x}_1 + \boldsymbol{x}_2)\psi_\mathrm{i}(\boldsymbol{x}_1, \boldsymbol{x}_2)$ 可以形式地看成是 (原子 + "物体") 系统的波函数. 此系统的总角动量的可能取值为 $J_\mathrm{i}+1, J_\mathrm{i}$ 和 $J_\mathrm{i}-1$. 因此仅当末态角动量 J_f 是这三个值之一时, 矩阵元才不为零. 所以普遍的选择定则是 $\Delta J = \pm 1, 0$.

宇称. 宇称是波函数的一种性质. 它与波函数在所有坐标反射时的行为有关. 亦即, 若

$$\psi(-\boldsymbol{x}_1, -\boldsymbol{x}_2, \cdots) = +\psi(\boldsymbol{x}_1, \boldsymbol{x}_2, \cdots)$$

则其宇称为偶; 若

$$\psi(-\boldsymbol{x}_1, -\boldsymbol{x}_2, \cdots) = -\psi(\boldsymbol{x}_1, \boldsymbol{x}_2, \cdots)$$

则其宇称为奇.

如果在偶极近似的矩阵元里作积分变量变换 $\boldsymbol{x} = -\boldsymbol{x}'$, 则

$$\begin{aligned}\boldsymbol{x}_\mathrm{if} &= \int \psi_\mathrm{f}^*(\boldsymbol{x})\boldsymbol{x}\psi_\mathrm{i}(\boldsymbol{x})\mathrm{d}^3\boldsymbol{x} \\ &= \int \psi_\mathrm{f}^*(-\boldsymbol{x}')(-\boldsymbol{x}')\psi_\mathrm{i}(-\boldsymbol{x}')\mathrm{d}^3\boldsymbol{x}'\end{aligned}$$

若 ψ_{f} 的宇称与 ψ_{i} 的相同, 则

$$\boldsymbol{x}_{\mathrm{if}} = -\boldsymbol{x}_{\mathrm{if}} = 0$$

所以有下列定则: 在允许跃迁中, 宇称必须改变. 对于单电子原子, L 决定了宇称; 因此 $\Delta L = 0$ 的跃迁是禁戒的. 在多电子原子中, L 不决定宇称 (此时宇称由单个电子角动量的代数和, 而不是由矢量和决定), 所有 $\Delta L = 0$ 的跃迁是可以发生的. 然而 $0 \to 0$ 的跃迁总是被禁戒的, 这是因为光子总是带有一个单位的角动量.

所有波函数要么是奇宇称, 要么是偶宇称. 这点可以由 (无外磁场的) 哈密顿量在宇称算符作用下不变看出, 即若 $H\psi(\boldsymbol{x}) = E\psi(\boldsymbol{x})$, 必也有 $H\psi(-\boldsymbol{x}) = E\psi(-\boldsymbol{x})$. 因此, 若状态不是退化的, 便有 $\psi(-\boldsymbol{x}) = \psi(\boldsymbol{x})$ 或者 $\psi(-\boldsymbol{x}) = -\psi(\boldsymbol{x})$. 若态是退化的, 则 $\psi(-\boldsymbol{x}) \neq \pm\psi(\boldsymbol{x})$ 是可能的. 但是整个解必是下面两线性组合之一:

$$\psi(\boldsymbol{x}) + \psi(-\boldsymbol{x}) \quad \text{偶宇称}$$

$$\psi(\boldsymbol{x}) - \psi(-\boldsymbol{x}) \quad \text{奇宇称}$$

禁戒谱线. 如果气体足够稀薄那么有可能出现被禁戒的谱线. 即禁戒性并不是在一切情况下都是绝对的. 它可能只是意味着: 这个状态的寿命比起如果它是允许的衰变时要长得多, 但不是无限长. 这样, 如果碰撞率足够小 (在禁戒情况下, 第二类碰撞一般会引起退激发), 便有足够的时间发生禁戒跃迁.

在几乎严格的矩阵元

$$\int \psi_{\mathrm{f}}^{*}(\boldsymbol{e}\cdot\boldsymbol{p})\mathrm{e}^{-\mathrm{i}\boldsymbol{K}\cdot\boldsymbol{x}}\psi_{\mathrm{i}}\mathrm{d}^3\boldsymbol{x}$$

中, 偶极近似是用 1 代替 $\mathrm{e}^{-\mathrm{i}\boldsymbol{K}\cdot\boldsymbol{x}}$. 如果此时矩阵元为零, 则正如前边描述过的那样, 是禁戒跃迁, 然而, 下一阶即四极近似是用 $1 - \mathrm{i}\boldsymbol{K}\cdot\boldsymbol{x}$ 代替 $\mathrm{e}^{-\mathrm{i}\boldsymbol{K}\cdot\boldsymbol{x}}$, 给出矩阵元为

$$-\mathrm{i}\int \psi_{\mathrm{f}}^{*}(\boldsymbol{e}\cdot\boldsymbol{p})(\boldsymbol{K}\cdot\boldsymbol{x})\psi_{\mathrm{i}}\mathrm{d}^3 x$$

对于沿 z 方向传播, 而极化沿 x 方向的光, 上式变成

$$-\mathrm{i}K\int \psi_{\mathrm{f}}^{*}(p_x z)\psi_{\mathrm{i}}\mathrm{d}^3\boldsymbol{x} = -\mathrm{i}K|_{\mathrm{f}}(p_x z)_{\mathrm{i}}|$$

跃迁概率正比于

$$(K)^2|_{\mathrm{f}}(p_x z)_{\mathrm{i}}|^2$$

而在偶极近似下它正比于

$$|_{\mathrm{f}}(p_x)_{\mathrm{i}}|^2$$

因此, 四极近似中的跃迁概率至少是 $(Ka)^2 = \dfrac{a^2}{\lambda\!\!\!^{-}{}^2}$ 量级, 小于偶极近似中的跃迁概率, 其中 a 是原子尺度量级, $\lambda\!\!\!^{-}$ 是发射波长.

习题: 证明

$$H(xz) - (xz)H = \left(\frac{\hbar}{m\mathrm{i}}\right)(p_x z + x p_z)$$

接着证明

$$\left[\left(\frac{\hbar}{m\mathrm{i}}\right)(p_x z + x p_z)\right]_{mn} = (xz)_{mn}(E_m - E_n)$$

注意 $p_x z$ 可以写为下面几项之和:

$$p_x z = \frac{1}{2}(p_x z + x p_z) + \frac{1}{2}(p_x z - x p_z)$$

由上面的习题可知, $p_x z$ 的第一部分可认为与 xz 等价 (差一常数), 其行为类似于角动量为 2, 宇称为偶的波函数. 第二部分是角动量算符 L_y, 它像是角动量为 1, 宇称为偶的波函数. 因此相应于第一部分的选择定则是 $\Delta J = \pm 2, \pm 1, 0$; 没有宇称的变化. 这类辐射称为电四极辐射. 对应于 $p_x z$ 第二部分的选择定则是 $\Delta J = \pm 1, 0$; 无宇称变化. 相应的辐射称为磁偶极辐射. 注意: 除非 $\Delta J = \pm 2$, 否则不可能从角动量或宇称的变化来区别这两类辐射. 若 $\Delta J = \pm 1, 0$, 只能用辐射的极化来区别它们. 两种辐射可能同时发生, 产生干涉.

在电四极辐射情况下, 按照选择定则, 显然 $\dfrac{1}{2} \to \dfrac{1}{2}$ 和 $0 \to 1$ 的跃迁是禁戒的 (即使 ΔJ 可以是 ± 1). 这是因为在这种情况下不可能满足角动量矢量改变 2 的要求.

继续考虑更高阶近似, 用类似的推理, 可以导出角动量的矢量变化 (即光子角动量) 以及在各多极阶次下总角动量和宇称改变的选择定则 (表 5–1).

实际上在更高多极下, ΔJ 的选择定则变得越来越多, 它们可以明显地写为

$$|J_\mathrm{f} - J_\mathrm{i}| \leqslant l \leqslant J_\mathrm{f} + J_\mathrm{i}$$

2^l 是多极的极次, l 是角动量的矢量变化.

初态与末态宇称乘积为 $(-1)^{J_\mathrm{f} - J_\mathrm{i}}$ 且最低可能多极次为 $J_\mathrm{f} - J_\mathrm{i}$ 的跃迁称为宇称有利跃迁. 可以证明, 在这类跃迁中, 包含在表 5–1 虚竖线中的多极型跃迁概率粗略相等[1)]. 宇称乘积为 $(-1)^{J_\mathrm{f} - J_\mathrm{i} + 1}$ 及最低多极阶次为 $|J_\mathrm{f} - J_\mathrm{i}| + 1$ 的跃迁为宇称不利跃迁, 在这类跃迁中, 上述论点可能不对.

1) 对于原子核发射 γ 射线, 这点似乎不对, 这时, 由于一种尚不清楚的原因, 对多极近似的每一极, 磁辐射都占优势.

表 5–1 跃迁分类及其选择定则

		电偶极	磁偶极	电四极	磁四极	电八极
光子的特性	角动量	1	1	2	2	3
	宇称	奇	偶	偶	奇	奇
发射系统的选择定则	宇称改变与否	变	不变	不变	变	变
	总角动量的变化 ΔJ	$\pm 1, 0$	$\pm 1, 0$	$\pm 2, \pm 1, 0$	$\pm 2, \pm 1, 0$	$\pm 3, \pm 2, \pm 1, 0$
	低角动量禁戒	无 $0 \to 0$	无 $0 \to 0$	无 $0 \to 0$ 无 $\frac{1}{2} \to \frac{1}{2}$ 无 $0 \to 1$	无 $0 \to 0$ 无 $\frac{1}{2} \to \frac{1}{2}$ 无 $0 \to 1$	无 $0 \to 0$ 无 $\frac{1}{2} \to \frac{1}{2}$ 等 (见正文)

第 6 讲

辐射平衡

如果系统是平衡的, 按照统计力学, 两个状态 (譬如说 l 和 k 态) 每立方厘米中的相对粒子数是

$$\frac{N_l}{N_k} = \mathrm{e}^{-\frac{(E_l - E_k)}{kT}} = \mathrm{e}^{-\frac{\hbar\omega}{kT}}$$

其中能量差是 $\hbar\omega$. 因为系统是平衡的, 单位时间内由于吸收光子 $\hbar\omega$ 而从态 k 到态 l 的原子数必然等于由于发射光子而从态 l 到态 k 的原子数. 如果在每立方厘米中有频率 ω 的光子 n_ω 个, 那么吸收概率正比于 n_ω, 而发射概率正比于 $n_\omega + 1$. 这样

$$N_k n_\omega = N_l(n_\omega + 1)$$

即

$$\frac{n_\omega + 1}{n_\omega} = \frac{N_k}{N_l} = \mathrm{e}^{\frac{\hbar\omega}{kT}}$$

$$n_\omega = \frac{1}{\mathrm{e}^{\frac{\hbar\omega}{kT}} - 1}$$

这就是 Planck 的黑体辐射分布定律.

光散射

现在讨论入射光子被原子散射到新方向的现象 (及可能有的能量) (见图 6–1). 可以把这看成是原子吸收入射光子和发射出新光子. 在此现象中起作用的两个光子用如下矢势来表示:

$$\boldsymbol{A}_1=\sqrt{\frac{2\pi\hbar c^2}{\omega_1}}\boldsymbol{e}_1\mathrm{e}^{+\mathrm{i}(\omega_1 t-\boldsymbol{K}_1\cdot\boldsymbol{x})}$$

$$\boldsymbol{A}_2=\sqrt{\frac{2\pi\hbar c^2}{\omega_2}}\boldsymbol{e}_2\mathrm{e}^{-\mathrm{i}(\omega_2 t-\boldsymbol{K}_2\cdot\boldsymbol{x})}$$

待求的量是在时间 T 内, 在微扰 $\boldsymbol{A}=\boldsymbol{A}_1+\boldsymbol{A}_2$ 作用下, 起初在态 k 的原子处于状态 l 的概率. 这和任何跃迁概率一样, 可以利用 A_{lk} 来计算.

$$\begin{aligned}A_{lk}=&\delta_{kl}\mathrm{e}^{-\mathrm{i}\frac{E_l}{\hbar}T}-\frac{\mathrm{i}}{\hbar}\int_0^T\mathrm{e}^{-\mathrm{i}\frac{E_l}{\hbar}(T-t_3)}U_{lk}(t_3)\mathrm{e}^{-\mathrm{i}\frac{E_k}{\hbar}t_3}\mathrm{d}t_3\\&+\frac{\mathrm{i}}{\hbar^2}\sum_n\int_0^T\int_0^{t_4}\mathrm{e}^{-\mathrm{i}\frac{E_l}{\hbar}(T-t_4)}U_{ln}(t_4)\mathrm{e}^{-\mathrm{i}\frac{E_n}{\hbar}(t_4-t_3)}\\&\cdot U_{nk}(t_3)\mathrm{e}^{-\mathrm{i}\frac{E_k}{\hbar}t_3}\mathrm{d}t_3\mathrm{d}t_4\end{aligned}$$

可采用偶极近似, 以及

$$U=\Delta H=\left(\frac{e}{mc}\right)(\boldsymbol{p}\cdot\boldsymbol{A})+\left(\frac{e^2}{2mc^2}\right)(\boldsymbol{A}\cdot\boldsymbol{A})$$

式中略去了自旋.

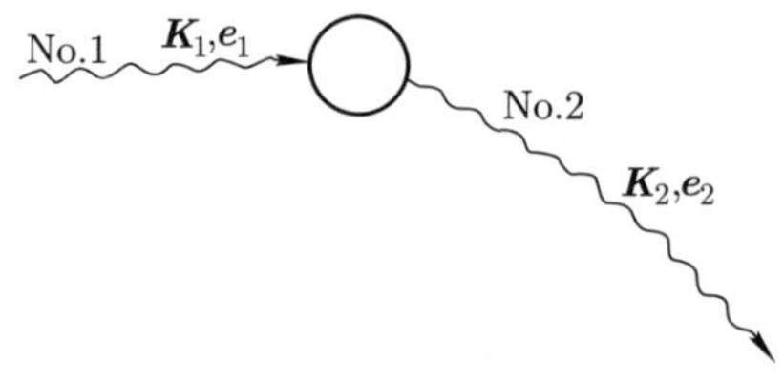

图 6–1

在决定 A_{lk} 的每个积分中, 这两个矢势中的每一个出现且只出现一次. 这样在头一个积分中 U 的 $\boldsymbol{p}\cdot\boldsymbol{A}$ 项不会在 U_{lk} 中出现, 乘积 $\boldsymbol{A}\cdot\boldsymbol{A}=(\boldsymbol{A}_1+\boldsymbol{A}_2)\cdot(\boldsymbol{A}_1+\boldsymbol{A}_2)$ 只贡献交叉乘积项 $2\boldsymbol{A}_1\cdot\boldsymbol{A}_2$. 第二个积分没有 $\boldsymbol{A}\cdot\boldsymbol{A}$ 的贡献, 它将是两项之和. 第一项包括基于 $\boldsymbol{p}\cdot\boldsymbol{A}_2$ 的 U_{ln} 和基于 $\boldsymbol{p}\cdot\boldsymbol{A}_1$ 的 U_{nk}. 第二项包括基于 $\boldsymbol{p}\cdot\boldsymbol{A}_1$ 的 U_{ln} 和基于 $\boldsymbol{p}\cdot\boldsymbol{A}_2$ 的 U_{nk}. 得到这两项的时间顺序可用图表示出来. 参看图 6–2.

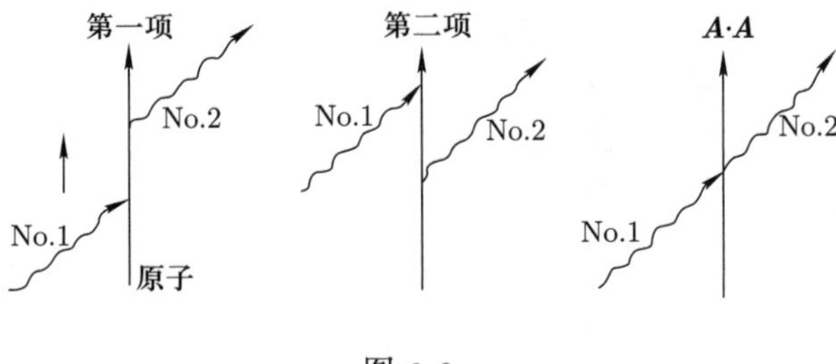

图 6–2

对来自第一项的积分, 现在作详细的研究.

$$(\boldsymbol{p}\cdot\boldsymbol{A}_1)_{nk}=\sqrt{\frac{2\pi\hbar c^2}{\omega_1}}(\boldsymbol{p}\cdot\boldsymbol{e}_1)_{nk}\mathrm{e}^{-\mathrm{i}\omega_1 t}$$

$$(\boldsymbol{p}\cdot\boldsymbol{A}_2)_{ln}=\sqrt{\frac{2\pi\hbar c^2}{\omega_2}}(\boldsymbol{p}\cdot\boldsymbol{e}_2)_{ln}\mathrm{e}^{\mathrm{i}\omega_2 t}$$

结果积分是

$$\sum_n\frac{2\pi}{\sqrt{\omega_1\omega_2}}(\boldsymbol{p}\cdot\boldsymbol{e}_2)_{ln}(\boldsymbol{p}\cdot\boldsymbol{e}_1)_{nk}\int_0^T\int_0^{t_4}\mathrm{e}^{-\mathrm{i}\frac{E_l}{\hbar}(T-t_4)+\mathrm{i}\omega_2 t_4}\cdot\mathrm{e}^{-\mathrm{i}\frac{E_n}{\hbar}(t_4-t_3)-\mathrm{i}\omega_1 t_3}\cdot\mathrm{e}^{-\mathrm{i}\frac{E_k}{\hbar}t_3}\mathrm{d}t_3\mathrm{d}t_4$$

此积分类似于以前计算跃迁概率时所考虑的积分. 且求和成为

$$\sum_n\frac{2\pi}{\sqrt{\omega_1\omega_2}}(\boldsymbol{p}\cdot\boldsymbol{e}_1)_{ln}(\boldsymbol{p}\cdot\boldsymbol{e}_2)_{nk}\mathrm{e}^{\mathrm{i}\phi}\frac{\sin\left(T\cdot\dfrac{\Delta}{\hbar}\right)}{(E_k-E_n+\hbar\omega_1)\cdot\Delta}$$

式中 $\Delta=E_l+\hbar\omega_2-E-\hbar\omega_1$, 并且相角 ϕ 与 n 与关. 因为前面的结果表明仅仅能量为 $E_l+\hbar\omega_2\approx E_k+\hbar\omega_1$ 的情况才是重要的, 所以已略去分母中

$$(E_n-\hbar\omega_1-E_k)(E_l+\hbar\omega_2-E_n)$$

的项. 最终结果为

$$\text{跃迁概率/秒}=\frac{2\pi}{\hbar}|M|^2\left(\frac{\omega_2^2\mathrm{d}\Omega_2}{2\pi^3}\right)=\sigma c \tag{6–1}$$

式中 $|M|$ 是由 A_{lk} 对 ω_2 积分并对 e_2 求平均而求得的. 这样截面 σ 的完整表达式为

$$\sigma\mathrm{d}\Omega_2=\frac{e^4}{m^2c^4}\frac{\omega_2}{\omega_1}\mathrm{d}\Omega_2\left|\frac{1}{m}\sum_n\frac{(\boldsymbol{p}\cdot\boldsymbol{e}_2)_{ln}(\boldsymbol{p}\cdot\boldsymbol{e}_1)_{nk}}{E_k+\hbar\omega_1-E_n}+\frac{(\boldsymbol{p}\cdot\boldsymbol{e}_1)_{ln}(\boldsymbol{p}\cdot\boldsymbol{e}_2)_{nk}}{E_k-E_n-\hbar\omega_2}+\frac{1}{mc^2}(\boldsymbol{e}_1\cdot\boldsymbol{e}_2)\delta_{lk}\right|^2 \tag{6–2}$$

求和号中第一项来自前边谈过的 "第一项", 第二项来自 "第二项". 在绝对值号中最后一项来自 $\boldsymbol{A}\cdot\boldsymbol{A}$.

若 $l \neq k$, 散射是非相干的, 其结果称为 "Raman 效应". 若 $l = k$, 散射是相干的.

而且注意, 如果所有原子处于基态, 且 $l \neq k$, 那么原子能量只能增加, 而光频只能减少, 这给出 "Stokes 线". 相反的效应产生 "反 Stokes 线".

假设 $\omega_1 = \omega_2$ (相干散射), $\hbar\omega_1$ 又非常接近 $E_k - E_n$, 这里 E_n 是该原子的某个可能能级, 则在对 n 的求和中有一项变得非常大, 与其余的项相比, 它占支配地位, 这个结果称为 "共振散射". 若作 $\sigma-\omega$ 图, 在这样的 ω 处, 截面有尖锐的极大值 (见图 6–3).

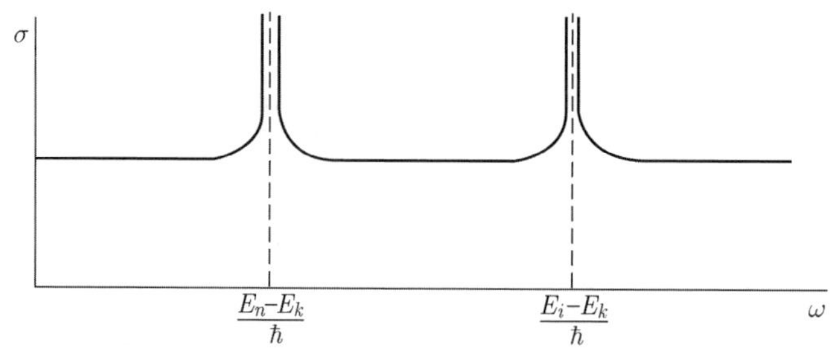

图 6–3

用我们的散射公式可以求出气体的折射 "指数". 正如对其他类型的散射一样, 考虑朝前方向的散射光可以求出它.

自能

在量子电动力学中必须考虑的另一个现象是原子发射一个光子又吸收同一光子的可能性. 这关系到对角元 A_{kk}. 其效果等效于能级的移动. 可以发现

$$\Delta E = \sum_n \int \frac{(\boldsymbol{p}\cdot\boldsymbol{e})_{kn}(\boldsymbol{p}\cdot\boldsymbol{e})_{nk}}{(E_k - E_n - \omega)} \frac{\mathrm{d}^3\boldsymbol{K}}{(2\pi\hbar)^3} \frac{2\pi}{\omega}$$

其中 $\boldsymbol{e}$ 是极化方向. 此积分是发散的. 更精确的相对论计算也得到发散积分. 这意味着我们的电磁效应的公式体系实际上不是完全令人满意的. 以后我们再讨论如何避开这个无限大的自能困难, 净结果是能级位置发生非常小的移动 ΔE. Lamb 和 Rutherford 已观察到这一移动.

二、

狭义相对论基本原理及主要结论概述

第 7 讲

相对论原理是, 如果全部有关物体一齐以速度 v 匀速运动, 则所有物理现象会以完全一样的形式出现; 也就是说, 在一个封闭的以速度 v (譬如说, 是相对于宇宙中物质的重心而言的速度) 匀速运动的宇宙飞船内部, 没有实验可以决定它的速度 v. 此原理已被实验证实. Newton 定律满足这个原理, 它们在 Gallilean 变换

$$x' = x - vt, \quad y' = y, \quad z' = z, \quad t' = t$$

下不变, 因为它们只包含二次微商. 然而在这种变换下, Maxwell 方程是变的. 在此领域的早期工作者试图用此性质决定地球的绝对速度 (Michelson-Morley 实验). 但没有检测到这类效应, 这导致 Einstein 假设: 在任何坐标系中, Maxwell 方程都具有同样的形式; 特别是, 在所有坐标系中, 光速都是一样的. 保持 Maxwell 方程不变的坐标变换是 Lorentz 变换:

$$\begin{aligned}
x' &= \frac{x - vt}{\sqrt{1 - \frac{v^2}{c^2}}} = x\cosh u - ct\sinh u \\
y' &= y \\
z' &= z \\
t' &= \frac{t - \frac{xv}{c^2}}{\sqrt{1 - \frac{v^2}{c^2}}} = -\frac{x}{c}\sinh u + t\cosh u
\end{aligned}$$

其中 $\tanh u = v/c$. 以后将使用使光速为 1 的时间单位, 上面各式的最后一步

是为了表明此变换与坐标轴的旋转相似,

$$x' = x\cos\theta + y\sin\theta$$
$$y' = -x\sin\theta + y\cos\theta$$

相继变换 v_1 和 v_2 (或者用 u_1 和 u_2) 相加的意思是: 若

$$v_3 = v_1 + v_2 \quad \text{或} \quad \tanh u_3 = \tanh(u_1 + u_2)$$

则单个变换 v_3 或 u_3 会产生同一终态系统. Einstein 假设 (在狭义相对论中) Newton 定律必须修改, 以使其在 Lorentz 变换下也不改变.

Lorentz 变换的一个很有意义的结果是, 在运动系统中, 时钟变慢; 称之为时间膨胀, 用张量分析进行从一个坐标系到另一系的变换是很方便的. 为此, 定义一组四个的量为四矢, 它们的变换同 x, y, z 和 ct 一样. 用角标 μ 来标记所考虑的是 4 个分量中的哪一个. 例如[1)]

$$x_1 = x, \quad x_2 = y, \quad x_3 = z, \quad x_4 = t$$

下面的量都是四矢

$-\dfrac{\partial}{\partial x}$	$-\dfrac{\partial}{\partial y}$	$-\dfrac{\partial}{\partial z}$	$+\dfrac{\partial}{\partial t}$	∇_μ四维梯度
j_x	j_y	j_z	ρ	j_μ电流 (和电荷) 密度
A_x	A_y	A_z	φ	A_μ矢 (和标) 势
p_x	p_y	p_z	E	p_μ动量和总能量[2)]

不变量是在 Lorentz 变换下不改变的量. 如果 a_μ 和 b_μ 是两个四矢, 则 "乘积"

$$a \cdot b \equiv \sum_\mu a_\mu b_\mu \equiv a_4 b_4 - a_1 b_1 - a_2 b_2 - a_3 b_3$$

是不变量. 为避免写求和号, 采用下述求和约定: 当有两个相同指标重复出现时, 便对它求和, 并在第一、第二和第三分量前面放上负号. 将连续性方程写为四矢 ∇_μ 和 j_μ "乘积" 的形式, 易于说明它的 Lorentz 不变性:

$$\begin{aligned}\nabla_\mu j_\mu &= \nabla_4 j_4 - \nabla_1 j_1 - \nabla_2 j_2 - \nabla_3 j_3 \\ &= \frac{\partial\rho}{\partial t} + \frac{\partial j_x}{\partial x} + \frac{\partial j_y}{\partial y} + \frac{\partial j_z}{\partial z}\end{aligned}$$

---

1) 从此以后, 将应用使 $c = \hbar = 1$ 的单位. 参看第 9 讲.

2) 这里 E 是包括静止能量的总能量.

若电荷在一个系统中守恒, 则它在所有系统中均守恒, 这是上述 "乘积" ——四维散度 $\nabla \cdot j$ 的不变性的结论. 另一不变量是

$$p_\mu p_\mu = p \cdot p = E^2 - p_x^2 - p_y^2 - p_z^2 = E^2 - p^2 = m^2$$

(E 是总能量, m 是静止质量, mc^2 是静止能量, p 是动量.) 于是

$$E^2 = p^2 + m^2$$

也很有趣的是自由粒子波函数 $\exp\left[-\frac{\mathrm{i}}{\hbar}(Et - \boldsymbol{p} \cdot \boldsymbol{x})\right]$ 的相位是不变量, 其原因在于

$$Et - \boldsymbol{p} \cdot \boldsymbol{x} = Et - p_x x - p_y y - p_z z = p_\mu x_\mu.$$

可用 $p_\mu p_\mu$ 的不变性来简化实验室能量到质心能量 (图 7–1) 的变换. 为简单起见, 以全同粒子为例来加以说明.

$$p_\mu p_\mu = E_{\text{lab}} m = E_0^2 + p_0^2$$

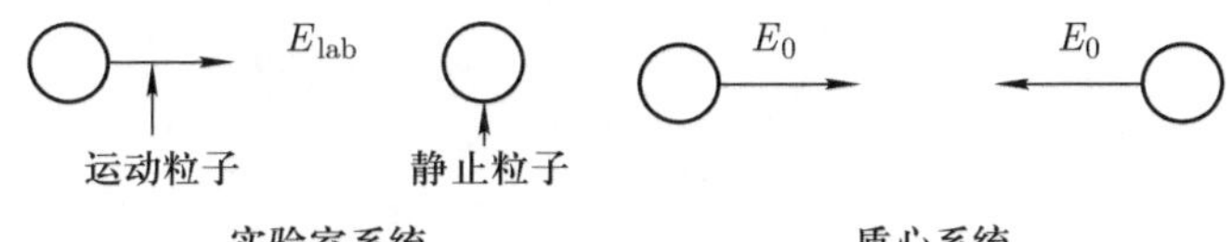

图 7–1

而

$$p_0^2 = E_0^2 - m^2$$

所以

$$E_{\text{lab}} m = 2E_0^2 - m^2$$
$$E_0 = \left[\frac{1}{2} m (E_{\text{lab}} + m)\right]^{1/2}$$

很容易把电动力学的方程 $B = \nabla \times \boldsymbol{A}$ 和 $\boldsymbol{E} = -\frac{1}{c}\frac{\partial A}{\partial t} - \nabla\phi$ 用张量形式写为

$$B_x = \frac{\partial A_z}{\partial y} - \frac{\partial A_y}{\partial z} = -\nabla_y A_z + \nabla_z A_y$$
$$B_y = \frac{\partial A_x}{\partial z} - \frac{\partial A_z}{\partial x} = -\nabla_z A_x + \nabla_x A_z$$
$$B_z = \frac{\partial A_z}{\partial x} - \frac{\partial A_x}{\partial y} = -\nabla_x A_y + \nabla_y A_x$$

$$E_x = -\frac{\partial A_x}{\partial t} - \frac{\partial \phi}{\partial x} = -\nabla_t A_x + \nabla_x A_t$$
$$E_y = -\frac{\partial A_y}{\partial t} - \frac{\partial \phi}{\partial y} = -\nabla_t A_y + \nabla_y A_t$$
$$E_z = -\frac{\partial A_z}{\partial t} - \frac{\partial \phi}{\partial z} = -\nabla_t A_z + \nabla_z A_t$$

其中应用了 ϕ 是四维矢势 A_μ 的第四分量. 由前式可见 $B_x, B_y, B_z, E_x, E_y, E_z$ 是下述二阶张量的分量

$$F_{\mu\nu} = \nabla_\mu A_\nu - \nabla_\nu A_\mu \tag{7–1}$$

这个张量是反对称的 ($F_{\mu\nu} = -F_{\nu\mu}$), 对角项 ($\mu = \nu$) 为零; 这样仅有六个独立分量 ($\boldsymbol{E}$ 的三个分量和 $\boldsymbol{B}$ 的三个分量), 而不是十六个.

$$F_{\mu\nu} = \begin{vmatrix} 0 & -B_z & B_y & E_x \\ B_z & 0 & -B_x & E_y \\ -B_y & B_x & 0 & E_x \\ -E_x & -E_y & -E_z & 0 \end{vmatrix}$$

Maxwell 方程 $\nabla \times \boldsymbol{B} = 4\pi J + \dfrac{\partial E}{\partial t}$ 和 $\nabla \cdot \boldsymbol{E} = 4\pi\rho$ 可写为

$$\nabla_\mu F_{\mu\nu} = 4\pi j_\nu \tag{7–2}$$

式中 $\nu = 1, 2, 3, 4$; 即 $j_1 = j_x, j_2 = j_y, j_3 = j_z, j_4 = \rho$. 而 μ 是要求和的傀标. $\nu = 1, 2, 3$ 是旋度方程的三个分量方程, $\nu = 4$ 对应散度方程.

把方程 (7–1) 代入方程 (7–2) 便得到势 A_μ 所满足的方程:

$$\nabla_\mu \nabla_\mu A_\nu - \nabla_\nu \nabla_\nu A_\mu = 4\pi j_\nu$$

然而势 A_μ 不是唯一的, 因为

$$A'_\mu = A_\mu + \nabla_\mu \chi \tag{7–3}$$

(χ 是位置的任一标量函数) 也满足这个关系. 势的这种变化或变换称为规范变换 (用这名词是出于历史原因). 通过假定已对所有的势作了变换使得它满足所谓 Lorentz 条件[1)]

$$\nabla_\mu A_\mu = 0, \tag{7–4}$$

从而使势更加确定. 这是方便的, 因为它将 A_μ 的方程简化为

$$(\nabla \cdot \nabla) A_\nu = 4\pi j_\nu \tag{7–5}$$

1) 这尚不能完全决定 A. 我们仍可以用任意满足 $\square^2 \chi = 0$ 的 χ 来变换它.

因为 $\nabla\cdot\nabla\equiv\nabla_\mu\nabla_\mu$, 故可看出上式即是波动方程

$$\nabla^2\boldsymbol{A}-\frac{\partial^2\boldsymbol{A}}{\partial t^2}=-4\pi\boldsymbol{j}$$

$$\nabla^2\phi-\frac{\partial^2\phi}{\partial t^2}=-4\pi\rho \tag{7–5′}$$

有时把方程 (7–5) 写成 $\Box^2A_\mu=-4\pi j_\mu$($\Box^2$ 是 d′Alembert 算符, $\Box^2=\nabla^2-\left(\frac{\partial}{\partial t}\right)^2=-\nabla\cdot\nabla$). 所选的规范 $\nabla_\mu A_\mu=0$ 就是人们在经典电动力学中所选的

$$\nabla\cdot\boldsymbol{A}+\frac{\partial\phi}{\partial t}=0 \tag{7–4′}$$

第 8 讲

真空中 Maxwell 方程的解

在真空中, 波动方程是

$$\Box^2A_\mu=-4\pi j_\mu=0$$

其平面波解为

$$A_\mu=e_\mu\mathrm{e}^{-\mathrm{i}k\cdot x}$$

其中 e_μ 和 k_μ 是常矢量, k_μ 服从条件

$$k_\mu k_\mu=k\cdot k=0$$

这是因为 ∇_ν 作用在 $\mathrm{e}^{-\mathrm{i}k\cdot x}$ 上相当于乘以 $\mathrm{i}k_\nu$ (因为是直角坐标, ∇_ν 对 e_μ 无作用.) 这样就有

$$\begin{aligned}-\Box^2A_\mu&=\nabla_\nu(\nabla_\nu A_\mu)=\nabla_\nu(-\mathrm{i}e_\mu k_\nu\mathrm{e}^{-\mathrm{i}k\cdot x})\\&=-e_\mu(k_\nu k_\nu)\mathrm{e}^{-\mathrm{i}k\cdot x}\end{aligned}$$

注意, 在这些运算中 $\nabla_\nu A_\mu$ 实际上是二阶张量, $\nabla_\nu(\nabla_\nu A_\mu)$ 是三阶张量, 然后对指标 ν 收缩产生一阶张量即矢量.

k_μ 是传播矢量, 它的分量

$$k_\mu=(\omega,K_x,K_y,K_z)=(\omega,\boldsymbol{K})$$

所以用普通的记号

$$\exp(-\mathrm{i}k\cdot x)=\exp[-\mathrm{i}(\omega t-\boldsymbol{K}\cdot\boldsymbol{x})]$$

条件 $k\cdot k=0$ 意味着

$$\omega^2-\boldsymbol{K}\cdot\boldsymbol{K}=0$$

习题: 证明 Lorentz 条件 $\nabla_\mu A_\mu=0$ 隐含着 $\boldsymbol{k}\cdot\boldsymbol{e}=0$.

在三维空间, 人们习惯于取极化矢量 $\boldsymbol{e}$ 满足 $\boldsymbol{k}\cdot\boldsymbol{e}=0$, 并令标势 $\phi=0$. 但这并不是唯一条件; 即它不是相对论不变的, 它仅在一个坐标系统中成立. 这点似乎是一个佯谬, 竟将某种唯一性与 $\boldsymbol{K}\cdot\boldsymbol{e}=0$ 的系统联系在一起, 而这与相对论是不相容的. 然而此佯谬是可以得到解决的. 因为人们总可以作规范变换, 使场 $F_{\mu\nu}$ 不变却改变了 $\boldsymbol{e}$. 所以在一个特殊坐标系中, 选择 $\boldsymbol{K}\cdot\boldsymbol{e}=0$ 相当于选择某个特定的规范.

规范变换 (7–3) 是

$$\boldsymbol{A}'=\boldsymbol{A}+\nabla\chi$$
$$\phi'=\phi+\left(\frac{\partial\chi}{\partial t}\right)$$

式中 χ 是标量. 而且, 如果

$$\nabla\cdot A'=\nabla\cdot A+\nabla\cdot\nabla\chi=0$$

即如果

$$\Box^2\chi=0$$

那么 Lorentz 条件 (7–4), $\nabla\cdot A=0$ 仍能成立. 此方程有解 $\chi=\mathrm{i}\alpha\mathrm{e}^{-\mathrm{i}k\cdot x}$, 所以

$$A'_\mu=A_\mu+\nabla_\mu(\alpha\mathrm{e}^{-\mathrm{i}k\cdot x})=(e_\mu+\alpha k_\mu)\mathrm{e}^{-\mathrm{i}k\cdot x}$$

式中 α 是任意常数. 因此

$$e'_\mu=e_\mu+\alpha k_\mu$$

是由规范变换得到的新的极化矢量. 使用一般的记号

$$\boldsymbol{e}'=\boldsymbol{e}+\alpha\boldsymbol{K}$$
$$e'_4=e_4+\alpha\omega$$

这样不论采用什么坐标系统, 都可以选择常数 α 使下式为零

$$\boldsymbol{K}\cdot\boldsymbol{e}'=\boldsymbol{K}\cdot\boldsymbol{e}+\alpha\boldsymbol{K}\cdot\boldsymbol{K}=\boldsymbol{K}\cdot\boldsymbol{e}+\frac{\alpha\omega^2}{c^2}$$

很清楚, 场在规范变换下保持不变,

$$F'_{\mu\nu} = \nabla_\mu A'_\nu - \nabla_\nu A'_\mu = \nabla_\mu A_\nu + \nabla_\mu \nabla_\nu \chi - \nabla_\nu A_\mu - \nabla_\nu \nabla_\mu \chi = F_{\mu\nu}$$

因微分次序无关紧要, 式中 $\nabla_\mu \nabla_\nu \chi = \nabla_\nu \nabla_\mu \chi$.

相对论粒子力学

普通的速度分量不是以四矢的分量的那种方式来变换的. 但另一个量 $\frac{\mathrm{d}Z_\mu}{\mathrm{d}s}$ 是四矢, 称其为四速度 u_μ:

$$\frac{\mathrm{d}Z_\mu}{\mathrm{d}s} = \frac{\mathrm{d}t}{\mathrm{d}s}, \quad \frac{\mathrm{d}x}{\mathrm{d}s}, \quad \frac{\mathrm{d}y}{\mathrm{d}s}, \quad \frac{\mathrm{d}z}{\mathrm{d}s}$$

式中

$$\mathrm{d}Z_\mu = \mathrm{d}t, \mathrm{d}x, \mathrm{d}y, \mathrm{d}z$$

是粒子的路径元. $\mathrm{d}s$ 是原时, 其定义为

$$\mathrm{d}s^2 = \mathrm{d}t^2 - \mathrm{d}x^2 - \mathrm{d}y^2 - \mathrm{d}z^2.$$

将 $\mathrm{d}s^2$ 除以 $\mathrm{d}t^2$, 得出原时与本地时之间的关系,

$$\left(\frac{\mathrm{d}s}{\mathrm{d}t}\right)^2 = 1 - v^2.$$

用普通速度分量表示四速度,

$$\begin{aligned}
\frac{\mathrm{d}x}{\mathrm{d}s} &= \frac{\mathrm{d}x}{\mathrm{d}t}\frac{\mathrm{d}t}{\mathrm{d}s} = \frac{v_x}{(1-v^2)^{1/2}} \\
\frac{\mathrm{d}y}{\mathrm{d}s} &= \frac{v_y}{(1-v^2)^{1/2}} \\
\frac{\mathrm{d}z}{\mathrm{d}s} &= \frac{v_z}{(1-v^2)^{1/2}} \\
\frac{\mathrm{d}t}{\mathrm{d}s} &= \frac{1}{(1-v^2)^{1/2}}
\end{aligned}$$

显然 $u_\mu u_\mu = 1$, 因为

$$\begin{aligned}
u_\mu u_\mu &= \frac{1}{1-v^2} - \frac{v_x^2}{1-v^2} - \frac{v_y^2}{1-v^2} - \frac{v_z^2}{1-v^2} \\
&= \frac{1-v^2}{1-v^2} = 1
\end{aligned}$$

四动量的定义为

$$p_\mu = m u_\mu = \frac{m}{(1-v^2)^{1/2}}, \frac{m v_x}{(1-v^2)^{1/2}}, \frac{m v_y}{(1-v^2)^{1/2}}, \frac{m v_z}{(1-v^2)^{1/2}}$$

注意 $p_4 = \dfrac{m}{(1-v^2)^{1/2}}$ 是总能量 E, 若使用普通符号, 动量 $\boldsymbol{p}$ 为

$$\boldsymbol{p} = E\boldsymbol{v}$$

式中 $\boldsymbol{v}$ 是普通的速度.

与速度相似, 普通用 $\dfrac{\mathrm{d}}{\mathrm{d}t}$(动量) 定义的力的分量不形成四矢. 但下列 f_μ 形成四矢:

$$f_\mu = \frac{\mathrm{d}p_\mu}{\mathrm{d}s}$$

它的分量为

$$f_\mu = \frac{\mathrm{d}}{\mathrm{d}t}\left(\frac{mv_\mu}{\sqrt{1-v^2}}\right)\frac{\mathrm{d}t}{\mathrm{d}s} = \frac{F_\mu}{\sqrt{1-v^2}},\quad \mu = 1, 2, 3$$

式中 F_μ 是普通力, 第四个分量是

$$f_4 = \frac{\text{功率}}{\sqrt{1-v^2}} = \frac{\text{能量变化率}}{\sqrt{1-v^2}} = \frac{\dfrac{\mathrm{d}}{\mathrm{d}t}\left(\dfrac{m}{\sqrt{1-v^2}}\right)}{\sqrt{1-v^2}}$$

这可以从 $m/\sqrt{1-v^2}$ 是总能量, 以及普通的等式

$$\begin{aligned}\text{功率} = F\cdot v &= \left[\frac{\mathrm{d}}{\mathrm{d}t}\frac{mv}{\sqrt{1-v^2}}\right]\cdot v\\ &= \frac{m}{2}\left[\frac{v^2}{(1-v^2)^{3/2}} + \frac{1}{(1-v^2)^{1/2}}\right]\frac{\mathrm{d}v^2}{\mathrm{d}t}\\ &= \frac{mv}{(1-v^2)^{3/2}}\frac{\mathrm{d}v}{\mathrm{d}t} = \frac{\mathrm{d}}{\mathrm{d}t}\frac{m}{\sqrt{1-v^2}}\end{aligned}$$

很易推出上面 f_4 的表达式, Newton 方程的相对论类推是

$$\frac{\mathrm{d}}{\mathrm{d}s}(p_\mu) = f_\mu = m\frac{\mathrm{d}^2 Z_\mu}{\mathrm{d}s^2} \tag{8–1}$$

普通的 Lorentz 力是

$$\boldsymbol{F} = e(\boldsymbol{E} + \boldsymbol{v}\times\boldsymbol{B}) \tag{8–2}$$

能量变化速率是

$$\boldsymbol{F}\cdot\boldsymbol{v} = e\boldsymbol{E}\cdot\boldsymbol{v}$$

然后, 由前面四维力的定义, 得

$$\boldsymbol{f} = \frac{e}{\sqrt{1-v^2}}(\boldsymbol{E} + \boldsymbol{v}\times\boldsymbol{B})$$

以及

$$f_4 = \frac{e}{(1-v^2)^{1/2}}\boldsymbol{E}\cdot\boldsymbol{v}$$

习题: 证明上面给出的 $\boldsymbol{f}$ 和 f_4 的表达式等价于

$$f_\nu = eu_\mu F_{\mu\nu}$$

所以 Newton 方程的相对论形式变成

$$m\frac{\mathrm{d}^2 Z_\mu}{\mathrm{d}s^2} = e\left(\frac{\mathrm{d}Z_\nu}{\mathrm{d}s}\right)F_{\mu\nu} \tag{8–3}$$

再证明此式隐含着

$$\frac{\mathrm{d}}{\mathrm{d}s}\left[\left(\frac{\mathrm{d}Z_\mu}{\mathrm{d}s}\right)^2\right] = 0$$

用普通记号, 运动方程为

$$\frac{\mathrm{d}}{\mathrm{d}t}\left(\frac{m\boldsymbol{v}}{\sqrt{1-v^2}}\right) = e(\boldsymbol{E} + \boldsymbol{v}\times\boldsymbol{B}) \tag{8–4}$$

直接应用 Lagrange 方程

$$\frac{\mathrm{d}}{\mathrm{d}t}\left(\frac{\partial L}{\partial v_\mu}\right) - \left(\frac{\partial L}{\partial x_\mu}\right) = 0$$

可以证明 Lagrange 量

$$L = -m\sqrt{1-v^2} - e\phi + e\boldsymbol{A}\cdot\boldsymbol{v} \tag{8–5}$$

导致上述运动方程. x 的共轭动量也由 $\dfrac{\partial L}{\partial v}$ 给出:

$$\boldsymbol{p} = \frac{m\boldsymbol{v}}{(1-v^2)^{1/2}} + e\boldsymbol{A}$$

相应的 Hamilton 量是

$$H = e\phi + [(\boldsymbol{p} - e\boldsymbol{A})^2 + m^2]^{1/2} \tag{8–6}$$

它满足 $(H - e\phi)^2 - (\boldsymbol{p} - e\boldsymbol{A})^2 = m^2$. 很难把 Hamilton 方案变为协变形式即四维表述, 但是最小作用量原理 (作为量 $S = \int L\mathrm{d}t$ 应是极小值.) 将直接导出相对论形式的运动方程. 为此把作用量表示为

$$\begin{aligned} S = \int L\mathrm{d}t &= m\int \mathrm{d}s + e\int A_\mu\left(\frac{\mathrm{d}Z_\mu}{\mathrm{d}s}\right)\mathrm{d}s \\ &= \int\left[m\left(\frac{\mathrm{d}z}{\mathrm{d}\alpha}\cdot\frac{\mathrm{d}z}{\mathrm{d}\alpha}\right)^{1/2} + eA_\mu\frac{\mathrm{d}Z_\mu}{\mathrm{d}\alpha}\right]\mathrm{d}\alpha \end{aligned}$$

其中已用到了定义

$$\left(\frac{\mathrm{d}s}{\mathrm{d}\alpha}\right)^2=\frac{\mathrm{d}Z_\mu}{\mathrm{d}\alpha}\frac{\mathrm{d}Z_\mu}{\mathrm{d}\alpha}$$

有趣的是另一个 “作用量”, 定义为

$$S'=\frac{m}{2}\int\left(\frac{\mathrm{d}Z_\mu}{\mathrm{d}\alpha}\right)^2\mathrm{d}\alpha+e\int A_\mu(Z_\mu)\left(\frac{\mathrm{d}Z_\mu}{\mathrm{d}\alpha}\right)\mathrm{d}\alpha$$

它导出了与 S 相同的结果.

习题: (1) 证明 Lagrange 量 (8–5) 导致运动方程 (8–4), 相应的 Hamilton 量是 (8–6). 再找出 $\boldsymbol{p}$ 的表达式. (2) 证明正文给出的作用量 S 的变分 $\delta S=0$ 也导致同一方程 (8–4).

三、

相对论波动方程

第 9 讲

单位

今后将使用下面的约定. 我们定义质量、时间和长度单位使得

$$c = 1 \quad (c = 2.99793 \times 10^{10}\text{cm/s})$$

$$\hbar = 1 \quad (\hbar = 1.0544 \times 10^{-27}\text{erg/s})$$

表 9–1 列出了新单位与传统单位的转换关系.

表 9–1 符号和单位

现在符号	意 义	传统记号	数 值
m	电子质量	m	
	能量	mc^2	510.99 keV
	动量	mc	1704 dyn·s
	频率	$mc^2/\hbar$	
	波数	$mc/\hbar$	
$\dfrac{1}{m}$	长度	$\hbar/mc$	3.8615×10^{-11}cm
	(Compton 波长)/2π		
	时间	$\hbar/mc^2$	
e^2	精细结构常数 (无量纲)	$e^2/\hbar c$	1/137.038
e^2/m	电子的经典半径	e^2/mc^2	2.8176×10^{-13}cm
$1/me^2$	Bohr半径	$a_0 = \hbar^2/me^2$	0.52945Å

下列数值是有用的:

$M_{\mathrm{p}}=$ 质子质量 $=1836.1m=938.2$ MeV

原子质量单位 =931.2 MeV

$M_{\mathrm{H}}=$ 氢原子质量 =1.00815 质量单位

$M_{\mathrm{n}}=$ 中子质量 =784 keV+M_{H}

当 T=11 606 K 时 kT=1 eV

N_{A} = Avogadro 常量 $=6.025\times10^{23}$/mol

$N_{\mathrm{A}}e$ = 96 520C

Klein–Gordon、Pauli 方程和 Dirac 方程

按照相对论经典力学, Hamilton 量是

$$H=\sqrt{(\boldsymbol{p}-e\boldsymbol{A})^2+m^2}+e\phi \tag{9–1}$$

如果用量子力学算符 $-\mathrm{i}\nabla$ 表示 $\boldsymbol{p}$, 则此平方根运算是不确定的, 因此无法从经典方程 (9–1) 直接得到相对论量子力学的 Hamilton 量. 然而可以定义算符 (9–1) 的平方, 写成

$$(H-e\phi)^2-(\boldsymbol{p}-e\boldsymbol{A})^2=m^2$$

那么, 如果 $H=\mathrm{i}\dfrac{\partial}{\partial t}$, 则

$$\left[-\frac{\hbar}{\mathrm{i}}\frac{\partial}{\partial t}-e\phi\right]^2\psi-\left[\frac{\hbar}{\mathrm{i}}\frac{\partial}{\partial x}-\frac{e}{c}A_x\right]^2\psi-\cdots=m^2\psi \tag{9–2}$$

式中算符的平方是使用普通的算符代数进行运算的. Schrödinger 首先发现此方程可能成为相对论方程. 而通常又把此方程称为 Klein–Gordon 方程. 用相对论符号, 此方程式为

$$(\mathrm{i}\nabla_\mu-eA_\mu)(\mathrm{i}\nabla_\mu-eA_\mu)\psi=m^2\psi \tag{9–2$'$}$$

这个方程不含自旋, 因此无法描述氢光谱的精细结构. 如今建议将其应用于 π 介子 —— 一种没有自旋的粒子. 为了演示它对氢原子的应用, 令 $\boldsymbol{A}=0,\phi=-Ze/r$, 再令 $\psi=\chi(r)\exp(-\mathrm{i}Et)$. 于是方程变为

$$\left(E+\frac{Ze^2}{r}\right)^2\chi+\nabla^2\chi=m^2\chi$$

令 $E=m+W$, 其中 $W\ll m$, 并代入 $V=-\dfrac{Ze^2}{r}$, 得

$$(W-V)\chi+\frac{1}{2m}\nabla^2\chi=-\frac{1}{2m}(W-V)^2\chi$$

右边略去远小于左边第一项的项, 就得到 Schrödinger 方程. 用 $\frac{1}{2m}(W-V)^2$ 作为微扰势可以求出氢原子的精细结构分裂, 并与正确值进行比较.

练习: 对于 Klein–Gordon 方程, 令

$$\rho = \frac{1}{2}\left(\psi^*\frac{\partial \psi}{\partial t} - \psi\frac{\partial \psi^*}{\partial t}\right) - e\phi\psi\psi^* = \text{电荷密度}$$

$$j = -\frac{\mathrm{i}}{2}(\psi^*\nabla\psi - \psi\nabla\psi^*) - eA\psi\psi^* = \text{流密度}$$

然后证明 (ρ, j) 是四矢, 且 $\nabla_\mu j_\mu = 0$.

Klein–Gordon 方程导出的一个结果, 在它第一次被揭示出来时, 看起来是如此的不合理, 以致于被认为是抛弃这个方程的有力根据. 此结果就是存在负能态的可能性. 为了看出 Klein–Gordon 方程预言这种能态, 考虑自由电子方程:

$$\Box^2\psi = m^2\psi$$

其中 $\Box^2$ 是 d'Alembert 算子. 使用四矢符号, 此方程有解 $\psi = A\exp(-\mathrm{i}p_\mu x_\mu)$, 其中 $p_\mu p_\mu = m^2$. 因为

$$p_\mu p_\mu = p_4p_4 - p_xp_x - p_yp_y - p_zp_z = E^2 - \boldsymbol{p}\cdot\boldsymbol{p},$$

结果是

$$E = \pm(m^2 + \boldsymbol{p}\cdot\boldsymbol{p})^{1/2}$$

由于显然不能有负 E 值, 促使 Dirac 去研究新的相对论波动方程. Dirac 方程在预言氢原子能级方面被证明是正确的, 而且可用来描述电子. 然而与 Dirac 原意相违背, 其方程也导致了负能级的存在. 现在对负能级已有了满意的解释. 同样, Klein–Gordon 方程中的负能问题也得到解决.

练习: 证明若 $\psi = \exp(-\mathrm{i}Et)\chi(x,y,z)$ 是 A 和 ϕ 为常数时的 Klein–Gordon 方程的解, 那么 $\psi = \exp(+\mathrm{i}Et)\chi^*$ 是用 $-\boldsymbol{A}$ 和 $-\phi$ 代替 $\boldsymbol{A}$ 和 ϕ 时的解. 这是一种解释负能解的方式. 它是与电子电荷相反, 但质量相同的粒子的解.

代替原来推导 Dirac 方程的方法, 在此采用了另一种方式. Klein–Gordon 方程实际上是 Schrödinger 方程的四矢形式. 根据与此类似的观点, Dirac 方程也可化为 Pauli 方程的四矢形式.

按照这一推导, 包含 "自旋" 的项将被引入相对论方程. "自旋" 的概念首先是 Pauli 引进的, 但最初并不清楚电子的磁矩为什么必定是 $\frac{e\hbar}{2mc}$. 这一数值似乎是从 Dirac 方程自然而然得出的, 因而人们常说, 只有 Dirac 方程提供了电子磁矩的正确值. 但这是不对的, 进一步分析 Pauli 方程, 也会自然地得到此

值, 它使问题大大简化. 因为自旋出现在 Dirac 方程中, 而不是在 Klein–Gordon 方程中, 又因为 Klein–Gordon 方程曾被认为是无用的, 因而人们常说自旋是相对论所要求的. 这是不对的, 因为实际上 Klein–Gordon 方程是一个正确的无自旋粒子的相对论方程.

Schrödinger 方程是

$$H\psi = E\psi$$

式中

$$H = \frac{1}{2m}(-\mathrm{i}\nabla - e\boldsymbol{A})^2 + e\phi$$

而 Klein–Gordon 方程是

$$[(H - e\phi)^2 - (-\mathrm{i}\nabla - e\boldsymbol{A})^2]\psi = m^2\psi \tag{9–3}$$

现在 Pauli 方程也是 $H\psi = E\psi$, 其中

$$H = \frac{1}{2m}[\boldsymbol{\sigma} \cdot (-\mathrm{i}\nabla - e\boldsymbol{A})]^2 + e\phi \tag{9–4}$$

因此, 已用 $[\boldsymbol{\sigma} \cdot (-\mathrm{i}\nabla - e\boldsymbol{A})]^2$ 代替了 Schrödinger 方程中的 $(-\mathrm{i}\nabla - e\boldsymbol{A})^2$. 与 Klein–Gordon 方程相类似, Pauli 方程的一种可能的相对论形式或许是

$$(H - e\phi)^2\psi - \left[\boldsymbol{\sigma} \cdot \left(\frac{\hbar}{\mathrm{i}}\nabla - \frac{e}{c}\boldsymbol{A}\right)\right]^2 \psi = m^2\psi$$

实际上这是不正确的. 但一个非常相似的形式 (用 $\mathrm{i}\dfrac{\partial}{\partial t}$ 代替 H) 都是正确的, 即

$$\left[\mathrm{i}\frac{\partial}{\partial t} - e\phi - \boldsymbol{\sigma} \cdot (-\mathrm{i}\nabla - e\boldsymbol{A})\right] \cdot \left[\mathrm{i}\frac{\partial}{\partial t} - e\phi + \boldsymbol{\sigma} \cdot (-\mathrm{i}\nabla - e\boldsymbol{A})\right] \psi = m^2\psi \tag{9–5}$$

这是 Dirac 方程的一种形式.

作为算符作用对象的波函数实际上是一矩阵:

$$\psi = \begin{pmatrix} \psi_+ \\ \psi_- \end{pmatrix}$$

通过下述方法可以得到与 Dirac 原始方程更接近的方程, 为了方便起见, 记

$$\mathrm{i}\frac{\partial}{\partial t} - e\phi = \varPi_4$$

$$-\mathrm{i}\nabla - \frac{e}{c}\boldsymbol{A} = \boldsymbol{\varPi}$$

令函数 χ 由 $(\Pi_4+\boldsymbol{\sigma}\cdot\boldsymbol{\Pi})\psi=m\chi$ 定义.

于是式 (9–5) 意味着 $(\Pi_4-\boldsymbol{\sigma}\cdot\boldsymbol{\Pi})\chi=m\psi$. 利用

$$
\begin{aligned}
\psi_a&=\chi+\psi\\
\psi_b&=\chi-\psi
\end{aligned}
$$

改写这对方程 (仅仅为了得到一种特别常用的形式). 再将这对关于 ψ 和 χ 的方程相加和相减, 得

$$
\begin{aligned}
\Pi_4\psi_a-\boldsymbol{\sigma}\cdot\boldsymbol{\Pi}\psi_b&=m\psi_a\\
-\Pi_4\psi_b+\boldsymbol{\sigma}\cdot\boldsymbol{\Pi}\psi_a&=m\psi_b
\end{aligned}
\tag{9–6}
$$

使用一种特殊的约定, 可将这两个方程写为一个. 定义一个新的矩阵波函数:

$$
\psi=\begin{pmatrix}\psi_{a_1}\\ \psi_{a_2}\\ \psi_{b_1}\\ \psi_{b_2}\end{pmatrix}
\tag{9–7}
$$

此处已明显地写出 ψ_a 和 ψ_b 的矩阵角标, 即

$$
\psi_a=\begin{pmatrix}\psi_{a_1}\\ \psi_{a_2}\end{pmatrix},\quad \psi_b=\begin{pmatrix}\psi_{b_1}\\ \psi_{b_2}\end{pmatrix}
$$

如果再定义辅助矩阵

$$
\gamma_4=\left(\begin{array}{cc|cc}1&0&0&0\\0&1&0&0\\\hline 0&0&-1&0\\0&0&0&-1\end{array}\right),\quad \boldsymbol{\gamma}=\left(\begin{array}{cc|cc}0&0&\multicolumn{2}{c}{\boldsymbol{\sigma}}\\0&0&&\\\hline \multicolumn{2}{c|}{}&0&0\\\multicolumn{2}{c|}{-\boldsymbol{\sigma}}&0&0\end{array}\right)
\tag{9–8}
$$

(注意: 上述定义的一个例子是

$$
\gamma_x=\begin{pmatrix}0&0&0&1\\0&0&1&0\\0&-1&0&0\\-1&0&0&0\end{pmatrix},\quad 因为\sigma_x=\begin{pmatrix}0&1\\1&0\end{pmatrix}
$$

γ_y 和 γ_z 与此类似.) 就可以把 ψ_a 和 ψ_b 的两个方程写为一个方程, 其形式为

$$
\gamma_4\Pi_4\psi-\boldsymbol{\gamma}\cdot\boldsymbol{\Pi}\psi=m\psi
$$

它实际上是四个波函数的四个方程. 再使用四矢记号, Dirac 方程是

$$\gamma_\mu \Pi_\mu \psi = m\psi$$

或

$$\gamma_\mu(\mathrm{i}\nabla_\mu - eA_\mu)\psi = m\psi \tag{9–9}$$

练习: 证明

$$\gamma_\mu\gamma_\nu + \gamma_\nu\gamma_\mu = \begin{cases} 0 & 若\ \mu \neq \nu \\ 2 & 若\ \mu = \nu = 4 \\ -2 & 若\ \nu = \mu = 1, 2, 3 \end{cases}$$

即证明

$$\gamma_t^2 = 1 \quad \gamma_x^2 = \gamma_y^2 = \gamma_z^2 = -1$$
$$\gamma_t\gamma_x = -\gamma_x\gamma_t \quad \gamma_x\gamma_y = -\gamma_y\gamma_x \quad 等$$

用另一种论证, 即通过与 Klein–Gordon 方程相比较, 可以得到 Dirac 方程的一种类似的形式. 由 $H = \mathrm{i}\left(\dfrac{\partial}{\partial t}\right) = \mathrm{i}\nabla_4$ 和 $e\phi = eA_4$, 用四矢记号, 方程 (9–3) 变成

$$(\mathrm{i}\nabla_\mu - eA_\mu)^2\psi = m^2\psi \tag{9–10}$$

在 Pauli 方程 (9–4) 中使用类似记号, 再用 $\sigma = \gamma$, 并随意地令 $\sigma_4 = \gamma_4$ (为了将 σ 定义为完整的四矢), 类似于式 (9–10), 方程 (9–4) 可以写为

$$\left\{\gamma_\mu\left[\left(\frac{\hbar}{\mathrm{i}}\right)\nabla_\mu - \left(\frac{e}{c}\right)A_\mu\right]\right\}^2\psi = m^2\psi \tag{9–11}$$

应当将此式与式 (9–9) 比较一下.

Pauli 方程 (9–4) 与 Schrödinger 方程的区别在于, 用一个简单的量 $\boldsymbol{\sigma}\cdot(\boldsymbol{p} - e\boldsymbol{A})$ 的平方替换了三维标积 $(\boldsymbol{p} - e\boldsymbol{A})^2$. 与此相似, 人们可以猜想式 (9–10) 中的四矢标积也必定被量 $\gamma_\mu(p_\mu - eA_\mu)$ 的平方所代替. 其中, 我们必须造出四个四维空间的矩阵, 它们与三维空间的三个 $\boldsymbol{\sigma}$ 矩阵相似. 结果方程是

$$[\gamma_\mu(\mathrm{i}\nabla_\mu - eA_\mu)]^2\psi = m^2\psi \tag{9–12}$$

它实质上与式 (9–9) 等价 (用 $\gamma_\mu(\mathrm{i}\nabla_\mu - eA_\mu)$ 作用于式 (9–9) 两边, 然后再用式 (9–9) 化简右边即可).

练习: 证明式 (9–12) 等价于

$$\left[(\mathrm{i}\nabla_\mu - eA_\mu)^2 - \frac{\mathrm{i}}{2}e\gamma_\mu\gamma_\nu F_{\mu\nu}\right]\psi = m^2\psi$$

第 10 讲

γ 矩阵代数

在上讲得到 Dirac 方程

$$\gamma_\mu(\mathrm{i}\nabla_\mu - eA_\mu)\psi = m\psi \tag{10–1}$$

的同时, 还得到了 γ 矩阵的一个特殊表示

$$\gamma_t = \begin{pmatrix} 1 & 0 \\ 0 & -1 \end{pmatrix} \quad \gamma_{x,y,z} = \begin{pmatrix} 0 & \sigma_{x,y,z} \\ -\sigma_{x,y,z} & 0 \end{pmatrix} \tag{10–2}$$

在这些 4×4 的矩阵当中, 每个元素又都是 2×2 的矩阵, 即

$$1 = \begin{pmatrix} 1 & 0 \\ 0 & 1 \end{pmatrix} \text{单位矩阵} \quad \sigma_x = \begin{pmatrix} 0 & 1 \\ 1 & 0 \end{pmatrix} \text{等}$$

然而定义 γ 矩阵的最好方式是给出它们的对易关系, 因为在应用它们的场合中, 对易关系已包含了全部重要性质. 对易关系并不能唯一地决定 γ 矩阵的表示, 并且前面给出的仅仅是许多种可能表示中的一个. 这些对易关系是

$$\begin{aligned}
&\gamma_t^2 = 1 \quad \gamma_x^2 = \gamma_y^2 = \gamma_z^2 = -1 \\
&\gamma_t\gamma_{x,y,z} + \gamma_{x,y,z}\gamma_t = 0 \\
&\gamma_x\gamma_y + \gamma_y\gamma_x = 0 \quad \gamma_x\gamma_z + \gamma_z\gamma_x = 0 \quad \gamma_y\gamma_z + \gamma_z\gamma_y = 0
\end{aligned} \tag{10–3}$$

或用统一记号

$$\gamma_\mu\gamma_\nu + \gamma_\nu\gamma_\mu = 2\delta_{\mu\nu} \tag{10–4}$$

$$\delta_{\mu\nu} = \begin{cases} 0 & \mu \neq \nu \\ 1 & \mu = \nu = 4 \\ -1 & \mu = \nu = 1,2,3 \end{cases}$$

注意, 用 $\delta_{\mu\nu}$ 的定义以及形成标量积的规则, 有

$$\delta_{\mu\nu}a_\nu = a_\mu$$

用已定义的矩阵的乘积可以产生新的矩阵. 例如下面式 (10–5) 所列出的矩阵就是一次取两个 γ 矩阵相乘的乘积. 矩阵

$$\gamma_x\gamma_y \quad \gamma_x\gamma_z \quad \gamma_y\gamma_z \quad \gamma_x\gamma_t \quad \gamma_y\gamma_t \quad \gamma_z\gamma_t$$

完全与 $\gamma_x, \gamma_y, \gamma_z, \gamma_t$ 相互独立. (它们不可能是 γ 矩阵的线性组合.) 类似地, 三个矩阵的乘积是

$$\begin{gathered}\gamma_x\gamma_y\gamma_z(=\gamma_5\gamma_t)\\ \gamma_y\gamma_z\gamma_t(=-\gamma_x\gamma_5)\\ \gamma_z\gamma_t\gamma_x(=-\gamma_y\gamma_5)\\ \gamma_t\gamma_x\gamma_y(=-\gamma_z\gamma_5)\end{gathered}$$

三个 γ 矩阵所产生的新的乘积就只有这么多, 因为若三个矩阵中有两个相等, 那么乘积可以化简, 如

$$\gamma_t\gamma_y\gamma_t = -\gamma_t\gamma_t\gamma_y = -\gamma_y$$

在四个 γ 矩阵乘积中, 只有一个是新的, 人们给它一个特殊的名字:γ_5.

$$\gamma_5 \equiv \gamma_x\gamma_y\gamma_z\gamma_t$$

多于四个 γ 矩阵的乘积, 其中至少包括两个相等的矩阵, 所以它们可以化简. 因此, 只有十六个线性独立的量. 它们的线性组合可以包括十六个任意常数. 这一点与下述事实相一致, 即这样的线性组合可以用 4×4 矩阵表示. (在数学上有意义的是: 任何 4×4 的矩阵都可以用 γ 矩阵代数来表示; 后者称为 Clifford 代数或超复代数. 更简单的例子是 2×2 矩阵的情况, 即所谓的四元数代数, 它就是 Pauli 自旋矩阵代数.)

练习: 证明

$$\mathrm{i}\gamma_x\gamma_y = \begin{pmatrix}\sigma_z & 0\\ 0 & \sigma_z\end{pmatrix},\quad \mathrm{i}\gamma_y\gamma_z = \begin{pmatrix}\sigma_x & 0\\ 0 & \sigma_x\end{pmatrix},\quad \mathrm{i}\gamma_z\gamma_x = \begin{pmatrix}\sigma_y & 0\\ 0 & \sigma_y\end{pmatrix} \tag{10–5}$$

以及

$$\gamma_t\gamma_{x,y,z} = \begin{pmatrix}0 & \sigma_{x,y,z}\\ \sigma_{x,y,z} & 0\end{pmatrix} \equiv \alpha\ (\alpha\ \text{的定义})$$

定义另一个 γ 矩阵是方便的, 因为它经常出现:

$$\gamma_5 = \gamma_x\gamma_y\gamma_z\gamma_t = \mathrm{i}\begin{pmatrix}0 & 1\\ 1 & 0\end{pmatrix} \tag{10–6}$$

再证明

$$\begin{aligned}&\gamma_5\gamma_t = \mathrm{i}\begin{pmatrix}0 & -1\\ -1 & 0\end{pmatrix},\quad \gamma_5\gamma_{x,y,z} = -\mathrm{i}\begin{pmatrix}\sigma_{x,y,z} & 0\\ 0 & -\sigma_{x,y,z}\end{pmatrix}\\ &\gamma_5^2 = -1,\qquad\qquad\qquad \gamma_5\gamma_\mu + \gamma_\mu\gamma_5 = 0\end{aligned} \tag{10–7}$$

为了以后的应用, 定义下面的记号是方便的:

$$\not{a} = a_\mu\gamma_\mu \equiv a_t\gamma_t - a_x\gamma_x - a_y\gamma_y - a_z\gamma_z \tag{10–8}$$

由此, 可以证明

$$\begin{aligned} &\not{a}\not{b} = -\not{b}\not{a} + 2a\cdot b \quad (a\cdot b = a_\mu b_\mu) \\ &\not{a}^2 = a_\mu a_\mu \\ &\not{a}\gamma_5 = -\gamma_5\not{a} \end{aligned} \tag{10–9}$$

作为例子, 现证明第一式. 先将其展开

$$\begin{aligned} \not{a}\not{b} = &(a_t\gamma_t - a_x\gamma_x - a_y\gamma_y - a_z\gamma_z) \\ &\cdot(b_t\gamma_t - b_x\gamma_x - b_y\gamma_y - b_z\gamma_z) \end{aligned}$$

再应用对易关系将第二个因子移到前面. 将动第二个因子的第一项 $b_t\gamma_t$, 得

$$b_t\gamma_t(a_t\gamma_t + a_x\gamma_x + a_y\gamma_y + a_z\gamma_z)$$

这是因为 γ_t 与其本身对易, 而与 $\gamma_x, \gamma_y, \gamma_z$ 反对易. 对全部项都进行这种运算, 得到

$$\begin{aligned} \not{a}\not{b} = &b_t\gamma_t[(-a_t\gamma_t + a_x\gamma_x + a_y\gamma_y + a_z\gamma_z) + 2a_t\gamma_t] \\ &+b_x\gamma_x[(a_t\gamma_t - a_x\gamma_x - a_y\gamma_y - a_z\gamma_z) + 2a_x\gamma_x] \\ &+b_y\gamma_y[(a_t\gamma_t - a_x\gamma_x - a_y\gamma_y - a_z\gamma_z) + 2a_y\gamma_y] \\ &+b_z\gamma_z[(a_t\gamma_t - a_x\gamma_x - a_y\gamma_y - a_z\gamma_z) + 2a_z\gamma_z] \\ = &-\not{b}\not{a} + 2(b_ta_t\gamma_t^2 + b_xa_x\gamma_x^2 + b_ya_y\gamma_y^2 + b_za_z\gamma_z^2) \\ = &-\not{b}\not{a} + 2b\cdot a \end{aligned}$$

练习: (1) 证明

$$\begin{aligned} &\gamma_x\not{a}\gamma_x = \not{a} + 2a_x\gamma_x \\ &\gamma_\mu\gamma_\mu = 4 \\ &\gamma_\mu\not{a}\gamma_\mu = -2\not{a} \\ &\gamma_\mu\not{a}\not{b}\gamma_\mu = 4a\cdot b \\ &\gamma_\mu\not{a}\not{b}\not{c}\gamma_\mu = -2\not{c}\not{b}\not{a} \end{aligned}$$

(2) 用展开成幂级数的方法证明

$$\exp\left[\frac{u}{2}\gamma_t\gamma_x\right]=\cosh\frac{u}{2}+\gamma_t\gamma_x\sinh\frac{u}{2}$$
$$\exp\left[\frac{\theta}{2}\gamma_x\gamma_y\right]=\cos\frac{\theta}{2}+\gamma_x\gamma_y\sin\frac{\theta}{2} \tag{10–10}$$

(3) 证明

$$\exp\left[-\frac{u}{2}\gamma_t\gamma_z\right]\gamma_t\exp\left[\frac{u}{2}\gamma_t\gamma_z\right]=\gamma_t\cosh u+\gamma_z\sinh u$$
$$\exp\left[-\frac{u}{2}\gamma_t\gamma_z\right]\gamma_z\exp\left[\frac{u}{2}\gamma_t\gamma_z\right]=\gamma_z\cosh u+\gamma_t\sinh u$$
$$\exp\left[-\frac{u}{2}\gamma_t\gamma_z\right]\gamma_y\exp\left[\frac{u}{2}\gamma_t\gamma_z\right]=\gamma_y$$
$$\exp\left[-\frac{u}{2}\gamma_t\gamma_z\right]\gamma_x\exp\left[\frac{u}{2}\gamma_t\gamma_z\right]=\gamma_x \tag{10–11}$$

等价变换

假设另有一组满足对易关系 (10–3) 的 γ 矩阵表示, Dirac 方程的形式, 即式 (10–1) 仍能保持不变吗? 为了回答这个问题, 做如下的波函数的变换 $\psi=S\psi'$, 其中 S 是假定有逆 $S^{-1}(SS^{-1}=1)$ 的常矩阵. Dirac 方程变成

$$\gamma_\mu\Pi_\mu S\psi'=mS\psi' \tag{10–12}$$

因为 Π 是微分算符和位置的函数, 所以 Π 和 S 对易. 这样方程可写为

$$\gamma_\mu S\Pi_\mu\psi'=mS\psi'$$

乘以逆矩阵 S^{-1}, 得

$$S^{-1}\gamma_\mu S\Pi_\mu\psi'=mS^{-1}S\psi'$$

或

$$\gamma'_\mu\Pi_\mu\psi'=m\psi'$$

式中 $\gamma'_\mu=S^{-1}\gamma_\mu S$. 变换 $\gamma'_\mu=S^{-1}\gamma_\mu S$ 称为等价变换. 容易证明新的 γ 矩阵满足对易关系 (10–3). 由下式知

$$\gamma'_\mu\gamma'_\nu=(S^{-1}\gamma_\mu S)(S^{-1}\gamma_\nu S)=S^{-1}\gamma_\mu\gamma_\nu S$$

γ 矩阵乘积的变换方式与 γ 矩阵完全相同, 因此在变换后的表示中, 包含 γ 矩阵的关系式不变 (特别是其对易关系). 这就证明了, 对于 γ 矩阵的另一种表示, Dirac 方程与原来的式 (10–1) 有严格一致的形式, 并且它的所有结果是等价的.

相对论不变性

现在通过假设 γ 矩阵像四矢一样变换, 就可以证明 Dirac 方程的相对论不变性. 即设

$$\gamma_x' = \frac{\gamma_x - v\gamma_t}{(1-v^2)^{1/2}} \quad \gamma_t' = \frac{(\gamma_t - v\gamma_x)}{(1-v^2)^{1/2}}$$
$$\gamma_y' = \gamma_y \qquad \gamma_z' = \gamma_z$$

因为 Π 是两个四矢 ∇_μ 与 A_μ 的和, 所以它也和四矢一样变换. Dirac 方程的左边 $\gamma_\mu \Pi_\mu$ 是两个四矢的积, 因此在 Lorentz 变换下不变. 方程右边 m 也是不变量. γ_μ 作为四矢变换意味着一个新的 γ 矩阵表示, 但可用式 (10–11) 证明, 新的 γ 矩阵与老 γ 矩阵的区别仅差一个等价变换, 因此实际一点也不需变换 γ 矩阵, 亦即在所有 Lorentz 坐标系中可用同一个特殊表示. 这样, 进行 Lorentz 变换时就有两种可能性:

1. 将 γ 矩阵按四矢一样的方式进行变换, 而波函数不变 (除了坐标进行 Lorentz 变换以外).

2. 在 Lorentz 变换后的坐标系统中使用标准表示. 在此情况下, 波函数与原来的相差一等价变换.

Dirac 方程的 Hamilton 形式

为了证明在低速时 Dirac 方程回到了 Schrödinger 方程, 将前者写为 Hamilton 形式是方便的. 可以将原来的式 (10–1) 写为

$$\gamma_t \left[-\frac{\hbar}{\mathrm{i}} \frac{\partial}{\partial t} - e\phi \right] \psi - \boldsymbol{\gamma} \cdot \left[\frac{\hbar}{\mathrm{i}} \nabla - e\boldsymbol{A} \right] \psi = m\psi$$

乘以 γ_t 后再整理得

$$-\frac{\hbar}{\mathrm{i}} \frac{\partial \psi}{\partial t} = \left[\gamma_t \boldsymbol{\gamma} \cdot \left(\frac{\hbar}{\mathrm{i}} \nabla - e\boldsymbol{A} \right) + e\phi + \gamma_t m \right] \psi = H\psi$$

用式 (10–5) 把 H 写为

$$H = \boldsymbol{\alpha} \cdot \left[\frac{\hbar}{\mathrm{i}} \nabla - e\boldsymbol{A} \right] + e\phi + m\beta$$

其中 $\beta = \gamma_t, \alpha_{x,y,z} = \gamma_t \gamma_{x,y,z}$. [见式 (10–5)]$\alpha, \beta$ 满足下列对易关系: $\alpha_x^2 = \alpha_y^2 = \alpha_z^2 = \beta^2 = 1$, 所有其他各对均反对易.

应该注意, 在我们的特殊表示中, α 和 β 是 Hermite 矩阵, 所以在这个表示中 H 是 Hermite 的.

练习: 证明概率密度 $\rho=\psi^*\psi$ 和概率流 $j=\psi^*\alpha\psi$ 满足连续性方程

$$\frac{\partial\rho}{\partial t}+\nabla\cdot\boldsymbol{j}=0$$

注意 ψ 是四分量函数, 并且

$$\begin{aligned}\rho=\psi^*\psi&=(\psi_1^*\psi_2^*\psi_3^*\psi_4^*)\begin{pmatrix}\psi_1\\\psi_2\\\psi_3\\\psi_4\end{pmatrix}\\&=\psi_1^*\psi_1+\psi_2^*\psi_2+\psi_3^*\psi_3+\psi_4^*\psi_4\\j_x&=\sum_{ij}\psi_i^*(\alpha_x)_{ij}\psi_j\\&=\psi_4^*\psi_1+\psi_3^*\psi_2+\psi_2^*\psi_3+\psi_1^*\psi_4\end{aligned}$$

第 11 讲

应该注意到, 只有在特定的表示中, β 和 $\boldsymbol{\alpha}$ 才是 Hermite 的. 特别是, 它们在至此所采用的表示中是 Hermite 的. 称这种表示为标准表示, 并在需要时用 S. R. 来标记这一表示中的表达式. 为使

$$\begin{aligned}&\rho=\psi^*\psi\\&\boldsymbol{j}=\psi^*\boldsymbol{\alpha}\psi\quad \text{S.R.}\end{aligned}\tag{11–1}$$

代表荷密度和流密度, $\boldsymbol{\alpha}$ 和 β 必须是 Hermite 的. 因此, 并不是在所有表示中, 式 (11–1) 都代表荷密度和流密度. Dirac 方程 (恢复 $c,\hbar$) 是

$$-\frac{\hbar}{\mathrm{i}}\frac{\partial\psi}{\partial t}=H\psi\quad H=\beta mc^2+e\phi+c\boldsymbol{\alpha}\cdot\left[\frac{\hbar}{\mathrm{i}}\nabla-\frac{e}{c}\boldsymbol{A}\right]\tag{11–2}$$ [1]

1) 注意 Schiff (《量子力学》, 1949) 书上的 Hamilton 量与本书的除 $e\phi$ 项外, 都差一负号. Schiff 所用的波函数的分量是 $\psi_1,\psi_2,\psi_3,\psi_4$, 分别相应本书的 $-\psi_{b_1},-\psi_{b_2},-\psi_{a_1},\psi_{a_2}$. 所有这些不同是由于 Schiff 所使用的表示与本书的表示之间差一等价变换 $S=\mathrm{i}\beta\alpha_x\alpha_y\alpha_z$. 容易证明 $S^2=-1$, 所以 $S^{-1}=-S$, 并且

$$S^{-1}=\begin{pmatrix}0&0&1&0\\0&0&0&1\\-1&0&0&0\\0&-1&0&0\end{pmatrix}=\begin{pmatrix}0&1\\-1&0\end{pmatrix}$$

x 的期待值是

$$\begin{aligned}\langle x\rangle &= \int \psi^* x\psi \mathrm{d}v \\ &= \int (\psi_1^* x\psi_1 + \psi_2^* x\psi_2 + \psi_3^* x\psi_3 + \psi_4^* x\psi_4)\mathrm{d}V \quad \text{S.R.}\end{aligned}$$

记住 ψ 是四分量波函数. 同样, 作为练习可以证明

$$\begin{aligned}\langle \boldsymbol{\alpha}\rangle &= \int \psi^* \boldsymbol{\alpha}\psi \mathrm{d}V \\ \langle \alpha_x\rangle &= \int (\psi_4^*\psi_1 + \psi_3^*\psi_2 + \psi_2^*\psi_3 + \psi_1^*\psi_4)\mathrm{d}V \quad \text{S.R.}\end{aligned}$$

矩阵元形式也与以前一样. 如

$$(\boldsymbol{\alpha})_{mn} = \int \psi_m^* \boldsymbol{\alpha}\psi_n \mathrm{d}V$$

若 A 是任一算符, 则其时间导数为

$$\dot{A} = \mathrm{i}(HA - AH) + \frac{\partial A}{\partial t}$$

因为 $\boldsymbol{x}$ 除 $\boldsymbol{p}\cdot\boldsymbol{\alpha}$ 外与 H 中的所有项都对易, 所以结果很清楚

$$\dot{\boldsymbol{x}} = \mathrm{i}(H\boldsymbol{x} - \boldsymbol{x}H) = \boldsymbol{\alpha} \tag{11–3}$$

但是 $\boldsymbol{\alpha}^2 = 1$, 所以 $\boldsymbol{\alpha}$ 的本征值是 ± 1. 因此 $\dot{\boldsymbol{x}}$ 的本征值是正负光速. 有时下述论证使这个结果成为似乎合理的: 即, 认为精确地决定速度就意味着精确地决定两个时刻的位置; 然而, 再根据测不准原理, 动量完全不确定, 一切值都有完全相等的可能性. 不过, 由速度与动量之间的相对论关系看来, 那些接近于光速的速度具有更大的可能性, 所以速度期待值的极限是光速[1)].

类似地

$$\begin{aligned}\dot{\overline{(\boldsymbol{p} - e\boldsymbol{A})_x}} &= \mathrm{i}(Hp_x - p_xH) - \mathrm{i}e(HA_x - A_xH) - e\frac{\partial A_x}{\partial t} \\ &= -e\frac{\partial \phi}{\partial x} + e\boldsymbol{\alpha}\cdot\frac{\partial \boldsymbol{A}}{\partial x} - e(\boldsymbol{\alpha}\cdot\nabla)A_x - e\frac{\partial A_x}{\partial t}\end{aligned}$$

除了最后一项外, 将含 $\boldsymbol{A}$ 与 A_x 的项展开如下:

$$e\left(\alpha_x\frac{\partial A_x}{\partial x} + \alpha_y\frac{\partial A_y}{\partial x} + \alpha_z\frac{\partial A_z}{\partial x} - \alpha_x\frac{\partial A_y}{\partial x} - \alpha_y\frac{\partial A_x}{\partial y} - \alpha_z\frac{\partial A_x}{\partial z}\right)$$

1) 由于 $\boldsymbol{x}$ 与 $\boldsymbol{p}$ 对易, 人们应能同时测量这两个量, 因而完全不能采用这种论证.

这看来是

$$e\boldsymbol{\alpha}\times(\nabla\times\boldsymbol{A})=e\boldsymbol{\alpha}\times\boldsymbol{B}$$

的 x 分量. 而第一项和末项化为 $\boldsymbol{E}$ 的 x 分量所以

$$\dot{\overline{(\boldsymbol{p}-e\boldsymbol{A})}}=e(\boldsymbol{E}+\boldsymbol{\alpha}\times\boldsymbol{B})=\boldsymbol{F}$$

其中 $\boldsymbol{F}$ 是 Lorentz 力的相对论类似. 有时把此方程看为牛顿方程的相对论类似. 但是, 因为此方程与 $\dot{\boldsymbol{x}}$ 之间没有什么直接的关系, 在小速度极限下, 它不会导致 Newton 方程, 因此完全不能将它看成是 Newton 方程的适当的类似.

可以证明下述关系式成立. 但其意义, 不说根本不理解, 也是至今完全没有理解:

$$\begin{aligned}
&\frac{\mathrm{d}}{\mathrm{d}t}\left[\boldsymbol{X}+\frac{\mathrm{i}}{2m}\beta\boldsymbol{\alpha}\right]=\frac{\beta}{m}(\boldsymbol{p}-e\boldsymbol{A})\\
&\frac{\mathrm{d}}{\mathrm{d}t}\left[t+\frac{\mathrm{i}}{2m}\beta\right]=\frac{\beta}{m}(H-e\phi)\\
&\mathrm{i}\frac{\mathrm{d}}{\mathrm{d}t}(\alpha_x\alpha_y\alpha_z)=-2m\beta\alpha_x\alpha_y\alpha_z\\
&-\frac{\mathrm{d}}{\mathrm{d}t}(\beta\boldsymbol{\sigma})=2(\beta\alpha_x\alpha_y\alpha_z)(\boldsymbol{p}-e\boldsymbol{A})
\end{aligned}$$

其中最后一式的 $\boldsymbol{\sigma}$ 是矩阵

$$\begin{pmatrix}\boldsymbol{\sigma} & 0\\ 0 & \boldsymbol{\sigma}\end{pmatrix}$$

因此

$$\sigma_z=-\mathrm{i}\alpha_x\alpha_y,\quad \text{等等}$$

根据与经典物理的类比, 人们期望角动量算符可以写成

$$\boldsymbol{L}=\boldsymbol{R}\times(\boldsymbol{p}-e\boldsymbol{A})$$

注意在经典物理中

$$\boldsymbol{p}-e\boldsymbol{A}=m\boldsymbol{v}(1-\boldsymbol{v}^2)^{-1/2}$$

根据前面 $\dot{\boldsymbol{R}}$ 和 $\dot{\overline{(\boldsymbol{p}-e\boldsymbol{A})}}$ 的结果, $\boldsymbol{L}$ 的时间导数可以写为

$$\begin{aligned}
\dot{\boldsymbol{L}}&=\dot{\boldsymbol{R}}\times(\boldsymbol{p}-e\boldsymbol{A})+\boldsymbol{R}\times\dot{\overline{(\boldsymbol{p}-e\boldsymbol{A})}}\\
&=\boldsymbol{\alpha}\times(\boldsymbol{p}-e\boldsymbol{A})+\boldsymbol{R}\times\boldsymbol{F}
\end{aligned}$$

其中最后一项可以解释为扭矩. 对于中心力 $\boldsymbol{F}$, 这一项为零. 但可以看到, 由于第一项不等于零, 因此 $\dot{\boldsymbol{L}}\neq 0$; 也就是说, 即使是中心力, 角动量 $\boldsymbol{L}$ 仍不守恒.

不过, 再来考虑定义为

$$\begin{pmatrix} \boldsymbol{\sigma} & 0 \\ 0 & \boldsymbol{\sigma} \end{pmatrix}$$

的 $\boldsymbol{\sigma}$ 算符的时间导数, 其中 $\sigma_z = -\alpha_x\alpha_y$, 等等. 可以看出, 这个算符的 z 分量与 H 中的 $\beta, e\phi$ 以及 α_z 的有关项对易, 但不与 α_x 和 α_y 的项对易, 所以

$$\begin{aligned}\sigma_z &= (H\alpha_x\alpha_y - \alpha_x\alpha_y H) \\ &= (\alpha_x\Pi_x\alpha_x\alpha_y - \alpha_x\alpha_y\alpha_x\Pi_x + \alpha_y\Pi_y\alpha_x\alpha_y - \alpha_x\alpha_y\alpha_y\Pi_y)\end{aligned}$$

其中

$$\boldsymbol{\Pi} = (-\mathrm{i}\nabla - e\boldsymbol{A})$$

然而

$$\begin{aligned}&\alpha_x\Pi_x\alpha_x\alpha_y = \alpha_x\alpha_x\alpha_y\Pi_x = \alpha_y\Pi_x - \alpha_x\alpha_y\alpha_x\Pi_x = \alpha_x\alpha_x\alpha_y\Pi_x = \alpha_y\Pi_x \\ &\alpha_y\Pi_y\alpha_x\alpha_y = -\alpha_y\alpha_y\alpha_x\Pi_y = -\alpha_x\Pi_y - \alpha_x\alpha_y\alpha_y\Pi_y = -\alpha_x\Pi_y\end{aligned}$$

于是

$$\dot{\sigma}_z = 2\alpha_y\Pi_x - 2\alpha_x\Pi_y$$

这看来是 $-2\boldsymbol{\alpha}\times\boldsymbol{\Pi}$ 的 z 分量. 所以, 最后

$$\frac{1}{2}\dot{\boldsymbol{\sigma}} = -\boldsymbol{\alpha}\times\boldsymbol{\Pi} = -\boldsymbol{\alpha}\times(\boldsymbol{p} - e\boldsymbol{A})$$

这与 $\dot{L}$ 的第一项差一负号. 因此得到

$$\frac{\mathrm{d}}{\mathrm{d}t}\left[\boldsymbol{L} + \frac{\hbar}{2}\boldsymbol{\sigma}\right] = \boldsymbol{R}\times\boldsymbol{F}$$

对于中心力上式右边等于零. 算符 $\boldsymbol{L} + \frac{\hbar}{2}\boldsymbol{\sigma}$ 可以解释为总角动量算符, 其中 $\boldsymbol{L}$ 表示轨道角动量, 而 $\frac{\hbar}{2}\boldsymbol{\sigma}$ 是自旋为 $\frac{1}{2}$ 的内禀角动量. 因此, 对于中心力, 总角动量守恒.

习题: (1) 在静态场中 $\phi = 0, \frac{\partial A}{\partial t} = 0$, 证明

$$\boldsymbol{\sigma}\cdot(\boldsymbol{p} - e\boldsymbol{A})$$

是运动常数. 注意, 这是电子有反常回磁比的结果; 它也意味着, 电子的回旋频率等于电子在磁场中的进动速率.

(2) 在静磁场中 $\phi=0, \dfrac{\partial A}{\partial t}=0$, 对于定态证明

$$\psi=\begin{pmatrix}\psi_1\\ \psi_2\\ \psi_3\\ \psi_4\end{pmatrix}$$

中的 ψ_1,ψ_2 与 Pauli 方程中的 ψ_1,ψ_2 相同.

另外, 若 E_{p} 是 Pauli 方程中的动能, 而 $E_{\mathrm{D}}=W+m$ 是 Dirac 方程中的静能加动能, 证明

$$E_{\mathrm{D}}=\sqrt{2mE_{\mathrm{p}}+m^2}$$

并解释这个关系为什么如此简单.

Dirac 方程的非相对论近似

假定所有势是静势, 并考虑定态的情况. 这样做只是为了使工作简化, 而不是非这样不可. 在此情况下

$$\psi=\mathrm{e}^{-\mathrm{i}Et}\psi(x)$$

$$H\psi=E\psi \quad (\text{Dirac Hamilton 量})$$

并令

$$E=m+W$$

则

$$H\psi=(m+W)\psi=\boldsymbol{\alpha}\cdot(\boldsymbol{p}-e\boldsymbol{A})\psi+\beta m\psi+e\phi\psi$$

回顾一下写成式 (9–5) 的 ψ 以及第 10 讲中给出的 $\boldsymbol{\alpha},\beta$, 则上式可写成两个方程

$$(m+W)\psi_a=\boldsymbol{\sigma}\cdot\boldsymbol{\Pi}\psi_b+m\psi_a+V\psi_a \tag{11–4}$$

$$(m+W)\psi_b=\boldsymbol{\sigma}\cdot\boldsymbol{\Pi}\psi_a-m\psi_b+V\psi_b \tag{11–5}$$

正如以前那样, 上式中 $\boldsymbol{\Pi}=(\boldsymbol{p}-e\boldsymbol{A}), V=e\phi$, 化简式 (11–5) 并解出

$$\psi_b=(2m+W-V)^{-1}(\boldsymbol{\sigma}\cdot\boldsymbol{\Pi})\psi_a \tag{11–6}$$

注意: 若 W 和 V 远小于 $2m$, 则 $\psi_b\sim\dfrac{v}{c}\psi_a$. 正因如此, 有时把 ψ_a 和 ψ_b 分别称为 ψ 的大分量和小分量. 将式 (11–6) 的 ψ_b 代入式 (11–4) 得

$$W\psi_a=(\boldsymbol{\sigma}\cdot\boldsymbol{\Pi})(2m+W-V)^{-1}(\boldsymbol{\sigma}\cdot\boldsymbol{\Pi})\psi_a+V\psi_a \tag{11–7}$$

并且, 若与 $2m$ 相比, 略去 W 和 V, 则

$$W\psi_a = \frac{1}{2m}(\boldsymbol{\sigma}\cdot\boldsymbol{\Pi})^2\psi_a + V\psi_a$$

这正是 Pauli 方程 (9–4).

为了确定使用 Pauli 方程可能带来什么样的误差, 将近似取到第二级, 即 v^2/c^2 量级.

第 12 讲

使用由第 11 讲式 (11–6) 和 (11–7) 给出的结果, 取低能近似 $(W-V) \ll 2m$, 保留到 V^4 阶的项. 于是有

$$(2m+W-V)^{-1} \approx \frac{1}{2m} - \frac{W-V}{(2m)^2} \tag{12–1}$$

式 (11–7) 则变为

$$\begin{aligned}(W-V)\psi_a = &\frac{1}{2m}(\boldsymbol{\sigma}\cdot\boldsymbol{\Pi})^2\psi_a\\ &-\frac{1}{4m^2}(\boldsymbol{\sigma}\cdot\boldsymbol{\Pi})(W-V)(\boldsymbol{\sigma}\cdot\boldsymbol{\Pi})\psi_a\end{aligned} \tag{12–2}$$

同时归一化要求 $\int(\psi_a^2+\psi_b^2)\mathrm{d}V = 1$ 变为

$$\int \psi_a^*\left[1+\frac{(\boldsymbol{\sigma}\cdot\boldsymbol{\Pi})^2}{4m^2}\right]\psi_a\mathrm{d}V = 1 \tag{12–3}$$

应用代换

$$\chi = \frac{1+(\boldsymbol{\sigma}\cdot\boldsymbol{\Pi})^2}{8m^2}\psi_a \tag{12–4}$$

可以把归一化积分简化为 (到 v^2/c^2 阶)

$$\int \chi^*\chi\mathrm{d}v = 1$$

这个代换也使得方程 (12–2) 更易于解释. 改写式 (12–2)

$$\begin{aligned}&\left[1+\frac{(\boldsymbol{\sigma}\cdot\boldsymbol{\Pi})^2}{8m^2}\right](W-V)\left[1+\frac{(\boldsymbol{\sigma}\cdot\boldsymbol{\Pi})^2}{8m^2}\right]\psi_a\\ =&\frac{1}{2m}(\boldsymbol{\sigma}\cdot\boldsymbol{\Pi})^2\psi_a + \frac{1}{8m^2}[(\boldsymbol{\sigma}\cdot\boldsymbol{\Pi})^2(W-V) - 2(\boldsymbol{\sigma}\cdot\boldsymbol{\Pi})(W-V)(\boldsymbol{\sigma}\cdot\boldsymbol{\Pi})\\ &+(W-V)(\boldsymbol{\sigma}\cdot\boldsymbol{\Pi})^2]\psi_a\end{aligned}$$

再应用式 (12–4), 并除以 $1+(\boldsymbol{\sigma}\cdot\boldsymbol{\Pi})^2/(8m^2)$, 结果为

$$(W-V)\chi=\frac{1}{2m}(\boldsymbol{\sigma}\cdot\boldsymbol{\Pi})^2\chi-\frac{1}{8m^3}(\boldsymbol{\sigma}\cdot\boldsymbol{\Pi})^4\chi$$
$$+\frac{1}{8m^2}[(\boldsymbol{\sigma}\cdot\boldsymbol{\Pi})^2(W-V)-2(\boldsymbol{\sigma}\cdot\boldsymbol{\Pi})(W-V)(\boldsymbol{\sigma}\cdot\boldsymbol{\Pi})$$
$$+(W-V)(\boldsymbol{\sigma}\cdot\boldsymbol{\Pi})^2]\chi \tag{12–5}$$

使有算符代数技巧, 可使式 (12–5) 变为更易解释的形式. 特别是应当想起

$$A^2B-2ABA+BA^2=A(AB-BA)-(AB-BA)A \tag{12–5′}$$

又因 $\boldsymbol{\Pi}=(\boldsymbol{p}-e\boldsymbol{A})$, 及

$$(\boldsymbol{\sigma}\cdot\boldsymbol{\Pi})(W-V)-(W-V)(\boldsymbol{\sigma}\cdot\boldsymbol{\Pi})$$
$$=\mathrm{i}(\boldsymbol{\sigma}\cdot\nabla V)=-\mathrm{i}e(\boldsymbol{\sigma}\cdot\boldsymbol{E})$$

结果 (在前式中令 $\boldsymbol{\sigma}\cdot\boldsymbol{\Pi}=A, W-V=B$) 是

$$\mathrm{i}(\boldsymbol{\sigma}\cdot\boldsymbol{\Pi})(\boldsymbol{\sigma}\cdot\boldsymbol{E})-\mathrm{i}(\boldsymbol{\sigma}\cdot\boldsymbol{E})(\boldsymbol{\sigma}\cdot\boldsymbol{\Pi})$$
$$=\nabla\cdot\boldsymbol{E}-2\boldsymbol{\sigma}\cdot(\boldsymbol{\Pi}\times\boldsymbol{E})$$

因为 $\nabla\times\boldsymbol{E}-\dfrac{\partial\boldsymbol{B}}{\partial t}=0$, 所以式 (12–5) 可展开为

$$W\chi=\underset{(1)}{V}\chi+\frac{1}{2m}(\boldsymbol{p}\underset{(2)}{-}e\boldsymbol{A})\cdot(\boldsymbol{p}-e\boldsymbol{A})\chi-\frac{e}{2m}(\boldsymbol{\sigma}\underset{(3)}{\cdot}\boldsymbol{B})\chi$$
$$-\frac{1}{8m^3}(\boldsymbol{p}\underset{(4)}{\cdot}\boldsymbol{p})^2\chi-\frac{e}{8m^2}[\nabla\underset{(5)}{\cdot}\boldsymbol{E}-2\boldsymbol{\sigma}\cdot(\boldsymbol{p}-e\underset{(6)}{\boldsymbol{A}})\times\boldsymbol{E}]\chi \tag{12–6}$$

在这种形式下, 可以通过分别考虑波动方程中的每一项来解释波动方程.

(1) 式如以前出现过的那样, 代表通常的标量势能.

(2) 项可以解释为动能.

(3) 项是 Pauli 自旋效应, 与出现在 Pauli 方程中的一样.

(4) 项是动能的相对论修正, 来自

$$E=(m^2+p^2)^{1/2}=m\left(1+\frac{p^2}{m^2}\right)^{1/2}=m+\frac{p^2}{2m}-\frac{p^4}{8m^3}+\cdots$$

此展开式中所写出的最后一项, 就等价于 (4) 项.

(5) 项和 (6) 项代表自旋–轨道耦合. 为了理解此解释, 考虑 (6) 项中的 $\boldsymbol{\sigma}\cdot(\boldsymbol{p}\times\boldsymbol{E})$ 部分. 在与距离成平方的场中, 这部分正比于 $\boldsymbol{\sigma}\cdot(\boldsymbol{p}\times\boldsymbol{r})/r^3$. 其中因子 $\boldsymbol{p}\times\boldsymbol{r}$ 可解释为角动量 $\boldsymbol{L}$, 于是便得到了自旋轨道耦合项 $(\boldsymbol{\sigma}\cdot\boldsymbol{L})/r^3$. 当电子处

于 $S(L=0)$ 态时, 这一项不起作用. 另一方面, (5) 项归结为 $\nabla\cdot\boldsymbol{E}=4\pi Ze\delta(r)$, 它仅在 S 态 (在 $r=0$ 处波函数不为零时) 起作用. 所以 (5) 项和 (6) 项一起给出自旋轨道耦合的连续函数. 电子的磁矩 $\dfrac{e}{2m}$ 呈现为 (3) 项的系数, 还呈现为 (5) 和 (6) 项的系数, 即

$$\left(\frac{e}{2m}\right)\left(\frac{1}{4m}\right)$$

可以用经典论证解释 (6) 项. 一个以速度 $\boldsymbol{v}$ 在电场中运动的电荷, 受到等效磁场 $\boldsymbol{B}=\boldsymbol{v}\times\boldsymbol{E}=\dfrac{1}{m}(\boldsymbol{p}-e\boldsymbol{A})\times\boldsymbol{E}$ 的作用, 而 (6) 项恰是在这个场中的能量 $(\boldsymbol{\sigma}\cdot\boldsymbol{B})\dfrac{e}{2m}$. 但是以这种方式得到的多一个因子 2. 甚至在 Dirac 方程出现以前, Thomas 就证明这种简单的经典论证是不完全的, 并给出了正确的项 (6). 这个情况不同于 Pauli 用以描述中子和质子所引入的反常磁矩 (参看下面习题 3). 在 Pauli 的修正方程中, 反常磁矩以带有因子 2 形式出现在 (5) 项和 (6) 项中.

习题: (1) 对氢原子应用式 (12–6), 并修正能级到第一级. 将结果与精确值[1)]比较. 注意波函数在坐标原点的差异. 这个差异实际上在空间太有限, 以致于没有什么重要性. 在原点附近 Dirac 方程的正确解正比于 (对氢原子)

$$r^{[1-(Z/137)^2]^{1/2}-1}\approx r^{-\frac{1}{40000}}$$

而 Schrödinger 方程给出当 $r\to 0$ 时, $\psi\to$ 常数.

(2) 假设 $\boldsymbol{A}$ 和 ϕ 与时间有关. 令 $W=\mathrm{i}\dfrac{\partial}{\partial t}$, 按照这一讲的步骤取到同一阶近似.

(3) Pauli 修正方程可用于中子和质子, 因此, 把反常磁矩的项加进 Dirac 方程就可得到

$$\gamma_\mu(\mathrm{i}\nabla_\mu-eA_\mu)\psi-\frac{\mu}{4M}\gamma_\mu\gamma_\nu F_{\mu\nu}\psi=m\psi$$

乘以 β, 可以把它写成更熟悉的 Hamilton 形式

$$\mathrm{i}\frac{\partial}{\partial t}\psi=H_{\mathrm{D}}\psi+\frac{\mu}{4M}\beta(\boldsymbol{\sigma}\cdot\boldsymbol{B}-\boldsymbol{\alpha}\cdot\boldsymbol{E})\psi$$

证明: 导致式 (12–6) 的同一近似现在可以产生如下项: (对于质子)

$$\begin{aligned}&\left[V+\frac{1}{2M}(\boldsymbol{p}-e\boldsymbol{A})^2+\left(\mu+\frac{e}{2M}\right)\boldsymbol{\sigma}\cdot\boldsymbol{B}\right.\\&-\frac{1}{8M^3}(\boldsymbol{p}\cdot\boldsymbol{p})^2+\frac{1}{4M^2}\left(\frac{2\mu}{4M}+\frac{e}{2M}\right)\\&\left.\cdot(\nabla\cdot\boldsymbol{E}+2\boldsymbol{\sigma}\cdot(\boldsymbol{p}-e\boldsymbol{A})\times\boldsymbol{E})\right]\psi\end{aligned}\qquad(12\text{–}7)$$

1) Schiff. 量子力学. McGraw-Hill, New York, 1949, p.323.

对中子也有类似的式子, 只不过 $e=0$.

(4) 式 (12–7) 可用于解释原子中的电子与中子的散射. 大多数原子对中子的散射相对于原子核是各向同性的. 然而原子的电子也要散射, 并产生与核散射相干的波. 对慢中子, 实验上可以观察到这种效应. 并可以用式 (12–6) (与 $e=0$ 情况的式 (12–7) 一样) 的 (5) 项来解释. 因为电子电荷在核外, $\boldsymbol{\nabla}\cdot\boldsymbol{E}$ 有异于零的值. 在 Born 近似中, 可用 (5) 项去计算中子–电子散射振幅. 然而, 当首次发现这种效应时, 是通过下述假设来解释的, 即认为中子–电子相互作用势为 $c\delta(R)$, 其中 δ 是 Dirac δ 函数, 而 R 为中子–电子距离.

用 Born 近似计算 $c\delta(R)$ 的散射振幅并与由 (5) 项给出的结果相比较. 证明

$$c=\frac{4\pi\mu_{\rm n}e^2}{4M_{\rm n}^2}$$

为了把 $c\delta(R)$ 解释为势, 定义平均势. $\overline{V}_{\rm n}$ 为作用在半径 $\dfrac{e^2}{mc^2}$ 的球上能产生同样效果的势.

使用 $\mu_{\rm n}=-1.9135\dfrac{e\hbar}{2M_{\rm n}}$, 证明所得到的 V 与实验结果 (即 $4400\pm400{\rm eV}$)[1] 在规定的精度内一致.

(5) 略去 v^2/c^2 阶的项, 证明

$$\begin{aligned}&\int\psi_{\rm f}^*\boldsymbol{\alpha}f(R)\psi_i{\rm d}V\\ \to&\int\chi_{\rm f}^*\left[(\boldsymbol{p}f+f\boldsymbol{p})/2m+\frac{1}{2m}\boldsymbol{\sigma}\times\nabla f\right]\chi_i{\rm d}V\end{aligned}$$

1) L. Foldy, *Phys. Rev.*, **87**, 693(1952).

四、

自由粒子 Dirac 方程的解

第 13 讲

当解自由粒子波函数时, 使用 γ 矩阵形式的 Dirac 方程是方便的:

$$\gamma_\mu(\mathrm{i}\nabla_\mu - eA_\mu)\psi = m\psi$$

应用第 10 讲的定义, $\not{a} = \gamma_\mu a_\mu$,

$$\not{A} = \gamma_\mu A_\mu = \gamma_t A_t - \gamma_x A_x - \gamma_y A_y - \gamma_z A_z$$

$$\not{\nabla} = \gamma_\mu \nabla_\mu = \gamma_t \nabla_t - \gamma_x \nabla_x - \gamma_y \nabla_y - \gamma_z \nabla_z$$

Dirac 方程可写成

$$(\mathrm{i}\not{\nabla} - e\not{A})\psi = m\psi \tag{13–1}$$

(量 $\not{a} = \gamma_\mu a_\mu$ 在 Lorentz 变换下是不变的.)

把概率密度和概率流写成四维形式是必要的. 在特殊表示中, 概率密度和概率流是

$$\rho = \psi^*\psi, \quad \boldsymbol{j} = \psi^*\boldsymbol{\alpha}\psi$$

如果在标准表示中, ψ 的相对论共轭[1] 定义为

$$\tilde{\psi} = \psi^*\beta \tag{13–2}$$

---

1) ψ 是四分量列矢量

$$\begin{pmatrix}\psi_1\\ \psi_2\\ \psi_3\\ \psi_4\end{pmatrix}$$

在标准表示中, 共轭是四分量行矢量 $(\psi_1^*, \psi_2^*, -\psi_3^*, -\psi_4^*)$. 乘以 β 相当于改变第三, 第四分量的符号, 此外把 ψ^* 从列矢变为行矢.

则概率密度和概率流可写为

$$\rho = \tilde{\psi}\beta\psi, \quad j_\mu = \tilde{\psi}\gamma_\mu\psi$$

为证明这点, 只须把 $\tilde{\psi}$ 用 $\psi^*\beta$ 代回并注意 $\beta^2 = 1$ 以及 $\beta\gamma_\mu = \alpha_\mu$.

练习:(1) 证明 ψ 的共轭满足

$$\tilde{\psi}(-i \not\nabla - e\not A) = m\tilde{\psi} \tag{13–3}$$

(2) 由式 (13–1) 及 (13–3) 证明 $\nabla_\mu j_\mu = 0$ (概率密度守恒).

一般地, 一个算符 N 的共轭记为 $\widetilde{N}, \widetilde{N}$ 与 N 一样, 只是其中所有 γ 矩阵的次序都反过来了, 并且将其中明写出的 i (不包括 γ 矩阵中的) 换成 $-$i. 例如, 若 $N = \gamma_x\gamma_y, \widetilde{N} = \gamma_y\gamma_x = -N$; 若 $N = \mathrm{i}\gamma_5 = \mathrm{i}\gamma_x\gamma_y\gamma_z\gamma_t$, 则 $\widetilde{N} = -\mathrm{i}\gamma_t\gamma_z\gamma_y\gamma_x = -\mathrm{i}\gamma_5$. 下面的性质起到了在非相对论量子力学中极为有用的厄米性质的作用.

$$(\tilde{\psi}_2 N\psi_1)^* = (\tilde{\psi}_1\tilde{N}\psi_2) \tag{13–4}$$

对于自由粒子, 没有势, 于是 $\not A = 0$, Dirac 方程变成

$$\mathrm{i}\not\nabla\psi = m\psi \tag{13–5}$$

为了解此方程, 试一试下面形式的解

$$\psi = u\mathrm{e}^{-\mathrm{i}p\cdot x} = u\mathrm{e}^{-\mathrm{i}p_\nu x_\nu} \tag{13–6}$$

ψ 是一个四分量波函数. 这个试探解的意思是四个分量中的每一个都是这种形式, 即

$$\begin{pmatrix} \psi_1 \\ \psi_2 \\ \psi_3 \\ \psi_4 \end{pmatrix} = \begin{pmatrix} u_1 \\ u_2 \\ u_3 \\ u_4 \end{pmatrix} \mathrm{e}^{-\mathrm{i}p\cdot x}$$

这样 u_1, u_2, u_3, u_4 是列矢量的分量, u 称为 Dirac 旋量. 现在的问题是, 为使试探解满足 Dirac 方程, 对 u 和 p 必须加上什么限制. ∇_μ 作用在 ψ 的每个分量上相当于对每个分量乘以 $-\mathrm{i}p_\mu$, 所以它作用于 ψ 上产生

$$\nabla_\mu\psi = \nabla_\mu u\mathrm{e}^{-\mathrm{i}p_\nu x_\nu} = -\mathrm{i}p_\mu u\mathrm{e}^{-\mathrm{i}p_\nu x_\nu} = -\mathrm{i}p_\mu\psi$$

于是, 式 (13–5) 变成

$$\mathrm{i}\gamma_\mu(-\mathrm{i}p_\mu)\psi = \gamma_\mu p_\mu\psi = \not p\psi = m\psi \tag{13–7}$$

这样, 若 $\not{p}u = mu$ 则试探解满足方程. 为书写简单起见, 再假设粒子在 xy 平面内运动. 因此

$$p_1 = p_x, \quad p_2 = p_y, \quad p_3 = 0, \quad p_4 = E$$

在这些条件下, $\not{p} = \gamma_t E - \gamma_y p_y - \gamma_x p_x$. 在标准表示中

$$\gamma_t = \begin{pmatrix} 1 & 0 & 0 & 0 \\ 0 & 1 & 0 & 0 \\ 0 & 0 & -1 & 0 \\ 0 & 0 & 0 & -1 \end{pmatrix} \quad \gamma_{x,y} = \begin{pmatrix} 0 & \sigma_{x,y} \\ -\sigma_{x,y} & 0 \end{pmatrix}$$

于是 $\not{p} - m$ 变成

$$\begin{pmatrix} E-m & 0 & 0 & -p_x + \mathrm{i}p_y \\ 0 & E-m & -(p_x + \mathrm{i}p_y) & 0 \\ 0 & p_x - \mathrm{i}p_y & -(E+m) & 0 \\ p_x + \mathrm{i}p_y & 0 & 0 & -(E+m) \end{pmatrix} \tag{13–8}$$

用分量式, (13–7) 变成

$$(E-m)u_1 - (p_x - \mathrm{i}p_y)u_4 = 0 \tag{13–9a}$$
$$(E-m)u_2 - (p_x + \mathrm{i}p_y)u_3 = 0 \tag{13–9b}$$
$$(p_x - \mathrm{i}p_y)u_2 - (E+m)u_3 = 0 \tag{13–9c}$$
$$(p_x + \mathrm{i}p_y)u_1 - (E+m)u_4 = 0 \tag{13–9d}$$

由式 (13–9a) 或 (13–9d) 可定出比值 u_1/u_4. 为使式 (13–6) 是解, 这两条途径定出的比值必须一致. 于是

$$\frac{u_1}{u_4} = \frac{(p_x - \mathrm{i}p_y)}{(E-m)} = \frac{E+m}{(p_x + \mathrm{i}p_y)}$$

亦即

$$p_x^2 + p_y^2 + m^2 = E^2 \tag{13–10}$$

这不是一个奇怪的条件. 它是说 p_ν 必须选得满足总能量的相对论方程. 类似地, 可以解 (13–9b) 及 (13–9c) 求出

$$\frac{u_2}{u_3} = \frac{p_x + \mathrm{i}p_y}{E-m} = \frac{E+m}{p_x - \mathrm{i}p_y}$$

它也导致条件 (13–10).

精确得到同样条件的更妙的方法是直接从式 (13–7) 出发, 把它乘以 $\not{p}$, 得

$$\not{p}(\not{p}u) = \not{p}(mu) = m(\not{p}u) = m^2u$$

应用 (10–9),

$$\not{p}\not{p} = p \cdot p = E^2 - p_x^2 - p_y^2$$

所以条件变成

$$E^2 - p_x^2 - p_y^2 = m^2 \quad 或 \quad u = 0$$

前者与以前所得到的条件相同, 后者是平凡解 (没有波函数).

显然, 自由粒子 Dirac 方程有两个线性独立的解. 这是因为把假定的解 (13–6) 代入 Dirac 方程只给出成对的 u, u_1、u_4 对和 u_2、u_3 对满足的条件. 将每个线性独立解的两个分量选为零是方便的. 这样, 两个解的 u 可取为

$$\begin{pmatrix} F \\ 0 \\ 0 \\ p_+ \end{pmatrix} \quad 和 \quad \begin{pmatrix} 0 \\ F \\ p_- \\ 0 \end{pmatrix} \tag{13–11}$$

其中用到了记号

$$\begin{aligned} F &= E + m \\ p_+ &= P_x + \mathrm{i}P_y \\ p_- &= P_x - \mathrm{i}P_y \end{aligned} \tag{13–12}$$

这些解尚未归一化.

运动电子自旋的定义

两个线性独立的解意味着什么呢? 这意味着必然存在某个还有待规定的物理量, 它将唯一地决定波函数. 例如, 人们已经知道, 在粒子静止的坐标系中, 有两个可能的自旋取向. 用数学语言来说, 本征方程 $\not{p}u = mu$ 存在两个解意味着存在一个与 $\not{p}$ 对易的算符, 必须要找到这个算符. 注意 γ_5 与 $\not{p}$ 反对易, 即 $\gamma_5\not{p} = -\not{p}\gamma_5$. 再注意, 任何算符 $\not{W}$, 只要 $W \cdot p = 0$, 便与 $\not{p}$ 反对易. 这是因为

$$\not{W}\not{p} = -\not{p}\not{W} + 2W \cdot p \tag{10–9}$$

这两个反对易算符的组合 $\gamma_5\not{W}$ 是一个与 $\not{p}$ 对易的算符; 即

$$(\gamma_5\not{W})\not{p} = -\gamma_5\not{p}\not{W} = \not{p}(\gamma_5\not{W})$$

现在必须找到算符 $(\mathrm{i}\gamma_5\not{W})$ 的本征值 (所加的 i 是为了使得到的本征值是实的). 将这些本征值记为 s,

$$(\mathrm{i}\gamma_5\not{W})u = su \tag{13–13}$$

为找到 s 的可能值, 将式 (13–13) 乘以 $\mathrm{i}\gamma_5 \not{W}$, 得到

$$(\mathrm{i}\gamma_5 \not{W})(\mathrm{i}\gamma_5 \not{W})u = -\gamma_5 \not{W} \gamma_5 \not{W} u = -W \cdot W u = \mathrm{i}\gamma_5 \not{W} s u = s^2 u$$

或

$$-W \cdot W = s^2$$

如果 $W \cdot W$ 取作 -1, 则算符 $\mathrm{i}\gamma_5 \not{W}$ 的本征值是 ± 1. 选 $W \cdot W = -1$ 的意义如下: 在粒子静止的系统中, $p_x = p_y = p_z = 0$ 及 $p_4 = E$. 则

$$0 = p \cdot W = p_4 W_4, \quad 即 \quad W_4 = 0$$

这样 $W \cdot W = -\boldsymbol{W} \cdot \boldsymbol{W} = -1$ 或 $W \cdot W = 1$. 这说明在粒子静止的坐标系中, W 是单位长度的普通矢量 (它的第四分量为零).

当粒子在 xy 平面内运动时, 把 $\not{W}$ 选为 γ_z, 所以 $\mathrm{i}\gamma_5 \not{W}$ 的算符方程变成

$$\mathrm{i}\gamma_5 \gamma_z u = s u$$

应用第 10 讲中推导的关系式, 对于静止粒子[1]它变为

$$\mathrm{i}\gamma_5 \gamma_z u = \mathrm{i}\gamma_x \gamma_y \gamma_t u = \mathrm{i}\gamma_x \gamma_y u = \left(\begin{array}{c:c} \sigma_z & 0 \\ \hdashline 0 & \sigma_z \end{array}\right) u = s u$$

这种选择使 $\not{W}$ 与 σ_z 算符, 进而与自旋的关系清楚地显示出来了. 如果我们限定 u 满足 $\not{p} u = m u$ 和 $\mathrm{i}\gamma_5 \not{W} u = s u$, 便完全地规定了 u. 它表示粒子以动量 p_u 运动, 并且其自旋 (在与粒子一起运动的坐标系中) 沿着 W_μ 轴的投影或者为正 $(s = 1)$ 或者为负 $(s = -1)$.

练习: 证明式 (13–11) 的第一个波函数是 $s = +1$ 的解, 而第二个是 $s = -1$ 的解.

获得自由运动电子波函数的另一方法是作像式 (10–12) 那样的波函数等价变换. 如果初始电子静止, 其自旋沿 z 方向, 或向上, 或向下, 则以速度 v 沿空间方向 $\boldsymbol{k}$ 上运动的电子的旋量是

$$u(\boldsymbol{k}) = S u \quad u = (2m)^{1/2} u_0 \quad u_0 = \begin{pmatrix} 1 \\ 0 \\ 0 \\ 0 \end{pmatrix} \quad 或 \quad \begin{pmatrix} 0 \\ 1 \\ 0 \\ 0 \end{pmatrix}$$

(关于归一化, 请参看式 (13–14).)

---

1) 对静止粒子 $\gamma_t u = u$.

根据式 (10–11), S 由下式给出

$$S=\exp\left(\frac{u}{2}\gamma_t\gamma_k\right),\quad \cosh u=\frac{1}{\sqrt{1-v^2}}$$

现在

$$\exp\left(\frac{u}{2}\gamma_t\gamma_k\right)=\cosh\frac{u}{2}+\gamma_t\gamma_k\sinh\frac{u}{2}$$

而

$$\sqrt{2m}\cosh\frac{u}{2}=\left(\frac{m}{\sqrt{1-v^2}}+m\right)^{1/2}=(E+m)^{1/2}$$
$$\sqrt{2m}\sinh\frac{u}{2}=(E-m)^{1/2}$$

所以

$$u(k)=[(E+m)^{1/2}+\gamma_t\gamma_k(E-m)^{1/2}]u_0$$

记 $F=m+E,\boldsymbol{\alpha}=\gamma_t\boldsymbol{\gamma}$, 并注意 $(E^2-m^2)^{1/2}=p_k$, 则有

$$u(k)=F^{-1/2}(E+m+\boldsymbol{\alpha}\cdot\boldsymbol{p})u_0$$

对于 $\boldsymbol{p}$ 在 xy 平面内的情况, 这恰是式 (13–11) 所给出的结果, 其中归一化因子为 $F^{-1/2}$.

注意到对静止电子有 $\gamma_t u_0=u_0$, 可把 $u(k)$ 写成

$$\left(\frac{1}{\sqrt{F}}\right)(E\gamma_t-\boldsymbol{\gamma}\cdot\boldsymbol{p}+m)u_0$$

或

$$u(k)=\frac{1}{\sqrt{F}}(\not{p}+m)u_0$$

很清楚, 这是自由粒子 Dirac 方程

$$(\not{p}-m)u_k=0 \tag{13–7}$$

的解. 且满足

$$(\not{p}+m)(\not{p}-m)=p^2-m^2=0\quad p^2=m^2$$

波函数归一化

在非相对论量子力学中, 把平面波归一化为, 在一立方厘米内找到这个粒子的概率为 1. 即 $\psi^*\psi=1$. 对于相对论性平面波, 类似的归一化可以是某个与下式类似的式子:

$$\psi^*\psi=u^*u=\tilde{u}\gamma_t u=1,\quad 其中\quad \tilde{u}=u^*\gamma_t$$

然而, $\psi^*\psi$ 的变换性质与四矢的第四个分量相似 (它是四维矢量流的第四分量), 所以这种归一化不是相对论不变的. 构造一个相对论不变的归一化是可能的, 使 u^*u 等于一个适当的四矢的第四分量. 例如, 令其正比于四动量 p_μ 的第四分量 E, 于是波函数应归一化为

$$\tilde{u}\gamma_t u = 2E$$

选择比例常数 2 是为了以后写公式简便. 对 $s=+1$ 的态算出 $\tilde{u}\gamma_t u$

$$\begin{aligned}
(\tilde{u}\gamma_t u) &= (F\ 0\ 0\ -p_-)\begin{pmatrix}1 & 0 & 0 & 0\\ 0 & 1 & 0 & 0\\ 0 & 0 & -1 & 0\\ 0 & 0 & 0 & -1\end{pmatrix}\begin{pmatrix}F\\ 0\\ 0\\ p_+\end{pmatrix}C_1^2\\
&= (F\ 0\ 0\ -p_-)\begin{pmatrix}F\\ 0\\ 0\\ -p_+\end{pmatrix}C_1^2 = (F^2+p_+p_-)C_1^2\\
&= 2E(E+m)C_1^2
\end{aligned}$$

式中 C_1 是与波函数 (13–11) 相乘的归一化因子. 为使 $(\tilde{u}\gamma_t u)$ 等于 $2E$, 归一化因子必须选为 $(E+m)^{-1/2}=(F)^{-1/2}$, 用 $\tilde{u}u$ 表示, 此归一化条件成为

$$\begin{aligned}
(\tilde{u}u) &= (F\ 0\ 0\ -p_-)\begin{pmatrix}F\\ 0\\ 0\\ p_+\end{pmatrix}\frac{1}{F} = (F^2-p_-p_+)\frac{1}{F}\\
&= \frac{2m^2+2mE}{E+m} = 2m
\end{aligned}$$

对于 $s=-1$ 的态, 得到同样结果. 于是归一化条件可以取为

$$(\tilde{u}u) = 2m \tag{13–14}$$

用类似的方式, 可以证明下列等式成立:

$$\begin{aligned}
(\tilde{u}\gamma_x u) &= 2p_x\\
(\tilde{u}\gamma_y u) &= 2p_y\\
(\tilde{u}\gamma_z u) &= 0
\end{aligned}$$

表 13–1　在 xy 平面内运动的粒子的矩阵元

矩阵 N	$(\tilde{u}Nu)$ $s=1$	$\sqrt{F_1F_2}(\tilde{u}_2Nu_1)$ $s_1=1$ $s_2=2$	$\sqrt{F_1F_2}(\tilde{u}_2Nu_1)$ $s_1=+1$ $s_2=-1$	$\sqrt{F_1F_2}(\tilde{u}_2Nu_1)$ $s_1=-1$ $s_2=-1$	$\sqrt{F_1F_2}(\tilde{u}_2Nu_1)$ $s_1=-1$ $s_2=1$
1	$2m$	$F_2F_1-P_{1+}P_{2-}$	0	第三列 ($s_1=1\ s_2=1$ 情况) 的复数共轭	第四列 ($s_1=1\ s_2=-1$ 情况) 的负复数共轭
γ_x	$2P_x$	$F_2P_{1+}+P_{2-}F_1$	0		
γ_y	$2P_y$	$-\mathrm{i}F_2P_{1+}+\mathrm{i}P_{2-}F_1$	0		
γ_z	0	0	$-P_{1+}F_2+P_{2+}F_1$		
γ_t	$2E$	$F_2F_1+P_{1+}P_{2-}$	0		
$\gamma_y\gamma_z$	0	0	$-\mathrm{i}F_2F_1+\mathrm{i}P_{1+}P_{2+}$		
$\gamma_z\gamma_x$	0	0	$F_2F_1+P_{1+}P_{2+}$		
$\gamma_x\gamma_y$	$-2\mathrm{i}E$	$-\mathrm{i}F_2F_1-\mathrm{i}P_{1+}P_{2-}$	0		
$\gamma_t\gamma_x$	$2\mathrm{i}P_y$	$F_2P_{1+}-P_{2-}F_1$	0		
$\gamma_t\gamma_y$	$-2\mathrm{i}P_x$	$-\mathrm{i}F_2P_{1+}-\mathrm{i}P_{2-}F_1$	0		
$\gamma_t\gamma_z$	0	0	$-P_{1+}F_2-P_{2+}F_1$		
$\gamma_5\gamma_x=\gamma_t\gamma_y\gamma_z$	0	0	$-\mathrm{i}F_2F_1-\mathrm{i}P_{1+}P_{2+}$		
$\gamma_5\gamma_y=\gamma_t\gamma_z\gamma_x$	0	0	$F_2F_1-P_{1+}P_{2+}$		
$\gamma_5\gamma_z=\gamma_t\gamma_x\gamma_y$	$-2\mathrm{i}m$	$-\mathrm{i}F_2F_1+\mathrm{i}P_{1+}P_{2-}$	0		
$\gamma_5\gamma_t=\gamma_x\gamma_y\gamma_z$	0	0	$\mathrm{i}F_2P_{1+}+\mathrm{i}F_1P_{2+}$		
$\gamma_5=\gamma_x\gamma_y\gamma_z\gamma_t$	0	0	$\mathrm{i}F_2P_{1+}-\mathrm{i}F_1P_{2+}$		

掌握所有 γ 矩阵在各种初末态之间的矩阵元是方便的. 表 13–1 列出了这些结果.

注意: $p_{2+}=p_{2x}+\mathrm{i}p_{2y}=p_2\exp(\mathrm{i}\theta_2), p_{2-}=p_{2x}-\mathrm{i}p_{2y}=p_2\exp(-\mathrm{i}\theta_2); F_2=E_2+m; F_1=E_1+m; p^2=(E-m)F$.

极限情形: 为得到 1 是静止正电子的情形, 可在表中令 $F_1=0, P_{1+}=1=p_{1-}$, 便给出 $\sqrt{F_2}(\tilde{u}_2Nu_1)$. 两者均为静止正电子时, 令 $F_1=F_2=0, p_{1+}=p_{2+}=1$, 表中给出

$$(\tilde{u}_2Nu_1)$$

第 14 讲

求矩阵元的方法

在初态 u_1 和末态 u_2 之间, 算符 M 的矩阵元记为

$$(\tilde{u}_2Mu_1)$$

矩阵元与所用的表示无关, 只要这些表示是以幺正等价变换相联系的. 即, 若

$$\begin{aligned}u_1'&=Su_1\\u_2'&=Su_2\\M'&=SMS^{-1}\\\tilde{u}_2'&=\tilde{u}_2\tilde{S}\end{aligned}$$

则

$$\tilde{u}_2'M'u_1'=\tilde{u}_2\tilde{S}SMS^{-1}Su_1=\tilde{u}_2Mu_1$$

其中已假定 S 有性质 $\widetilde{S}=S^{-1}$.

直接计算矩阵元的方法是把它们写成矩阵的形式并完成运算. 表 13–1 就是用这种方法得到的.

然而, 可用另一种方法, 就像下面例子所显示的那样, 有时它更简单, 有时会导出一些推论. 根据归一化约定,

$$\tilde{u}u=2m$$

因此, 由 $\not{p}u=mu$, 得到

$$(\tilde{u}\not{p}u)=2m^2$$

类似地有

$$(\tilde{u}\gamma_\mu \not{p} u) = m(\tilde{u}\gamma_\mu u)$$

再注意到, 因为 $\tilde{u}\not{p} = \not{p}\tilde{u} = m\tilde{u}$, 故有

$$(\tilde{u}\not{p}\gamma_\mu u) = m(\tilde{u}\gamma_\mu u)$$

将上两式相加, 得

$$(\tilde{u}(\gamma_\mu \not{p} + \not{p}\gamma_\mu)u) = 2m(\tilde{u}\gamma_\mu u)$$

从练习中证明的关系式

$$\not{a}\not{b} = -\not{b}\not{a} + 2a \cdot b$$

看出

$$\not{p}\gamma_\mu + \gamma_\mu \not{p} = 2p_\mu$$

但是 p_μ 仅是一个数, 所以有

$$2p_\mu(\tilde{u}u) = 2m(\tilde{u}\gamma_\mu u)$$

再因 $\tilde{u}u = 2m$ (归一化),

$$(\tilde{u}\gamma_\mu u) = 2p_\mu$$

进而得到通常的关系

$$\frac{\tilde{u}\gamma_t u}{\tilde{u}u} = \frac{p_4}{m} = \frac{E}{m}$$

由此可见下面的归一化:

$$(\tilde{u}\gamma_t u) = \frac{E}{m}$$

等价于

$$(\tilde{u}u) = 1$$

习题: 使用与上述相类似的方法, 证明

$$(\tilde{u}\gamma_5 u) = 0$$

负能态的解释

我们已经发现, Dirac 方程解存在的必要条件是

$$E^2 = \boldsymbol{p}^2 + m^2$$

$$E = \pm(\boldsymbol{p}^2 + m^2)^{1/2}$$

正能量的意义是清楚的, 但负能的意义不清楚. 有一个时期, 因认为其没有意义, Schrödinger 建议将它强行抛弃. 但后来发现, 有两条基本理由, 反对抛弃负能态. 第一条是物理上的, 理论物理上的. 即, 由 Dirac 方程得出, 开始时处于正能态的体系有诱导跃迁到负能态的概率, 因此, 若抛弃负能态, 会出现矛盾. 第二条理由是数学上的. 即, 抛弃负能态会导致波函数集合不完备. 而任意函数无法表示为一个不完备的函数集的展开式. 这种情况使 Schrödinger 陷入无法克服的困难之中.

习题: 假设当 $t<0$ 时, 一个粒子处于正能态, 沿 x 方向运动, 自旋在 z 的正向 $(s=\pm 1)$. 在 $t=0$ 时, 一个常数势 $\boldsymbol{A}=A_z(A_x=A_y=0)$ 开始起作用, 在 $t=T$ 时停止作用. 求在 $t=T$ 时粒子处于负能态的概率.

答案: 当 $t=T$ 时, 处于负能态的概率为

$$\frac{e^2A^2}{(e^2A^2+m^2)}\cdot\sin^2[(m^2+e^2A^2)^{1/2}T]$$

注意: 当 $E=-m$ 时, $\dfrac{1}{\sqrt{F}}=\infty$, 似乎 u 要发散. 但实际上, 当 $E=-m$ 时, u 的分量也等于零, 因此包含着极限过程. 只要略去 $\dfrac{1}{\sqrt{F}}$, 并且在 u 的分量中将 F 用零代入, $p_\pm$ 用 1 代入, 就可避免极限过程并得到正确结果.

正能级从 $E=m$ 到 ∞ 连续区; 若负能以此种形式被接受, 其能级也形成了从 $E=-m$ 到 $-\infty$ 的连续区. 在 $+m$ 和 $-m$ 之间没有有效的能级 (参看图 14–1). Dirac 提出一个思想, 即全部负能级都正常地填满了. 这种负能态电子海显然是模糊不清的 (如果它存在的话), 对此的解释, 通常包含心理方面的因素, 因而不能令人满意. 但是, 无论如何, 只要假定这种情况存在, 便有一些重要的结论:

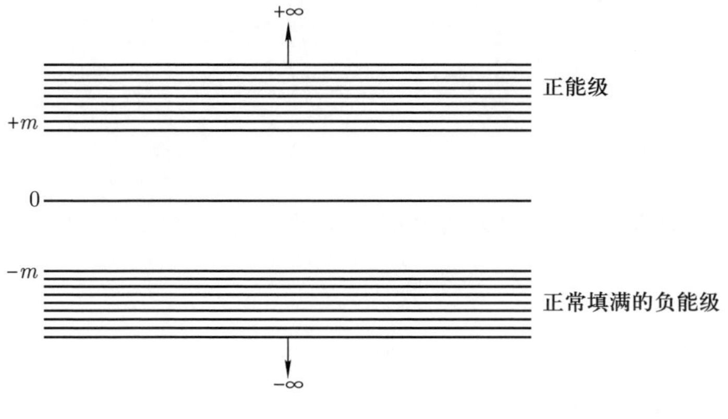

图 14–1

1. 正常情况下不会观察到正能态电子跃迁到负能态, 因为这些负能态是不能达到的, 它们已经被填满了.

2. 负能电子海是不可观察的, 但是, 它的一个电子跃迁到正能态而产生的 “空穴” 应能显示自己. 此空穴的表现被看成是一个正电子, 其行为像一个带正电荷的电子一样.

3. 泡利不相容原理使负海能够全部填满. 如果不是一个电子而是任意多的电子能够占据一个给定态, 那么要填满所有的负能态是不可能的. 在这种意义上, 有时认为 Dirac 理论是不相容原理的证据.

本文作者提出了负能态的另一种解释. 其基本思想是: “负能” 态代表时间反向运动的电子态.

在经典运动方程

$$m\frac{\mathrm{d}^2 z_\mu}{\mathrm{d}s^2} = e\frac{\mathrm{d}z_\nu}{\mathrm{d}s}F_{\mu\nu}$$

中, 将固有时 s 的方向反演相当于电荷反符号, 所以电子沿时间反向运动看起来就像是正电子沿时间正向运动.

在初等量子力学中, 一个电子由 x_1t_1 到 x_2t_2 的总振幅是通过 x_1t_1 和 x_2t_2 之间所有可能的轨道的振幅求和来计算. 其中假设这些轨道总是沿时间正向运动的. 在一维空间中这些轨道可以画出来, 如图 14–2. 但是按照新的观点, 有一种可能的轨道是如图 14–3 所画的那样.

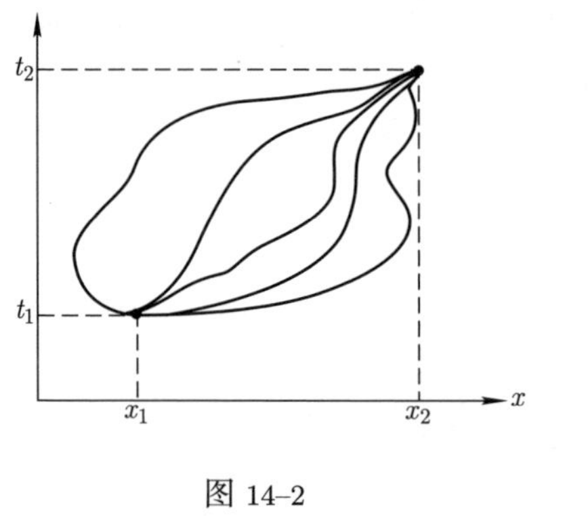

图 14–2

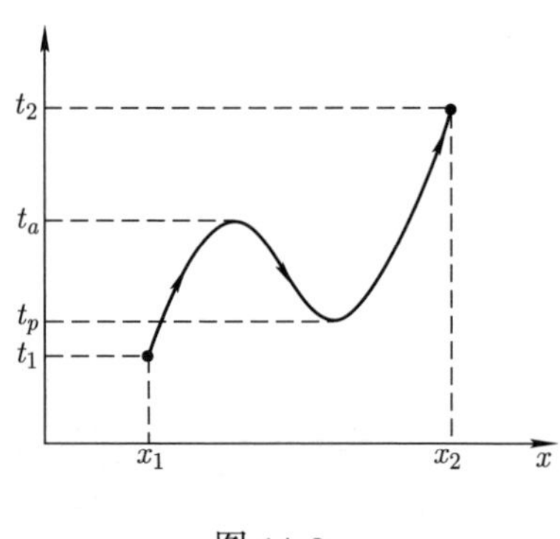

图 14–3

想象一个观察者以普通方式沿时间运动, 仅有的概念是现在和过去, 事件出现的次序如下:

$t_1 \to t_p$ 只存在初始电子.

$t_p \to$ 初始电子仍然存在, 此外, 在某处还形成了一个电子 – 正电子对.

$t_p \to t_a$ 存在初始电子以及新得到的电子 – 正电子.

$t_a \to$ 正电子碰到初始电子, 它们湮没, 只剩下前不久产生的电子.

$t_a \to t_2$ 只存在一个电子.

要用量子力学去处理上述思想, 必须遵循两条原则:

1. 在计算正电子的矩阵元时, 初末波函数的位置必须交换. 即, 对于由过去态 ψ_{pa} 到将来态 ψ_{fu} 沿时间正向运动的电子, 矩阵元是

$$\int \tilde{\psi}_{\text{fu}} M \psi_{\text{pa}} \mathrm{d}V$$

而沿时间反向运动时, 电子从 ψ_{fu} 向 ψ_{pa} 行进, 所以正电子的矩阵元是

$$\int \tilde{\psi}_{\text{pa}} M \psi_{\text{fu}} \mathrm{d}V$$

2. 如果能量 E 是正的, 则 $\mathrm{e}^{-\mathrm{i}p\cdot x}$ 是能量为 $p_4 = E$ 的电子波函数. 如果 E 是负的, 则 $\mathrm{e}^{-\mathrm{i}p\cdot x}$ 是能量为 $-E$ 即 $|E|$ 和四动量为 $-p$ 的正电子的波函数.

五、

量子电动力学中的势问题

第 15 讲

正负电子对产生及其湮没

上一讲讨论了在态 ψ_1 和 ψ_2 之间电子散射的两种可能途径. 它们是

情况 I: ψ_1 和 ψ_2 两者都是正能态, 把 ψ_1 解释为处于 "过去" 的电子, ψ_2 解释为处于 "将来" 的电子. 这是电子散射.

情况 II: ψ_1 和 ψ_2 两者都是负能态, 把 ψ_1 解释为处于将来的正电子, ψ_2 解释为处于 "过去" 的正电子. 这是正电子散射.

负能态的存在, 使得另外两种路径成为可能. 它们是

情况 III: ψ_1 是正能态, ψ_2 是负能态. 将 ψ_1 解释为 "过去" 的电子, ψ_2 解释为 "过去" 的正电子. 两个态都处于 "过去", 没有什么态处于将来, 这表示电子–正电子对湮没.

情况 IV: ψ_1 是负能态, ψ_2 是正能态. 把 ψ_1 解释为 "将来" 的正电子, ψ_2 解释为将来的 "电子". 这是电子–正电子对产生.

这四种情况可以用图 15–1 的图表示. 注意在每个图中箭头都是从 ψ_1 到 ψ_2, 尽管在所有情况中时间增长的方向都是往上的. 在目前这种负能态的解释中, 箭头给出了电子的运动方向. 用普通的语言说, 箭头指向时间的正向或反向取决于 $\not p$ 是正还是负, 也就是说, 取决于代表的态是电子还是正电子.

能量守恒

在上一讲中已经建立了情况 I 中散射的能量关系. 可以看出, 对情况 II 有完全相同的结果. 为证明这一点, 回想在情况 I 中. 如果电子从能量 E_1 跑到

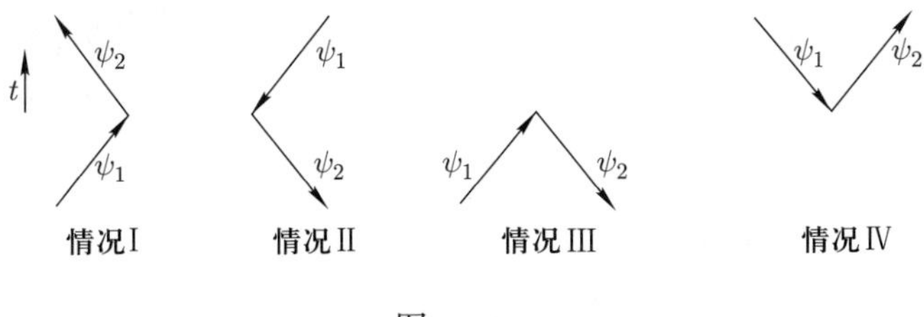

图 15–1

E_2, 并且微扰势正比于 $\exp(-\mathrm{i}\omega t)$. 则这个微扰势带来正能 ω. 为看出这点, 注意散射幅正比于

$$\int \exp(-\mathrm{i}E_2 t)^* \exp(-\mathrm{i}\omega t)\exp(-\mathrm{i}E_1 t)\mathrm{d}t = \int \exp[\mathrm{i}t(E_2-\omega-E_1)]\mathrm{d}t \tag{15–1}$$

正如已经证明的那样, 在 E_2 和 $E_1+\omega$ 之间有一共振. 所以, 只有当 $E_2\approx E_1+\omega$ 时才对振幅有贡献. 在情况 II 中也出现同样的积分, 只不过 E_1 和 E_2 是负的. 正电子从能量 (过去) $E_{\mathrm{pa}}=-E_2$ 跑向能量 (将来) $E_{\mathrm{fu}}=-E_1$. 这时有着同样的微扰能, 且仍是仅当 $E_2=E_1+\omega$, 即 $-E_{\mathrm{pa}}=-E_{\mathrm{fu}}+\omega$ 所以 $E_{\mathrm{fu}}=E_{\mathrm{pa}}+\omega$ 时振幅才是大的; 也就是说, 微扰带有正能 ω, 就像电子情况一样.

传播子

在非相对论情况 (Schrödinger 方程) 中, 包含微扰势的波动方程是

$$\mathrm{i}\frac{\partial\psi}{\partial t}=H_0\psi+V\psi \tag{15–2}$$

式中 V 是微扰势, H_0 是未微扰 Hamilton 量. 对自由粒子, 可以证明从时空点 1 到点 2 的传播子为

$$K_0(2,1)=\begin{cases} N\exp\left[\dfrac{\mathrm{i}}{2}m\dfrac{(x_2-x_1)^2}{t_2-t_1}\right] & t_2>t_1 \\ 0 & t_2<t_1 \end{cases} \tag{15–3}$$

式中 N 是归一化因子, 它与时间间隔 (t_2-t_1) 及粒子质量有关:

$$N=\sqrt{\frac{m}{2\pi\mathrm{i}(t_2-t_1)}}$$

注意, 当 $t_2<t_1$ 时, 这个传播子定义为零. 可以证明 K_0 满足方程

$$\left[\mathrm{i}\frac{\partial}{\partial t_2}-H_0(2)\right]K_0(2,1)=\mathrm{i}\delta(2,1) \tag{15–4}$$

传播子 $K_V(2,1)$ 给出类似的振幅, 但当存在微扰势 V 时, 它必须满足方程

$$\left[\mathrm{i}\frac{\partial}{\partial t_2}-H_0(2)-V(2)\right]K_V(2,1)=\mathrm{i}\delta(2,1) \tag{15–5}$$

可以证明 K_V 由下列级数算出:

$$\begin{aligned}K_V(2,1)=&K_0(2,1)-\mathrm{i}\int K_0(2,3)V(3)K_0(3,1)\mathrm{d}^3x_3\mathrm{d}t_3\\&-\int K_0(2,4)V(4)K_0(4,3)V(3)K_0(3,1)\mathrm{d}^3x_4\mathrm{d}t_4\mathrm{d}^3x_3\mathrm{d}t_3\\&+\cdots\end{aligned} \tag{15–6}$$

当总 Hamilton 量 $H=H_0+V$ 与时间无关并且已知体系的全部定态的情况下, $K_V(2,1)$ 可由下列求和式得出:

$$K_V(2,1)=\sum_n\exp[-\mathrm{i}E_n(t_2-t_1)]\phi_n(x_2)\phi_n^*(x_1) \tag{15–7}$$

这些思想可直接推广到相对论情况 (Dirac 方程). 选择一种特殊形式的 Hamilton 量, Dirac 方程可以写为

$$\mathrm{i}\frac{\partial\psi}{\partial t}=H\psi=\boldsymbol{\alpha}\cdot(\boldsymbol{p}-e\boldsymbol{A})\psi+e\phi\psi+m\beta\psi$$

定义其传播子 K^A, 则它是下述方程的解:

$$\left[\mathrm{i}\frac{\partial}{\partial t_2}-e\phi_2-\boldsymbol{\alpha}\cdot(-\mathrm{i}\nabla_2-e\boldsymbol{A}_2)-m\beta\right]K^A(2,1)=\mathrm{i}\beta\delta(2,1) \tag{15–8}$$

在最后一项中插入矩阵 β 使得由这个 Hamilton 量推导出来的传播子具有相对论不变性. [注意与非相对论情况 (15–6) 式的类似性.] 将这方程乘以 β, 得到一个比较简单的形式:

$$(i\,\nabla\!\!\!/_2-eA\!\!\!/_2-m)K^A(2,1)=\mathrm{i}\delta(2,1) \tag{15–9}$$

直接令 $A\!\!\!/_2=0$ 即得到自由粒子方程, 然后定义自由粒子传播子 K_+:

$$(\mathrm{i}\,\nabla\!\!\!/_2-m)K_+(2,1)=\mathrm{i}\delta(2,1) \tag{15–10}$$

记号 K_+ 代替了非相对论情况中的 K_0, (15–10) 代替了 (15–4) 成为定义方程.

正如 K_V 可以展开成级数 (15–6) 一样, K^A 也可展开成

$$\begin{aligned}K^A(2,1)=&K_+(2,1)-\mathrm{i}\int K_+(2,3)eA\!\!\!/(3)K_+(3,1)\mathrm{d}\tau_3\\&-\int K_+(2,3)eA\!\!\!/(3)K_+(3,4)eA\!\!\!/(4)K_+(4,1)\mathrm{d}\tau_3\mathrm{d}\tau_4\\&+\cdots\end{aligned} \tag{15–11}$$

注意, 现在传播子是 4×4 矩阵, 所以能够决定 ψ 的全部分量. 正因如此, (15–11) 式中各项的次序是重要的, 积分变元是四维空间的体积元

$$\mathrm{d}\tau = \mathrm{d}x_1\mathrm{d}x_2\mathrm{d}x_3\mathrm{d}x_4$$

可以把势 $-\mathrm{i}e\mathbb{A}(1)$ 解释为单位时间 (秒) 每立方厘米粒子在点 1 散射一次的振幅. 这样 (15–11) 式的解释完全类似于 (15–6) 式.

习题: 证明 (15–11) 式定义的 K^A 与 (15–8) 式和 (15–9) 式一致.

在非相对论情况下, 不允许粒子沿其路径逆着时间而运动. 在目前情况下, 不再有此限制. Dirac 方程负能本征值的存在和解释允许包括这种运动方式并能对其加以解释.

取 $t_4 > t_3$ 意味着存在着虚粒子对. 由 t_4 到 t_3 的一段表示正电子的运动 (参看图 15–2).

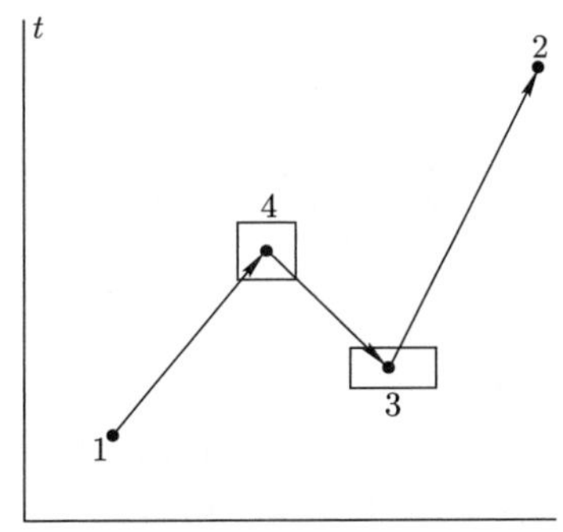

图 15–2

在静场中, 若已知体系全部状态的波函数 ϕ_n, 则 K_+^A 可定义为

$$K_+^A(2,1) = \begin{cases} \displaystyle\sum_{\text{正能}} \exp[-\mathrm{i}E_n(t_2-t_1)]\phi_n(\boldsymbol{x}_2)\tilde{\phi}_n(\boldsymbol{x}_1) & (t_2 > t_1\ \text{时}) \\ \displaystyle -\sum_{\text{负能}} \exp[-\mathrm{i}E_n(t_2-t_1)]\phi_n(\boldsymbol{x}_2)\tilde{\phi}_n(\boldsymbol{x}_1) & (t_2 < t_1\ \text{时}) \end{cases} \tag{15–12}$$

式 (15–9) 的另一解是

$$K_0^A(2,1) = \begin{cases} \displaystyle\sum_{\text{正能}} \exp[-\mathrm{i}E_n(t_2-t_1)]\phi_n(\boldsymbol{x}_2)\tilde{\phi}_n(\boldsymbol{x}_1) \\ \displaystyle +\sum_{\text{负能}} \exp[-\mathrm{i}E_n(t_2-t_1)]\phi_n(\boldsymbol{x}_2)\tilde{\phi}_n(x_1) \\ \qquad\qquad\qquad\qquad (t_2 > t_1) \\ 0 \qquad\qquad\qquad\qquad (t_2 < t_1) \end{cases} \tag{15–13}$$

式 (15–12) 的解释与负能态的正电子解释相一致. 这样当时间进程是“正向” ($t_2 > t_1$) 时, 存在的是电子, 且仅正能态有贡献. 当时间进程“反向”时 ($t_2 < t_1$), 出现正电子, 且仅负能态有贡献. 另一方面, (15–13) 式却没有如此满意的解释, 尽管式 (15–13) 定义的传播子 K_0^A 也是 (15–9) 的一个符合要求的数学解 (见下面的证明), 式 (15–13) 的解释要求有负能态电子的概念.

为证明两个传播子都是同一非齐次方程的解, 注意它们的差是 (对所有 t_2)

$$\sum_{\text{负能}} \exp(\mathrm{i}E_n t_1) \exp(-\mathrm{i}E_n t_2) \phi_n(\boldsymbol{x}_2) \tilde{\phi}_n(\boldsymbol{x}_1)$$

这里每一项都是齐次方程 (即 (15–9) 式右边为零) 的解. 存在两种解的可能性来源于边界条件还没有明确限定. 以后, 我们将总是用 K_+^A.

用由 (15–2) 定义的传播子可以处理本讲开始时所列出的情况 III (对湮没) 和情况 IV (对产生). 在每一种情况中, 势 $-\mathrm{i}e\not{A}(3)$ 在正电子与电子路径的交点起作用.

第　16　讲

传播子 $K_+(2,1)$ 的应用

在非相对论性理论中, 可以借助于非相对论传播子 $K_0(\boldsymbol{x}_2, t_2; \boldsymbol{x}_1, t_1)$, 由前些时刻 t_1 的波函数知识来计算处于点 $\boldsymbol{x}_2$ 和时刻 t_2 的波函数 (参看图 16–1).

$$\psi(\boldsymbol{x}_2, t_2) = \int K_0(\boldsymbol{x}_2, t_2; \boldsymbol{x}_1, t_1) \psi_1(\boldsymbol{x}_1, t_1) \mathrm{d}^3 x_1$$

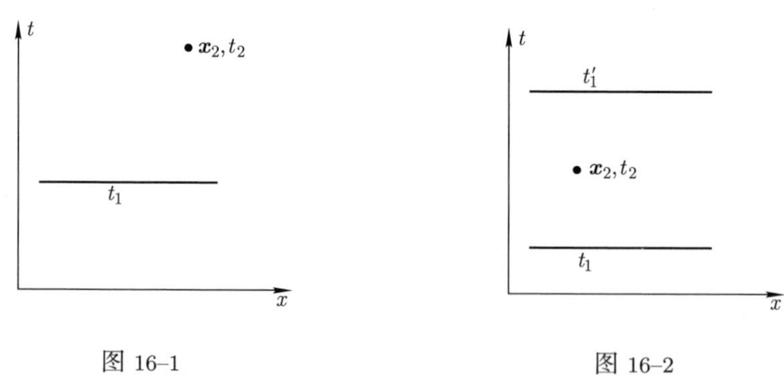

图 16–1　　图 16–2

可能会料想到相对论推广或许为

$$\psi(\boldsymbol{x}_2, t_2) = \int K_+(\boldsymbol{x}_2, t_2; \boldsymbol{x}_1, t_1) \gamma_t \psi(\boldsymbol{x}_1, t_1) \mathrm{d}^3 x_1$$

然而, 这种写法是不正确的. 在相对论情况, 仅知道早些时候的波函数是不够的. 这是因为当 $t_2 < t_1$ 时 $K_+(2,1)$ 不等于零, 当传播子以第 15 讲叙述的方式定义时, 在 x_2, t_2 处的波函数 (参看图 16–2) 由下式给出:

$$\psi(\boldsymbol{x}_2, t_2) = \int K_+(\boldsymbol{x}_2, t_2; \boldsymbol{x}_1, t_1)\gamma_t \psi(\boldsymbol{x}_1, t_1)\mathrm{d}^3 x_1 - \int K_+(\boldsymbol{x}_2, t_2; \boldsymbol{x}_1, t_1')\gamma_t \psi(\boldsymbol{x}_1, t_1')\mathrm{d}^3 x_1 \quad t_1 < t_2 < t_1' \tag{16–1}$$

头一项来自早些时候的正能态的贡献, 而第二项来自迟些时候的负能态的贡献. 这个表达式可以推广为: 有必要知道围绕着点 $\boldsymbol{x}_2, t_2$ 的四维面上的 $\psi(\boldsymbol{x}_1, t_1)$ (参看图 16–3).

$$\psi(\boldsymbol{x}_2, t_2) = \int K_+(2,1)\not{N}(1)\psi(1)\mathrm{d}^4 x_1 \tag{16–2}$$

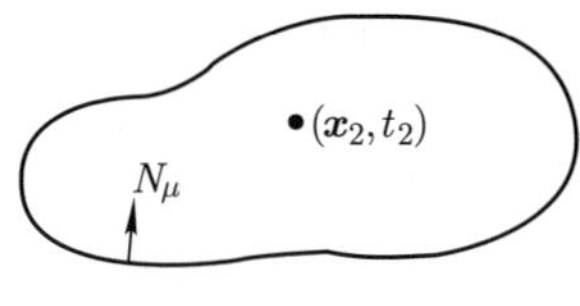

图 16–3

式中 N_μ 是垂直于包围着 $\boldsymbol{x}_2, t_2$ 的表面的四矢.

跃迁概率

在势 $\not{A}$ 作用下由一个态 f 跑到另一个态 g 的振幅, 类似于非相对论理论的情况, 由下式给出:

$$a_{21} = \iint \tilde{g}(2)\beta K_+^A(2,1)\beta f(1)\mathrm{d}^3\boldsymbol{x}_1\mathrm{d}^3\boldsymbol{x}_2 \tag{16–3}$$

应用 $K_+^A(2,1)$ 关于 $K_+(2,1)$ 的展开式 (15–11), 并假设自由粒子从态 f 到态 g 的跃迁振幅为零 (f 和 g 是正交态), 则一级跃迁幅 (Born) 近似为

$$a_{21} = -\mathrm{i}\int \tilde{g}(2)\beta \int K_+(2,3)e\not{A}(3)K_+(3,1)\beta f(1)\mathrm{d}\tau_3\mathrm{d}^3\boldsymbol{x}_1\mathrm{d}^3\boldsymbol{x}_2$$

引入下面两个函数是方便的:

$$f(3) = \int K_+(3,1)\beta f(1)\mathrm{d}^3 x_1$$

$$\tilde{g}(3) = \int \tilde{g}(2)\beta K_+(2,3)\mathrm{d}^3 x_2$$

这些式子说明, 粒子只在散射前为自由粒子波函数 f, 散射后则为自由粒子波函数 g. 这排除了任何把它当作自由粒子运动的计算. 一级跃迁振幅可以写为

$$-\mathrm{i}\int \tilde{g}(3)e\not{A}(3)f(3)\mathrm{d}\tau_3 \tag{16–4}$$

($\mathrm{d}\tau_3$ 标记着遍及时间和空间的积分). 二阶项可写为

$$-(1/2)\iint \tilde{g}(4)e\not{A}(4)K_+(4,3)e\not{A}(3)f(3)\mathrm{d}\tau_3\mathrm{d}\tau_4$$

如果 $f(3)$ 是负能态, 则它表示一个将来的正电子, 而不是过去的电子. 这个振幅描述的过程是对产生.

Coulomb 势对电子的散射

我们将用刚才的理论去计算一个电荷为 Ze 的无限重核对电子的散射. 假设入射电子的动量在 x 方向, 而散射电子的动量在 xy 平面内 (参看图 16–4).

$$\not{p}_1 = \gamma_t E_1 - \gamma_x p_{1x}$$

$$\not{p}_2 = \gamma_t E_2 - \gamma_x p_{2x} - \gamma_y p_{2y}$$

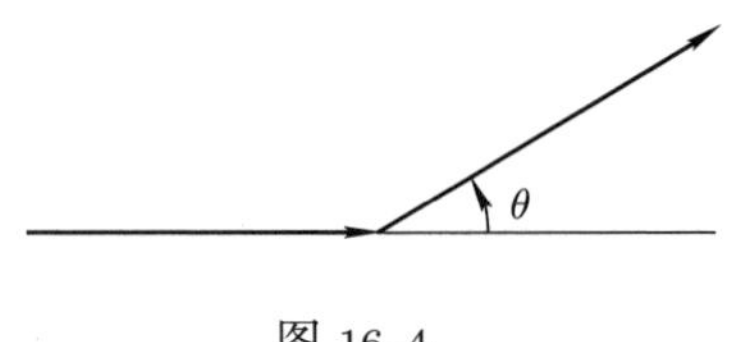

图 16–4

静电荷 Ze 的势是

$$\phi = \frac{Ze}{r}, \quad \boldsymbol{A} = 0, \quad \not{A} = \gamma_t\left(\frac{Ze}{r}\right)$$

初末态波函数都是平面波:

$$f(1) = u_1\mathrm{e}^{-\mathrm{i}\boldsymbol{p}_1\cdot\boldsymbol{x}} g(2) = u_2\mathrm{e}^{-\mathrm{i}\boldsymbol{p}_2\cdot\boldsymbol{x}} \quad \text{(四分量波函数)}$$

这样由式 (16–4), 从态 f 到态 g (动量 p_1 到动量 p_2) 的一级跃迁振幅是

$$M = -\mathrm{i}\int \tilde{u}_2\mathrm{e}^{\mathrm{i}\boldsymbol{p}_2\cdot\boldsymbol{x}}\frac{Ze^2}{r}\gamma_t u_1\mathrm{e}^{-\mathrm{i}\boldsymbol{p}_1\cdot\boldsymbol{x}}\mathrm{d}^3\boldsymbol{x}\mathrm{d}t$$

将波函数的与时间有关的部分及与空间有关的部分分开, 得

$$M = -\mathrm{i}(\tilde{u}_2\gamma_t u_1)\left(\int \mathrm{e}^{-\mathrm{i}\boldsymbol{p}_1\cdot\boldsymbol{x}}\frac{Ze^2}{r}\mathrm{e}^{\mathrm{i}\boldsymbol{p}_1\cdot\boldsymbol{x}}\mathrm{d}^3\boldsymbol{x}\right)\cdot\left(\int_0^T \mathrm{e}^{\mathrm{i}E_2t}\mathrm{e}^{-\mathrm{i}E_1t}\mathrm{d}t\right)$$

第一个积分恰是势的三维 Fourier 变换 $V(\boldsymbol{Q})$, 它在非相对论散射理论中已作过计算:

$$M = -\mathrm{i}(\tilde{u}_2\gamma_t u_1)V(Q)\left\{\frac{\exp[\mathrm{i}(E_2 - E_1)T] - 1}{\mathrm{i}(E_2 - E_1)}\right\} \tag{16–5}$$

$$V(Q) = \frac{4\pi Ze^2}{Q^2} \quad \boldsymbol{Q} = \boldsymbol{p}_1 - \boldsymbol{p}_2$$

下式给出每秒跃迁概率

$$\frac{\text{跃迁概率}}{\text{秒}} = 2\pi\left(\prod N\right)^{-1}|M|^2 \times (\text{末态密度}) \tag{16–6}$$

这是时间有关的微扰理论的结果, 只是有一个新的归一化因子 $(\prod N)^{-1}$, 这是因为波函数不是归一化为每单位体积内概率为 1. $\prod N$ 是每个波函数的因子 N 的乘积, 即初态粒子和每个末态波函数的 N 的乘积. 对于所讨论的每个粒子

$$N = (\tilde{u}\gamma_t u) \tag{16–7}$$

按我们的归一化有 $N = 2E$.

这个因子出现的原因是波函数归一化为

$$(\tilde{u}u) = 2m \quad \text{或} \quad (\tilde{u}\gamma_t u) = 2E$$

正像计算跃迁概率时一样, 它们应按传统的非相对论方式 $\psi^*\psi = 1$ 或 $(\tilde{u}\gamma_t u) = 1$ $(N = 1)$ 归一化.

以这种方式计算的矩阵元 M 是相对论不变的, 今后主要注意力集中在求 M. 知道了 M, 便可以由式 (16–6) 计算跃迁概率.

态密度, 截面. 对于所考虑的电子散射问题,

$$M = -\mathrm{i}(\tilde{u}_2\gamma_t u_1)\left(4\pi\frac{Ze^2}{Q^2}\right)$$

所以跃迁概率是

$$\frac{\text{跃迁概率}}{\text{秒}} = \frac{2\pi}{(2E_1)(2E_2)}|(\tilde{u}_2\gamma_t u_1)|^2\left|\frac{4\pi Ze^2}{Q^2}\right|\frac{E_2 p_2 \mathrm{d}\Omega}{(2\pi)^3} \tag{16–8}$$

式中末态密度已经得到如下:

$$\text{态密度} = \frac{\mathrm{d}^3\boldsymbol{p}_2}{(2\pi)^3\mathrm{d}E_2} = \frac{p_2^2\mathrm{d}p_2\mathrm{d}\Omega}{(2\pi)^3\mathrm{d}E_2} \quad (\hbar = 1)$$

但是 $E_2^2 = p_2^2 + m^2$, 所以 $\mathrm{d}p_2/\mathrm{d}E_2 = E_2/p_2$,

$$\text{态密度} = \frac{E_2 p_2 \mathrm{d}\Omega}{(2\pi)^3}$$

当入射平面波归一化为每立方厘米一个粒子时, 由每秒跃迁概率给出截面[1)]

$$\frac{\text{跃迁概率}}{\text{秒}}=\sigma v_1=\sigma\frac{p_1}{E_1}$$

或

$$\sigma=\frac{E_1}{p_1}\left(\frac{\text{跃迁概率}}{\text{秒}}\right)$$

散射过程的相对论处理与非相对论处理的本质区别在于矩阵元 $(\tilde{u}_2\gamma_t u_1)$, 由表 13–1, 对于在 xy 平面内运动而 $s_1=1,s_2=1$ 的粒子, 有

$$|(\tilde{u}_2\gamma_t u_1)|^2=\frac{1}{F_1F_2}|F_2F_1+p_{1+}p_{2-}|^2$$

式中

$$F_1=F_2=E+m$$

(能量守恒 $E_1=E_2$ 是从式 (16–5) 中对时间积分得到的), 以及

$$\begin{aligned}p_{1+}&=p\\p_{2-}&=p\mathrm{e}^{-\mathrm{i}\theta}\end{aligned}$$

由 $E_1=E_2$ 得到末态动量的大小等于初态动量的大小). 这样

$$\begin{aligned}|(\tilde{u}_2\gamma_t u_1)|^2&=(E+m)^{-2}|(E+m)^2+p^2\mathrm{e}^{-\mathrm{i}\theta}|^2\\&=(E+m)^{-2}\left[4E^2(E+m)^2\left(1-\frac{p^2}{E^2}\sin^2\frac{\theta}{2}\right)\right]\\&=(2E)^2\left(1-v^2\sin^2\frac{\theta}{2}\right)\end{aligned}$$

当 $s_1=1,s_2=-1$ 或 $s_1=-1,s_2=1$ 时, γ_t 的矩阵元是零. 当 $s_1=-1,s_2=-1$ 时, 矩阵元的绝对值与 $s_1=1,s_2=1$ 时一样. 这样在散射中自旋不变 (在 Born 近似下), 并且截面与自旋无关,

$$\sigma=\left(\frac{4Z^2e^4E^2}{Q^4}\right)\mathrm{d}\Omega\left[1-v^2\sin^2\frac{\theta}{2}\right]\quad Q=2p\sin\frac{\theta}{2}$$

使用 Born 近似的前提是 $\dfrac{Ze^2}{\hbar v}\ll 1$. 在极端相对论极限 $v\approx c$ 时, 它变成 $Z\ll 137$. 正如非相对论情况一样, 实际上, 可以精确地计算 Coulomb 势散射 (正确到势的所有级). Dirac 方程的精确解包含超几何函数. 它首先由 Mott 算

---

1) $p_1=\dfrac{mv_1}{\sqrt{1-v_1^2}}\to p_1^2=\dfrac{m^2v_1^2}{1-v_1^2}\to p_1^2=(m^2+p_1^2)v_1^2=E_1^2v_1^2$, 因此 $v_1=\dfrac{p_1}{E_1}$

出, 称之为 Mott 散射. 对于中等能量 (200 keV), 有一定的概率改变自旋. 可以用这种方式产生极化电子.

习题: (1) 对于 Klein–Gordon 方程 (自旋为零的粒子) 计算 Rutherford 散射定律. 结果: 与刚给出公式一样, 只不过把 $1-v^2\sin^2\dfrac{\theta}{2}$ 换成 1.

(2) 证明这个散射公式对正电子也适用 (在计算矩阵元时用正电子态).

第 17 讲

自由粒子传播子的计算

正如前讲所述, 当没有微扰势且系统 Hamilton 量不随时间变化时, 传播子是

$$K_+(2,1)=\begin{cases}\displaystyle\sum_{+n}\phi_n(\boldsymbol{x}_2)\tilde{\phi}_n(\boldsymbol{x}_1)\exp[-\mathrm{i}E_n(t_2-t_1)] & (t_2>t_1)\\ \displaystyle-\sum_{-n}\phi_n(\boldsymbol{x}_2)\tilde{\phi}_n(\boldsymbol{x}_1)\exp[-\mathrm{i}E_n(t_2-t_1)] & (t_2<t_1)\end{cases}$$

对于自由粒子, 本征函数 ϕ_n 是

$$u_p\exp(\mathrm{i}\boldsymbol{p}\cdot\boldsymbol{x})$$

且对 n 的求和变成对 $\boldsymbol{p}$ 积分. $u_{\boldsymbol{p}}$ 是旋量, 它相应于动量为 $\boldsymbol{p}$, 能量或正或负, 以及 (选择适当时) 自旋向上或向下. 于是对于 $E_{\boldsymbol{p}}=+(\boldsymbol{p}^2+m^2)^{1/2}$ 和 $t_2>t_1$, 自由粒子的传播子是

$$K_+(2,1)=\sum_{\text{自旋}}\int\frac{\mathrm{d}^3p}{(2\pi)^3}\frac{1}{2E_{\boldsymbol{p}}}u_{\boldsymbol{p}}\tilde{u}_{\boldsymbol{p}}\exp[\mathrm{i}\boldsymbol{p}\cdot(\boldsymbol{x}_2-\boldsymbol{x}_1)]\cdot\exp[-\mathrm{i}E_{\boldsymbol{p}}(t_2-t_1)]$$

因子 $\dfrac{1}{(2\pi)^3}$ 是每立方厘米中, 动量空间每单位体积内的态密度. 因子 $\dfrac{1}{2E_{\boldsymbol{p}}}$ 来源于此处所用的归一化 $\tilde{u}u=2m$ 或 $\tilde{u}\gamma_t u=2E_{\boldsymbol{p}}$. 此处 $u_{\boldsymbol{p}}$ 是正能旋量. 对于负能 $E_{\boldsymbol{p}}=-\sqrt{\boldsymbol{p}^2+m^2}$, $u_{\boldsymbol{p}}$ 相应地变化, 且当 $t_2<t_1$ 时 $K_+(2,1)$ 变成

$$K_+(2,1)=-\sum_{\text{自旋}}\int\frac{\mathrm{d}^3\boldsymbol{p}}{(2\pi)^3}\frac{1}{2E_{\boldsymbol{p}}}u_{\boldsymbol{p}}\tilde{u}_{\boldsymbol{p}}\exp[\mathrm{i}\boldsymbol{p}\cdot(\boldsymbol{x}_2-\boldsymbol{x}_1)]\cdot\exp[-\mathrm{i}E_{\boldsymbol{p}}(t_2-t_1)]$$

先对 $t_2>t_1$ 的情况进行计算. 先算正能, $\boldsymbol{p}$ 在 xy 平面且自旋向上时的

$u_{\boldsymbol{p}}\tilde{u}_{\boldsymbol{p}}$. 在这些条件下

$$u_{\boldsymbol{p}} = \begin{pmatrix} E+m \\ 0 \\ 0 \\ p_x + \mathrm{i}p_y \end{pmatrix} \frac{1}{\sqrt{E+m}}$$

$$\tilde{u}_{\boldsymbol{p}} = \begin{pmatrix} E+m & 0 & 0 & -p_x + \mathrm{i}p_y \end{pmatrix} \frac{1}{\sqrt{E+m}}$$

注意 $u_{\boldsymbol{p}}\tilde{u}_{\boldsymbol{p}}$ 与经常碰到的次序相反, 所以这个乘积是矩阵, 而不是标量. 用通常矩阵乘法得

$$u_{\boldsymbol{p}}\tilde{u}_{\boldsymbol{p}} = \frac{1}{(E+m)} \begin{pmatrix} (E+m)^2 & 0 & 0 & (E+m)(-p_x+\mathrm{i}p_y) \\ 0 & 0 & 0 & 0 \\ 0 & 0 & 0 & 0 \\ (E+m)(p_x+\mathrm{i}p_y) & 0 & 0 & (p_x+\mathrm{i}p_y)(-p_x+\mathrm{i}p_y) \end{pmatrix}$$

又

$$(p_x+\mathrm{i}p_y)(-p_x+\mathrm{i}p_y) = -\boldsymbol{p}^2 = -E^2 + m^2$$

故此矩阵变成

$$u_{\boldsymbol{p}}\tilde{u}_{\boldsymbol{p}} = \begin{pmatrix} E+m & 0 & 0 & -p_x+\mathrm{i}p_y \\ 0 & 0 & 0 & 0 \\ 0 & 0 & 0 & 0 \\ p_x+\mathrm{i}p_y & 0 & 0 & -E+m \end{pmatrix} \quad (\text{自旋向上})$$

用同样过程, 自旋向下情况的结果是

$$u_{\boldsymbol{p}} = \begin{pmatrix} 0 \\ E+m \\ p_x - \mathrm{i}p_y \\ 0 \end{pmatrix} \frac{1}{\sqrt{E+m}}$$

$$\tilde{u}_{\boldsymbol{p}} = \begin{pmatrix} 0 & E-m & -p_x - \mathrm{i}p_y & 0 \end{pmatrix} \frac{1}{\sqrt{E+m}}$$

$$u_{\boldsymbol{p}}\tilde{u}_{\boldsymbol{p}} = \begin{pmatrix} 0 & 0 & 0 & 0 \\ 0 & E+m & -p_x-\mathrm{i}p_y & 0 \\ 0 & p_x-\mathrm{i}p_y & -E+m & 0 \\ 0 & 0 & 0 & 0 \end{pmatrix} \quad (\text{自旋向下})$$

容易证明, 这两个自旋向上和自旋向下的矩阵的和可表示为

$$E\gamma_t - p_x\gamma_x - p_y\gamma_y + m$$

在 $\boldsymbol{p}$ 是任意方向的一般情况下, 很清楚, 唯一的变化是增加一项 $-p_z\gamma_z$. 所以一般情况为

$$(u_{\boldsymbol{p}}\tilde{u}_{\boldsymbol{p}})_{\text{自旋向上}} + (u_{\boldsymbol{p}}\tilde{u}_{\boldsymbol{p}})_{\text{自旋向下}} = E\gamma_t - \boldsymbol{p}\cdot\boldsymbol{\gamma} + m = \not{p} + m$$

在得到这个结果过程中, 没有用到能量的符号, 因此对能量的两种符号都适用.

现在令 $t_2 - t_1 = t, \boldsymbol{x}_2 - \boldsymbol{x}_1 = \boldsymbol{x}$, 当 $t > 0$, 传播子变成

$$K_+(2,1) = \int (E_p\gamma_t - \boldsymbol{p}\cdot\boldsymbol{\gamma} + m)\frac{\mathrm{d}^3\boldsymbol{p}}{(2\pi)^3}\frac{1}{2E_{\boldsymbol{p}}}\cdot\exp[-\mathrm{i}(E_{\boldsymbol{p}}t - \boldsymbol{p}\cdot\boldsymbol{x})]$$

$\boldsymbol{p}$ 以 $E_{\boldsymbol{p}} = (\boldsymbol{p}^2 + m^2)^{1/2}$ 的形式出现在指数函数的时间部分中, 使得此式难以积分. 注意, 它也可写成

$$\begin{aligned} K_+(2,1) &= \left(\mathrm{i}\gamma_t\frac{\partial}{\partial t} + \mathrm{i}\gamma_x\frac{\partial}{\partial x} + \mathrm{i}\gamma_y\frac{\partial}{\partial y} + \mathrm{i}\gamma_z\frac{\partial}{\partial z} + m\right) \\ &\quad\cdot\int\frac{\mathrm{d}^3\boldsymbol{p}}{(2\pi)^3 2E_p}\exp[-\mathrm{i}(E_pt - \boldsymbol{p}\cdot\boldsymbol{x})] \\ &= \mathrm{i}(\mathrm{i}\,\not{\nabla} + m)I_+(\boldsymbol{x}, t) \end{aligned}$$

式中

$$I_+(t,\boldsymbol{x}) = -\mathrm{i}\int\frac{\mathrm{d}^3\boldsymbol{p}}{(2\pi)^3 2E_p}\exp[-\mathrm{i}(E_{\boldsymbol{p}}t - \boldsymbol{p}\cdot\boldsymbol{x})]$$

在这种形式中只需计算一个而不是四个积分. 作为练习可以证明, 对于 $t < 0$, 除了 t 的符号改变外, 结果相同. 所以在 $I_+(t,\boldsymbol{x})$ 的公式中, 在 t 的位置换上 $|t|$, 便使得它对所有 t 都适用了.

这个积分已经算出来了, 结果为

$$I_+(t,\boldsymbol{x}) = -(4\pi)^{-1}\delta(s^2) + \left(\frac{m}{8\pi s}\right)H_1^{(2)}(ms)$$

式中 $s = (t^2 - \boldsymbol{x}^2)^{1/2}(t > |\boldsymbol{x}|)$ 或 $-\mathrm{i}(\boldsymbol{x}^2 - t^2)^{1/2}(t < |\boldsymbol{x}|), \delta(s^2)$ 是 δ 函数, 而 $H_1^{(2)}(ms)$ 是 Hankel 函数[1]. 上述积分的另一表达式是

$$I_+(t,\boldsymbol{x}) = -\frac{1}{8\pi^2}\int_0^\infty \mathrm{d}\alpha\exp\left\{-\left(\frac{\mathrm{i}}{2}\right)\left[\frac{m^2}{\alpha} + \alpha(t^2 - \boldsymbol{x}^2)\right]\right\}$$

对多数实际应用来说, 这两种形式都太复杂了. 不久我们将证明, 变换到动量表象会极大地简化结果.

1) 参看 *Phys. Rev.*, **76**, 749 (1949) (本书附录).

注意, $I_+(t,\boldsymbol{x})$ 实际上只依赖 $|\boldsymbol{x}|$, 而不依赖它的方向. 在时空图 (图 17–1) 中, 空间轴表示为 $|\boldsymbol{x}|$, 对角线代表包括 t 轴在内的光锥的表面. 光锥也就是在一般意义上 $t-|x|$ 空间内允许进去的区域. 可以证明, 对于大的 $s, I_+(t,\boldsymbol{x})$ 的渐近形式正比于 $\mathrm{e}^{-\mathrm{i}ms}$. 当能进入的区域限制在光锥内时, 大 s 时意味着 $t^2 \gg |\boldsymbol{x}|^2$, 于是渐近近似区域大致是在绕 t 轴的虚线锥内, 并且是

$$I_+(t,\boldsymbol{x}) \to \mathrm{e}^{-\mathrm{i}ms} \approx \exp\left[-\mathrm{i}m\left(t-\frac{\boldsymbol{x}^2}{2t}\right)\right] \approx \mathrm{e}^{-\mathrm{i}mt}$$

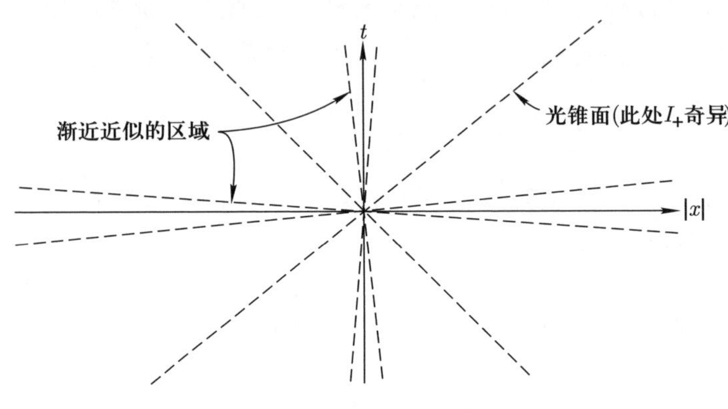

图 17–1

第一种形式本质上与非相对论理论中所用的自由粒子传播子相同. 按照新的理论, 如果可能的 "轨道" 不是限制在光锥内则包括在这个渐近近似内的另一区域是沿 $|\boldsymbol{x}|$ 轴的虚线锥内部, 在那儿大 s 意味着 $|\boldsymbol{x}|^2 \gg t^2$. 因此

$$I_+(\boldsymbol{x},t) \to \mathrm{e}^{-\mathrm{i}ms} = \exp[-m(x^2-t^2)^{1/2}] \approx \mathrm{e}^{-m|x|}$$

可以看出, 沿着 $|\boldsymbol{x}|$ 此式变成小量的距离, 大约是 Compton 波长 $\Big($以前曾约定, 若 m 像这儿这样表示长度$^{-1}$, 则应乘以系数 $\dfrac{c}{\hbar}$.$\Big)$ 所以实际上光锥外面没有多少 $t-|\boldsymbol{x}|$ 空间是可以进入的.

现在变换到动量表象. 使用积分公式

$$\lim_{\epsilon\to 0}\int_{-\infty}^{\infty} \mathrm{d}p_4 \frac{\exp(-\mathrm{i}p_4 t)}{p_4^2-E_p^2+\mathrm{i}\epsilon} = -\frac{\pi\mathrm{i}}{E_p}\exp(-\mathrm{i}E_p|t|)$$

来作变换. 分母中加进 $\mathrm{i}\epsilon$ 项, 只是为了确保积分路径经过 $p_4^2=E_p^2$ 奇点的正确一边. 若经过错误的一边, 则会使右边指数变号.

习题: 用围道积分或其他方法计算上面的积分.

应用上述积分关系式, $I_+(t,\boldsymbol{x})$ 变为

$$I_+(t,\boldsymbol{x}) = \int \frac{\mathrm{d}^3\boldsymbol{p}}{(2\pi)^4}\mathrm{d}p_4 \frac{\exp(-\mathrm{i}p_4 t)\exp(\mathrm{i}\boldsymbol{p}\cdot\boldsymbol{x})}{\boldsymbol{p}_4^2-E_p^2+\mathrm{i}\epsilon}$$

但 $E_p^2 = \boldsymbol{p}^2 + m^2$, 故

$$I_+(t,\boldsymbol{x}) = \int \frac{\mathrm{d}^4 p}{(2\pi)^4} \frac{\exp[-\mathrm{i}(p\cdot x)]}{p^2 - m^2 + \mathrm{i}\epsilon}$$

现在, 式中 p 是四矢, 所以 $\mathrm{d}^4 p = \mathrm{d}p_4 \mathrm{d}p_1 \mathrm{d}p_2 \mathrm{d}p_3, p^2 = p_\mu p_\mu$. 以后将略去 $\mathrm{i}\epsilon$ 项. 直接设想 m 有一个无穷小的负虚部可以包括此项的作用. 这种形式容易变换到动量表象 (我们实际上是取时空的 Fourier 变换, 故结果就是动量–能量表象):

$$\begin{aligned} I_+(p) &= \int I_+(t,\boldsymbol{x}) \exp[\mathrm{i}(p\cdot x)]\mathrm{d}^4 x \\ &= \int \frac{\mathrm{d}^4\xi \mathrm{d}^4 x}{(2\pi)^4} \frac{\exp[-\mathrm{i}(\xi - p)\cdot x]}{\xi^2 - m^2} \end{aligned}$$

式中已经在 p 的积分中用中间变量 ξ 代替了 p, 而

$$\int_{-\infty}^{\infty} \exp[-\mathrm{i}(\xi - p)\cdot x]\mathrm{d}^4 x = (2\pi)^4 \delta(\xi - p)$$

因此, ξ 积分给出结果

$$I_+(p) = \frac{1}{p^2 - m^2}$$

最后把算符 $\mathrm{i}(\mathrm{i}\,\nabla\!\!\!/ + m)$ 作用于 $I_+(t,\boldsymbol{x})$ 给出传播子 (这儿 $\boldsymbol{x} = \boldsymbol{x}_2 - \boldsymbol{x}_1$)

$$\begin{aligned} K_+(2,1) = \mathrm{i}\,(\mathrm{i}\,\nabla\!\!\!/ + m) I_+(t,\boldsymbol{x}) = \mathrm{i}\int \frac{\mathrm{d}^4 p}{(2\pi)^4}(\mathrm{i}\,\nabla\!\!\!/ + m) \\ \cdot \frac{\mathrm{e}^{-\mathrm{i}p\cdot x}}{p^2 - m^2} = \mathrm{i}\int \frac{\mathrm{d}^4 p}{(2\pi)^4} \frac{p\!\!\!/ + m}{p^2 - m^2} \mathrm{e}^{-\mathrm{i}p\cdot x} \end{aligned}$$

其中已用到, $\mathrm{i}\,\nabla\!\!\!/$ 作用于 $\exp[-\mathrm{i}(p\cdot x)]$ 相当于乘以 $p\!\!\!/$. 由恒等式:

$$\frac{1}{p\!\!\!/ - m} = \frac{1}{p\!\!\!/ - m}\frac{p\!\!\!/ + m}{p\!\!\!/ + m} = \frac{p\!\!\!/ + m}{p\!\!\!/^2 - m^2}$$

还可将传播子写为

$$K_+(2,1) = \mathrm{i}\int \frac{\mathrm{d}^4 p}{(2\pi)^4} \frac{\exp[-\mathrm{i}(p\cdot x)]}{p\!\!\!/ - m}$$

经过对 $I_+(t,x)$ 所用的同样的过程, 将 $K_+(2,1)$ 变换到动量表象:

$$K(p) = \int K_+(2,1) \exp[+\mathrm{i}(p\cdot x)]\mathrm{d}^4 x = \frac{\mathrm{i}}{p\!\!\!/ - m}$$

这就是要求的结果.

实际上这个变换可以用更漂亮的方式完成. 这是由于 $K(2,1)$ 是 $(\mathrm{i}\,\nabla\!\!\!/ - m)$ 的 Green 函数, 即

$$(\mathrm{i}\,\nabla\!\!\!/ - m)K(2,1) = \mathrm{i}\delta(2,1) \tag{17–1}$$

又已知道 i $\nabla\!\!\!/$ 的动量表象是 $p\!\!\!/, \delta(2,1)$ 的动量表象是 1. 所以这个方程变换后的形式可以直接写为

$$(p\!\!\!/ - m)K(p) = \mathrm{i}$$

或

$$K(p) = \frac{\mathrm{i}}{p\!\!\!/ - m} \tag{17–2}$$

所得结果同前面一样.

$K(2,1)$ 的方程 (17–1) 的解不止一个, 若 $p^2 = m^2$, 则式 (17–2) 中的 $(p\!\!\!/ - m)^{-1}$ 是奇异的, 这也反映了此点. 我们必须说明如何处理积分中由此而引起的极点. 选取我们所要的特殊形式的规则是设想 m 有一个无限小的负虚部.

第 18 讲

动量表象

因为自由粒子的传播子在动量表象中的表示非常简单

$$K(p) = \frac{\mathrm{i}}{p\!\!\!/ - m}$$

因此把所有的公式变换到动量表象是方便的. 对于包含快速运动的自由粒子的问题，它尤为有效. 这就要作四维 Fourier 变换. 为了将势变换到动量表象, 定义

$$A\!\!\!/(q) = \int A\!\!\!/(x)\exp(\mathrm{i}q\cdot x)\mathrm{d}^4x \tag{18–1}$$

则逆变换是

$$A\!\!\!/(x) = \frac{1}{(2\pi)^4}\int A\!\!\!/(q)\exp(-\mathrm{i}q\cdot x)\mathrm{d}^4q \tag{18–2}$$

函数 $A(q)$ 解释为势包含动量 (q) 的振幅. 例如, 考虑 Coulomb 势, $\boldsymbol{A} = 0, \varphi = \frac{Ze}{r}$. 代入式 (18–1)

$$A(q) = \frac{4\pi Ze}{\boldsymbol{Q}\cdot\boldsymbol{Q}}\delta(q_4)\gamma_t$$

这儿, 矢量 $\boldsymbol{Q}$ 是动量的空间部分, δ 函数 $\delta(q_4)$ 来自 $A\!\!\!/(x)$ 与时间有关的部分.

矩阵元. 动量表象的优越性在于简化了矩阵元的计算. 在坐标表象中, 一级微扰矩阵元由下面的积分给出:

$$M = -\mathrm{i}\int \tilde{g}(2)eA\!\!\!/(2)f(2)\mathrm{d}\tau_2$$

对自由粒子它变成

$$M = -\mathrm{i}\int \tilde{u}_2 \exp(\mathrm{i}p_2 \cdot x_2) e\not{A}(2) u_1 \exp(-\mathrm{i}p_1 \cdot x_2)\mathrm{d}\tau_2 \tag{18–3}$$

在动量表象中, 此式简化为

$$M = -\mathrm{i}(\tilde{u}_2 e\not{A}(q) u_1) \tag{18–3$'$}$$

式中 $\not{q}$ 的定义类似于三维矢量 $\boldsymbol{q}$,

$$\not{q} = \not{p}_2 - \not{p}_1$$

在坐标表象中二级矩阵元由下式给出:

$$-\iint \tilde{g}(2) e\not{A}(2) K_+(2,1) e\not{A}(1) f(1)\mathrm{d}\tau_1\mathrm{d}\tau_2$$

代入自由粒子波函数, 再借助于式 (18–2) 把势函数表示为其 Fourier 变换, 上式变成

$$\begin{aligned}&-\iiiint \tilde{u}_2 \mathrm{e}^{\mathrm{i}p_2\cdot x_2} e\not{A}(q_2)\mathrm{e}^{-\mathrm{i}q_2\cdot x_2} K_+(2,1) e\not{A}(q_1)\\ &\cdot \mathrm{e}^{-\mathrm{i}q_1\cdot x_1} u_1 \mathrm{e}^{-\mathrm{i}p_1\cdot x_1}\mathrm{d}\tau_1\mathrm{d}\tau_2 \frac{\mathrm{d}^4 q_1}{(2\pi)^4}\frac{\mathrm{d}^4 q_2}{(2\pi)^4}\end{aligned} \tag{18–4}$$

对于 $K_+(2,1)$, 如果用式 (17–2), 则可把传播子写为

$$K_+(2,1) = \int \frac{\mathrm{i}}{\not{p} - m}\exp[-\mathrm{i}p\cdot(x_2 - x_1)]\frac{\mathrm{d}^4 p}{(2\pi)^4}$$

写出与 τ_1 有关的因子, 这部分积分是

$$\int \mathrm{e}^{\mathrm{i}p\cdot x_1}\mathrm{e}^{-\mathrm{i}q_1\cdot x_1}\mathrm{e}^{-\mathrm{i}p_1\cdot x_1}\mathrm{d}\tau_1 = (2\pi)^4\delta^4(p - q_1 - p_1) \tag{18–5}$$

式中 $\delta^4(x)$ 的含义是 $\delta(t)\delta(x)\delta(y)\delta(z)$. 于是除 $p = p_1 + q_1$ 以外对 p 的积分全部为零. 这样, 对 p 积分就将式 (18–4) 化为

$$\begin{aligned}&-\iiiint \tilde{u}_2 \mathrm{e}^{\mathrm{i}p_2\cdot x_2} e\not{A}(q_2)\mathrm{e}^{-\mathrm{i}p_2\cdot x_2}\mathrm{e}^{-\mathrm{i}(p_1+q_1)\cdot x_2}\\ &\cdot \mathrm{i}(\not{p}_1 + \not{q}_1 - m)^{-1} e\not{A}(q_1) u_1 \mathrm{d}\tau_2 \frac{\mathrm{d}^4 q_1}{(2\pi)^4}\frac{\mathrm{d}^4 q_2}{(2\pi)^4}\end{aligned}$$

对 τ_2 的积分产生另一 δ 函数 [类似式 (18–5)], 它仅当

$$\not{p}_2 - \not{q}_2 = \not{p}_1 + \not{q}_1$$

时不为零. 然后对 q_2 积分最后给出

$$(-\mathrm{i})^2\mathrm{i}\int \tilde{u}_2 e\not{A}(q_2)(\not{p}+\not{q}_1-m)^{-1}e\not{A}(q_1)u_1\frac{\mathrm{d}^4q_1}{(2\pi)^4} \tag{18–6}$$

直接看相互作用图 (参看图 18–1) 也可写下这些结果. 电子在点 1 处以波函数 u_1 进入这个区域并作为具有动量 $\not{p}_1$ 的自由粒子从点 1 运动到点 3. 在点 3, 它被动量为 $\not{q}_1$ 的光子散射 [在势 $-\mathrm{i}e\not{A}(q_1)$ 的作用下]. 吸收了这个光子的动量后, 又由动量守恒, 作为动量为 $\not{p}_1+\not{q}_1$ 的自由粒子从点 3 运动到点 4. 在点 4, 它被动量为 $\not{q}_2$ 的第二个光子散射 [在势 $-\mathrm{i}e\not{A}(q_2)$ 的作用下, 吸收附加的动量 $\not{q}_2$]. 最后它自由地从点 4 运动到点 2, 波函数是 u_2, 动量是 $\not{p}_2=\not{p}_1+\not{q}_1+\not{q}_2$. 由图上也可看出, 只需对 q_1 积分. 因为当 p_1 和 p_2 给定之后, q_2 由 $\not{q}_2=\not{p}_2-\not{p}_1-\not{q}_1$ 决定. 能量守恒定律要求 $p_1^2=m^2, p_2^2=m^2$; 但是, 因为中间态是虚态, 不必要求 $(\not{p}_1+\not{q}_1)^2=m^2$. 因为算符 $(\not{p}_1+\not{q}_1-m)^{-1}$ 可写为 $(\not{p}_1+\not{q}_1+m)/[(\not{p}_1+\not{q}_1)^2-m^2]$, 所以虚态的重要程度与违反守恒定律的程度成反比.

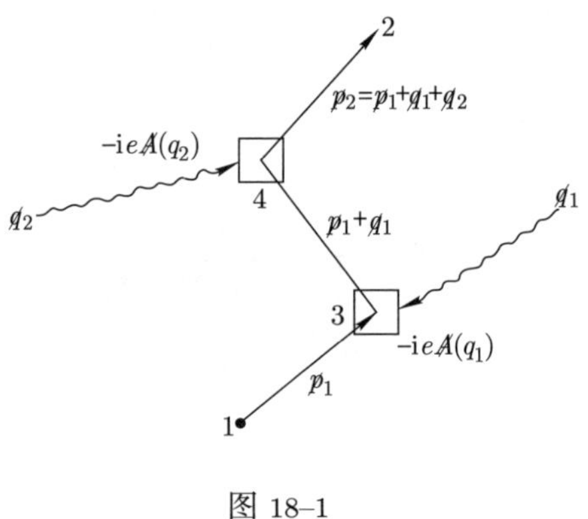

图 18–1

式 (18–3′) 和 (18–6) 所给出的结果可以归纳为下列对于计算矩阵元 $M=(\tilde{u}_2Nu_1)$ 很方便的规则[1].

1. 一个动量为 p 的虚态电子对 N 贡献振幅 $\dfrac{\mathrm{i}}{\not{p}-m}$.

2. 包含动量 q 的势对 N 贡献振幅 $-\mathrm{i}e\not{A}(q)$.

3. 对所有未定动量 q_i 积分 $\dfrac{\mathrm{d}^4q_i}{(2\pi)^4}$.

注意, 在计算积分时, 要求积分路径以一定方式通过奇异点. 因此, 在被积函数中用 $m-\mathrm{i}\epsilon$ 代替 m, 然后在解中取极限 $\epsilon\to 0$.

在相对论情况下, 在微扰级数中只需要计算少数几项. 假设快电子 (以及正电子) 只与势作用一次 (Born 近似) 常常就足够精确了.

1) 参看《跃迁概率公式中的数值因子》R. P. Feynman: "算符计算", *Phys, Rev.*, **84**, 123 (1951); 本文已将此文收集在附录中.

矩阵元确定之后, 每秒跃迁概率是

$$P = \frac{2\pi}{\prod N}|M|^2 \quad (\text{末态密度})$$

式中 $\prod N$ 是第 16 讲中所定义的归一化因子.

六、

粒子与光相互作用的相对论处理

第 19 讲

在第 2 讲中, 给出了粒子与光非相对论性相互作用所遵循的规则, 这些规则告诉我们, 用微扰论计算跃迁概率时用什么势. 如果像 18 讲中那样计算矩阵元, 则那些势也可用于相对论性理论. 对于吸收光子, 非相对性理论中用的势是

$$A_\mu = (4\pi e^2)^{1/2}(2\omega)^{-1/2} e_\mu \exp(\mathrm{i}k\cdot x) \begin{cases} k_4 = \omega \\ k\cdot k = 0 \\ \hbar = c = 1 \end{cases} \tag{19–1}$$

对于发射光子, 使用这个表达式的复数共轭, 这些势归一化为每立方厘米一个光子. 因此, 此归一化在 Lorentz 变换下不是不变的, 以后用类似于归一化电子波函数所用的方法, 在 (19–1) 式中去掉 $(2\omega)^{-1/2}$, 把光子势归一化为每立方厘米 2ω 个光子, 则

$$A_\mu = (4\pi e^2)^{1/2} e_\mu \exp(\mathrm{i}k\cdot x) \tag{19–1$'$}$$

这使得用这些势计算的任何矩阵元都是不变的. 但是为了在给定的坐标系中得到正确的跃迁概率, 必须给初末态每一个光子恢复 $(2\omega)^{-1}$ 因子, 它成为归一化因子 $\prod N$ 的一部分. 对于初末态中的每一个电子, $\prod N$ 中包含有类似的因子.

在动量表象中, 吸收 (发射) 一个极化为 e_μ 的光子的振幅是 $-\mathrm{i}(4\pi e^2)^{1/2}\ \not{e}$. 极化矢量 e_μ 是垂直于波矢的单位矢量. 因此, $e\cdot e = -1, e\cdot k = 0$.

原子辐射

每秒跃迁概率是

$$\text{跃迁概率/秒} = 2\pi\langle \mathrm{f}|H|\mathrm{i}\rangle^2 \quad (\text{末态密度})$$

式中 $\langle \mathrm{f}|H|\mathrm{i}\rangle$ 是相对论 Hamilton 量

$$H = \boldsymbol{\alpha}\cdot(-\mathrm{i}\nabla - e\boldsymbol{A}) \quad \text{S. R.}$$

在初末态之间的矩阵元, 即

$$\langle \mathrm{f}|H|\mathrm{i}\rangle = (4\pi e^2)^{1/2}\int \psi_{\mathrm{f}}^*[\boldsymbol{\alpha}\cdot\boldsymbol{e}\exp(\mathrm{i}\boldsymbol{k}\cdot\boldsymbol{x})]\psi_{\mathrm{i}}\mathrm{d}V \tag{19–2}$$

习题: 证明在非相对论极限下式 (19–2) 简化为

$$\frac{1}{2m}\int \psi_{\mathrm{f}}^*[\boldsymbol{e}\cdot\boldsymbol{p}\exp(\mathrm{i}\boldsymbol{k}\cdot\boldsymbol{x}) + \exp(\mathrm{i}\boldsymbol{k}\cdot\boldsymbol{x})\boldsymbol{p}\cdot\boldsymbol{e}$$
$$+\boldsymbol{e}\cdot(\boldsymbol{\sigma}\times\boldsymbol{k})\exp(\mathrm{i}\boldsymbol{k}\cdot\boldsymbol{x})]\psi_{\mathrm{i}}\mathrm{d}V$$

这与 Pauli 方程所得结果相同.

原子中电子对 γ 射线的散射

现在进行电子对光子散射的相对论处理. 作为一种近似, 考虑电子是自由的 (一般说来, 在必须用相对论处理时, 电子能量必定远大于原子的束缚能), 这将导致对于 Compton 效应截面的 Klein–Nishina 公式.

用势 $A_{1\mu} = e_{1\mu}\exp(-\mathrm{i}q_1\cdot x)$ 表示入射光子, $A_{2\mu} = e_{2\mu}\exp(-\mathrm{i}q_2\cdot x)$ 表示出射光子. 光子的极化垂直于传播方向 (参看图 19–1), 因此,

$$e_1\cdot q_1 = 0, \quad e_2\cdot q_2 = 0$$

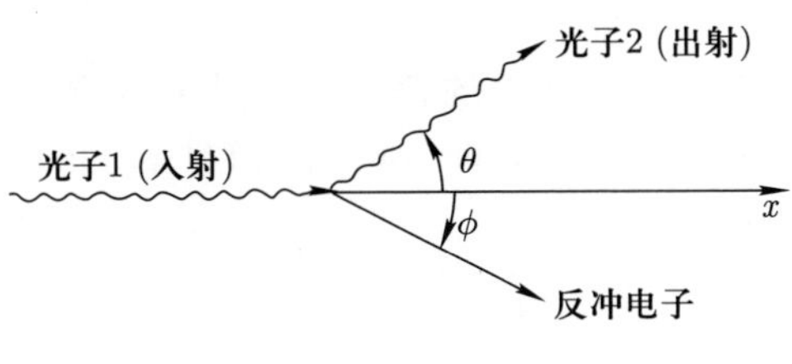

图 19–1

还有

$$q_1\cdot q_1 = q_1^2 = 0, \quad q_2\cdot q_2 = q_2^2 = 0 \tag{19–3}$$

选

$$\psi_1 = u_1 \exp(-\mathrm{i}p_1 \cdot x)$$
$$\psi_2 = u_2 \exp(-\mathrm{i}p_2 \cdot x)$$

为初态及末态电子波函数, 其中 u_1, u_2, p_1, p_2 满足

$$\begin{aligned} \not{p}_1 u_1 = m u_1, &\quad \not{p}_2 u_2 = m u_2 \\ p_1 \cdot p_1 = m^2, &\quad p_2 \cdot p_2 = m^2 \end{aligned} \tag{19–4}$$

将能量动量守恒 (四个等式) 写为

$$\not{p}_1 + \not{q}_1 = \not{p}_2 + \not{q}_2 \tag{19–5}$$

如果坐标系选为电子 1 静止的系统, 则

$$\not{p}_1 = m\gamma_t \tag{19–6a}$$
$$\not{p}_2 = E_2\gamma_t - p_2 \cos\phi\gamma_x - p_2 \sin\phi\gamma_y \tag{19–6b}$$
$$\not{q}_1 = \omega_1(\gamma_t - \gamma_x) \tag{19–6c}$$
$$\not{q}_2 = \omega_2(\gamma_t - \gamma_x \cos\theta - \gamma_y \sin\theta) \tag{19–6d}$$

后两个等式的来源是在 $c = \hbar = 1$ 的单位制下, 光子的能量和动量都等于其频率. 这里动量已分解成分量. 入射光子束可以分成两种极化, 用 A 和 B 来标记它们:

$$(\mathrm{A})\not{e}_1 = \gamma_z, \quad (\mathrm{B})\ \not{e}_1 = \gamma_y$$

A 类光子的电矢量在 z 方向上, 而 B 类的电矢量在 y 方向上, 类似地, 出射光子束也可分为两类极化:

$$(\mathrm{A}')\ \not{e}_2 = \gamma_z, \quad (\mathrm{B}')\ e_2 = \gamma_y \cos\theta - \gamma_x \sin\theta$$

由能量和动量守恒可知, 反冲电子的偏角 ϕ 或者散射光子的出射角 θ 可完全决定其他的量. 如果不考虑电子方向, 则可以通过解 (19–5) 式求得 $\not{p}_2$, 再将此结果平方以消去动量:

$$\begin{aligned} \not{p}_2 &= \not{p}_1 + \not{q}_1 - \not{q}_2 \\ \not{p}_2^2 &= m^2 = (\not{p}_1 + \not{q}_1 - \not{q}_2)(\not{p}_1 + \not{q}_1 - \not{q}_2) \\ &= p_1^2 + q_1^2 + q_2^2 + 2p_1 \cdot q_1 - 2p_1 \cdot q_2 - 2q_1 \cdot q_2 \\ &= m^2 + 0 + 0 + 2m\omega_1 - 2m\omega_2 - 2\omega_1\omega_2(1 - \cos\theta) \end{aligned}$$

式中最后一步应用了式 (19–3), (19–4) 以及 (19–6a, c, d) 等, 上式又可写为

$$m(\omega_1-\omega_2)=\omega_1\omega_2(1-\cos\theta)$$

或

$$\frac{m}{\omega_2}-\frac{m}{\omega_1}=1-\cos\theta \tag{19–7}$$

这就是著名的 Compton 波长 (或频率) 移动公式.

关于末态密度的补充

应用本书前边讨论的方法, 可以得到下面的末态密度 (每单位能量间隔), 当总能量为 E 和总线动量为 $\boldsymbol{p}$ 的体系分裂成两粒子末态时,

$$态密度 =(2\pi)^{-3}E_1E_2\frac{p_1^3\mathrm{d}\Omega_1}{Ep_1^2-E_1(\boldsymbol{p}\cdot\boldsymbol{p}_1)} \tag{D–1}$$

其中 E_1 为粒子 1 的能量; E_2 为粒子 2 的能量; $\boldsymbol{p}_1$ 为粒子 1 的动量; $\mathrm{d}\Omega_1$ 为粒子 1 出射的立体角; m_1 为粒子 1 的质量; m_2 为粒子 2 的质量; 并且 $E_1+E_2=E, \boldsymbol{p}_1+\boldsymbol{p}_2=\boldsymbol{p}$.

另一个有用的公式是用粒子 1 的末态能量及方位角 ϕ_1 (代替 $\theta_1\phi_1$) 表达的. 它是

$$态密度=(2\pi)^{-3}\frac{E_1E_2}{|\boldsymbol{p}|}\mathrm{d}E_1\mathrm{d}\phi_1 \tag{D–2}$$

特殊情况: (a) 当 $m_2=\infty$ $(E_2=\infty,\ E=\infty)$

$$态密度=(2\pi)^{-3}E_1|\boldsymbol{p}_1|\mathrm{d}\Omega_1 \tag{D–3}$$

(b) 在质心系 $\boldsymbol{p}=0$

$$态密度=(2\pi)^{-3}\frac{E_1E_2p_1\mathrm{d}\Omega_1}{E_1+E_2} \tag{D–4}$$

当体系分裂成三粒子末态时

$$态密度=(2\pi)^{-6}E_3E_2\frac{p_2^3p_1^2\mathrm{d}\Omega_1\mathrm{d}\Omega_2}{p_2^2(E-E_1)-E_2\boldsymbol{p}_2\cdot(\boldsymbol{p}-\boldsymbol{p}_1)} \tag{D–5}$$

特殊情况: 当 $m_3=\infty$ 时

$$态密度=(2\pi)^{-6}E_2|\boldsymbol{p}_2|\mathrm{d}\Omega_2p_1^2\mathrm{d}p_1\mathrm{d}\Omega_1 \tag{D–6}$$

Compton 效应的末态有二个粒子, 取粒子 1 为光子 2, 粒子 2 为电子 2, 由 (D–1),

$$态密度=(2\pi)^{-3}\omega_2E_2\frac{\omega_2^3\mathrm{d}\Omega_\omega}{(m+\omega_1)\omega_2^2-\omega_2(\omega_1\omega_2\cos\theta)}$$

Compton 辐射

$|M|^2$ 的计算. 应用 Compton 关系 (19–7) 消去 θ, 便有

$$态密度 = (2\pi)^{-3}\frac{E_2\omega_2^3\mathrm{d}\Omega_\omega}{m\omega_1}$$

每秒跃迁概率是

$$跃迁概率/秒 = \sigma c = \frac{2\pi}{2E_1 2E_2 2\omega_1 2\omega_2}|M|^2(2\pi)^{-3}\cdot\frac{E_2\omega_2^3\mathrm{d}\Omega_\omega}{m\omega_1}$$

$$\sigma = \frac{\omega_2^2\mathrm{d}\Omega_\omega}{(2\pi)^2 16m^2\omega_1^2}|M|^2$$

在计算矩阵元 M 过程中, 可以有两种散射方式: (R) 电子先吸收了入射光子再发射光子; (S) 电子先发射光子再吸收入射光子. 图 19–2 画出了这两个过程.

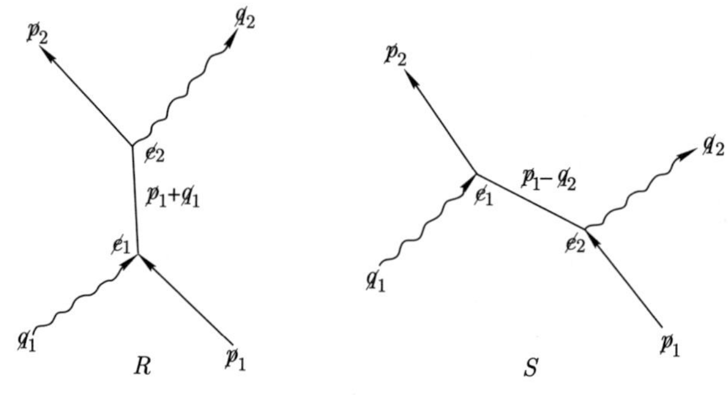

图 19–2

在动量表象中, 第一个过程 R 的矩阵元 M 是

$$\mathrm{i}[-\mathrm{i}(4\pi e^2)^{1/2}]^2\{\tilde{u}_2\not e_2(\not p_1+\not q_1-m)^{-1}\not e_1 u_1\}$$

在这矩阵元中, 从右向左各项依次解释如下: (a) 初态电子振幅 u_1; (b) 电子被势第一次散射 (即吸收一个极化 e_1 的光子); (c) 从势吸收了动量 q_1 后的电子, 以动量 p_1+q_1 自由飞行; (d) 电子发射一个极化为 e_2 的光子; (e) 我们现在要求的处于末态 u_2 的振幅.

练习: 写下第二个过程 S 的矩阵元. 总矩阵元是这二者之和. 应用矩阵元表 (表 13–1), 简化这些矩阵元, 算出 $|M|^2$.

第 20 讲

R 图的 M 为

$$-\mathrm{i}4\pi e^2\{\tilde{u}_2\not{e}_2(\not{p}_1+\not{q}_1-m)^{-1}\not{e}_1u_1\}=-\mathrm{i}4\pi e^2(\tilde{u}_2Ru_1)$$

作为练习, 可以算出 S 图的矩阵元是

$$-\mathrm{i}4\pi e^2\{\tilde{u}_2\not{e}_1(\not{p}_1-\not{q}_2-m)^{-1}\not{e}_2u_1\}=-\mathrm{i}4\pi e^2(\tilde{u}_2Su_1)$$

总矩阵元是二者之和, 所以截面为

$$\sigma=\frac{e^4}{4m}\frac{\omega_2^2}{\omega_1^2}\mathrm{d}\Omega_2|\tilde{u}_2(R+S)u_1|^2$$

现在的问题是实际计算 R 和 S 的矩阵元. 先考虑 R. 应用恒等式

$$\frac{1}{\not{p}-m}=\frac{\not{p}+m}{\boldsymbol{p}^2-m^2}$$

可以把矩阵从 R 的分母中移去, 给出

$$R=\frac{\not{e}_2(\not{p}_1+\not{q}_1+m)\not{e}_1}{(\not{p}_1+\not{q}_1)^2-m^2}=\frac{\not{e}_2(\not{p}_1+\not{q}_1+m)\not{e}_1}{2m\omega_1}$$

从下面的关系式可以看出分母是 $2m\omega_1$:

$$\begin{aligned}&(\not{p}_1+\not{q}_1)^2-m^2=p_1^2+2p_1\cdot q_1+q_1^2-m^2\\&p_1^2=m^2\\&q_1^2=0\\&2p_1\cdot q_1=2m\omega_1\end{aligned}$$

由此出发可以直接计算各种极化和自旋组成的矩阵元, 不过某些初步推算会减少计算量, 使用恒等式

$$\not{a}\not{b}=2a\cdot b-\not{b}\not{a}$$

可得

$$\not{e}_2\not{p}_1\not{e}_1=\not{e}_2(2p_1\cdot e_1)-\not{e}_2\not{e}_1\not{p}_1$$

但 p_1 仅有时间分量, 而 e_1 仅有空间分量, 所以 $p_1\cdot e_1=0$. 回想起 $\not{p}_1u_1=mu_1$, 便有

$$\tilde{u}_2\not{e}_2\not{p}_1\not{e}_1u_1=-\tilde{u}_2\not{e}_2\not{e}_1\not{p}_1u_1=-(\tilde{u}_2\not{e}_2\not{e}_1u_1)m$$

这是 R 的第一项矩阵元. R 的后一项矩阵元反号, 也是它. 所以 R 可以用

$$R = \frac{\not{e}_2 \not{q}_1 \not{e}_1}{2m\omega_1}$$

取代. 通过完全类似的演算, S 矩阵等于

$$S = \frac{\not{e}_1 \not{q}_2 \not{e}_2}{2m\omega_2}$$

将 $\not{q}_1 = \omega_1(\gamma_t - \gamma_x)$ 和 $\not{q}_2 = \omega_2(\gamma_t - \gamma_x \cos\theta - \gamma_y \sin\theta)$ 代入, 再将 $2m$ 因子移项, 总矩阵可写成

$$2m(R+S) = \not{e}_2(\gamma_t - \gamma_x)\not{e}_1 + \not{e}_1(\gamma_t - \gamma_x \cos\theta - \gamma_y \sin\theta)\not{e}_2$$

注意到 $\not{e}_1$ 与 $\not{q}_1$ 反对易 $(e_1 \cdot q_1 = 0)$, $\not{e}_2$ 与 $\not{q}_2$ 反对易以及 $\not{e}_2\not{e}_1 = 2e_2 \cdot e_1 - \not{e}_1\not{e}_2$, 可以得到一个更为有用的形式:

$$\begin{aligned} 2m(R+S) &= -\not{e}_2\not{e}_1(\gamma_t - \gamma_x) \\ &\quad -\not{e}_1\not{e}_2(\gamma_t - \gamma_x \cos\theta - \gamma_y \sin\theta) \\ &= -2(e_2 \cdot e_1)(\gamma_t - \gamma_x) \\ &\quad -\not{e}_1\not{e}_2[\gamma_x(1-\cos\theta) - \gamma_y \sin\theta] \end{aligned}$$

应用此种形式的矩阵, 算矩阵元或许要容易. 例如, 考虑极化情况 $\not{e}_1 = \gamma_z, \not{e}_2 = \gamma_y \cos\theta - \gamma_x \sin\theta$: 这相应于第 19 讲中 (A) 和 (B′) 的情况, 我们将其记作 (AB′). 因为 $e_2 \cdot e_1 = 0$, 故矩阵为

$$2m(R+S) = -\gamma_z(\gamma_y \cos\theta - \gamma_x \sin\theta)[\gamma_x(1-\cos\theta) - \gamma_y \sin\theta]$$

展开此式得

$$\begin{aligned} 2m(R+S) &= -\gamma_z[\gamma_y\gamma_x \cos\theta(1-\cos\theta) + \cos\theta\sin\theta \\ &\quad + \sin(1-\cos\theta) + \gamma_x\gamma_y \sin^2\theta] \\ &= -\gamma_z(\gamma_x\gamma_y - \gamma_x\gamma_y\cos\theta + \sin\theta) \\ &= -\gamma_x\gamma_y\gamma_z(1-\cos\theta) - \gamma_z \sin\theta \end{aligned}$$

式中已应用了 γ 矩阵间的反对易关系. 在入射粒子自旋向上而出射粒子自旋向下 $(s_1 = 1, s_2 = -1)$ 的情况, 参考表 (13–1), 可得到其矩阵元:

$$-2m(F_1F_2)^{1/2}(\tilde{u}_2\gamma_x\gamma_y\gamma_z u_1) = -\mathrm{i}F_2 p_{1+} - \mathrm{i}F_1 p_{2+}$$

$$-2m(F_1F_2)^{1/2}(\tilde{u}_2\gamma_z u_1) = p_{1+}F_2 - p_{2+}F_1$$

但需注意: 在这个问题中, 因为粒子 1 是静止的, 所以 $p_{1+} = p_{x1} + \mathrm{i}p_{y1} = 0$. 因此, 对于极化 (AB′), 自旋 $s_1 = 1, s_2 = -1$

表 20–1

极化		AA′	AB′	BA′	BB′
e_1		γ_z	γ_z	γ_y	γ_y
e_2		γ_z	$\gamma_y\cos\theta - \gamma_x\sin\theta$	γ_z	$\gamma_y\cos\theta - \gamma_x\sin\theta$
$2m(R+S)$ 矩阵		$2\gamma_t - \gamma_x \cdot(1+\cos\theta) -\gamma_y\sin\theta$	$-\gamma_x\gamma_y\gamma_z(1-\cos\theta) -\gamma_z\sin\theta$	$-\gamma_x\gamma_y\gamma_z(1-\cos\theta) +\gamma_z\sin\theta$	$2\cos\theta\gamma_t - \gamma_x \cdot(1+\cos\theta) -\gamma_y\sin\theta$
矩阵元 $2m\sqrt{F_1F_2}\cdot(\tilde{u}_2(R+S)u_1)$	$s_1 = 1$, $s_2 = 1$	$2F_2F_1 - (1+\cos\theta)F_1p_{2-} - \mathrm{i}\sin\theta F_1p_{2-}$	0	0	$2\cos\theta F_2F_1 - (1+\cos\theta)F_1p_{2-} - \mathrm{i}\sin\theta F_1p_{2-}$
	$s_1 = 1$, $s_2 = -1$	0	$-\mathrm{i}(1-\cos\theta) \cdot F_1p_{2+} - \sin\theta F_1p_{2+}$	$-\mathrm{i}(1-\cos\theta) \cdot F_1p_{2+} + \sin\theta F_1p_{2+}$	0

注: $\begin{pmatrix} s_1 = -1 \\ s_2 = -1 \end{pmatrix}$ 的矩阵元是上表中 $\begin{pmatrix} s_1 = 1 \\ s_2 = 1 \end{pmatrix}$ 相应情况的复数共轭, 而 $\begin{pmatrix} s_1 = -1 \\ s_2 = 1 \end{pmatrix}$ 的矩阵元是上表中 $\begin{pmatrix} s_1 = 1 \\ s_2 = -1 \end{pmatrix}$ 的复数共轭.

情况的矩阵元最后是

$$
\begin{aligned}
&2\ m(F_1F_2)^{1/2}(\tilde{u}_2(R+S)u_1) \\
&= -\ (1-\cos\theta)\mathrm{i}F_1p_{2+} - \sin\theta p_{2+}F_1
\end{aligned}
$$

对于其他极化和自旋组合的情况, 可以同样处理. 在此仅以表格的形式列出 (表 20–1). 作为练习, 请读者自行证明.

对于任何一种所列出的极化情况, $|M|^2$ 均要对入射自旋态求平均, 对出射自旋态矩阵元振幅的平方求和. 但是, 可以看出, 这只是不同极化情况下所列非零矩阵元的大小的平方. 例如, 在 (AA′) 情况中

$$
\begin{aligned}
|M|^2 = |\tilde{u}_2(R+S)u_1|^2 = \frac{1}{4m^2F_1F_2}&|2F_1F_2 \\
&-(1+\cos\theta)F_1p_{2-} - \mathrm{i}\sin\theta F_1p_{2+}|^2
\end{aligned}
$$

利用关系式

$$
\begin{aligned}
p_{2-} &= p_{1-} + q_{1-} - q_{2-} = q_{1-} - q_{2-} \\
&= \omega_1 - \omega_2\cos\theta + \mathrm{i}\omega_2\sin\theta
\end{aligned}
$$

和

$$\frac{m}{\omega_2}-\frac{m}{\omega_1}=1-\cos\theta$$

可以化简各种情况的矩阵元的平方, 经过大量的代数运算之后, 其结果列在表 20–2 中很清楚, 表中的四个公式可以统一写为一个形式

$$|M|^2=\left[\frac{(\omega_1-\omega_2)^2}{\omega_1\omega_2}\right]+4(e_1\cdot e_2)^2$$

注意这些公式不适用于圆极化. 例如, 设 $\not e_1$ 是 $\frac{1}{\sqrt{2}}(\mathrm{i}\gamma_z+\gamma_y)$, 则可看出, 由于 $\not e_1$ 的虚部表示相位, 所以为了获得正确的干涉, 必须在将矩阵元取平方之前进行所有这些计算.

表 20–2

极　　化	$\|M\|^2$
AA′	$[(\omega_1-\omega_2)^2/\omega_1\omega_2]+4$
AB′	$[(\omega_1-\omega_2)^2/\omega_1\omega_2]$
BA′	$[(\omega_1-\omega_2)^2/\omega_1\omega_2]$
BB′	$[(\omega_1-\omega_2)^2/\omega_1\omega_2]+4\cos^2\theta$

最后, 平面极化的入射和出射光子的散射截面是

$$\sigma=\left(\frac{e^4}{4m^2}\right)\left(\frac{\omega_2}{\omega_1}\right)^2\mathrm{d}\Omega_{\omega_2}\left[\frac{\omega_2}{\omega_1}+\frac{\omega_1}{\omega_2}-2+4(e_1\cdot e_2)^2\right]$$

这是极化光的 Klein–Nishina 公式. 对非极化光, 这个截面必须对所有的极化求平均.

由于 $K_+(2,1)$ 到动量表象的变换是一般的, 故诸如图 20–1 这样的情况已经包含在前面的推导中. 事实上除了以后要讨论的高阶效应外, 已经包括了全部图形. (高阶效应相应于电子发射后又再吸收第三个光子. 如图 20–2 所示.)

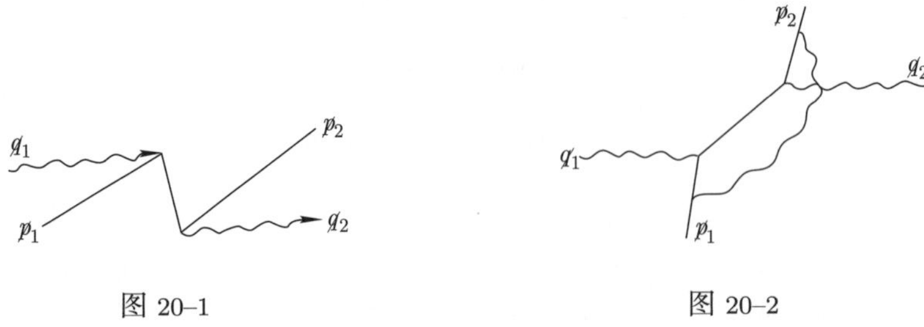

图 20–1　　　　图 20–2

第 21 讲

Klein–Nishina 公式的讨论 在 "Thompson" 极限情况下, $\omega_1 \ll m$. 反冲电子只取得很少的能量, 且 $\omega_1 \approx \omega_2$. 由下式即可看出此点:

$$m\omega_1 - m\omega_2 = \omega_1\omega_2(1-\cos\theta) \tag{21–1}$$

在此极限下, Klein–Nishina 公式为

$$\sigma = \frac{e^4}{m^2}(\boldsymbol{e}_1 \cdot \boldsymbol{e}_2)^2 \mathrm{d}\Omega_\omega \tag{21–2}$$

这就是 Rayleigh–Thompson 散射截面. 注意按照原来关于 Compton 散射的假定, 与原子的本征值相比, ω 仍然非常大.

用经典图像能得到同样结果. 在光子电场 $\boldsymbol{E} = E_0\boldsymbol{e}_1 \cdot \exp(\mathrm{i}\omega t)$ 的作用下, 电子的加速度为

$$\boldsymbol{a} = \frac{e}{m}E_0\boldsymbol{e}_1\exp(\mathrm{i}\omega t)$$

按经典理论, 一个受到加速的电荷会辐射, 其散射辐射为 $E_s = -\frac{e}{R}$ (投影在垂直于瞄准线的平面上的推迟加速度)

在 $\boldsymbol{e}_2$ 方向上极化的散射辐射, 由加速度在这个方向上的分量决定. 于是极化 $\boldsymbol{e}_2$ 的散射辐射强度是 (乘以 R^2; 每单位立体角, 每单位入射强度)

$$I = \frac{e^4}{m^2}(\boldsymbol{e}_1 \cdot \boldsymbol{e}_2)^2 \tag{21–2′}$$

传统的 $\hbar$ 和 c 可以用如下公式代回到 (21–2′) (σ 是面积或长度平方):

$$e^4 = (e^2)^2 = \left(\frac{e^2}{\hbar c}\right)^2$$
$$m^2 = \left(\frac{mc}{\hbar}\right)^2 = \text{长度平方}$$
$$\frac{e^4}{m^2} = \left(\frac{e^2}{mc^2}\right)^2 = r_0^2 \approx 8\times 10^{-26}\ \mathrm{cm}^2$$

极化平均 经常需要计算不计入射束或出射束极化的散射截面. 对出射极化束的概率求和, 再对入射束的极化求平均就可以求出该截面. 假设入射束是 A 类极化, 出射极化为 A′ 和 B′, 其概率 (或截面) 记为 AA′ 和 AB′. 散射一种极化的光子的总概率是 AA′+AB′. 再假设入射束为 A 类极化或 B 类极化的概率相等. 结果概率可由 $\frac{1}{2}$ (极化为 A 类时的概率)+$\frac{1}{2}$ (极化为 B 类时的概

率) 而获得. 这就是非极化入射束时的情形, 结果为

$$\begin{aligned}\sigma(\text{极化平均}) &= \frac{1}{2}(\mathrm{AA}' + \mathrm{AB}') + \frac{1}{2}(\mathrm{BA}' + \mathrm{BB}') \\ &= \frac{e^4}{2m^2}\left(\frac{\omega_2}{\omega_1}\right)^2 \mathrm{d}\Omega_{\omega_2}\left(\frac{\omega_2}{\omega_1} + \frac{\omega_1}{\omega_2} - \sin^2\theta\right) \qquad (21\text{–}3)\end{aligned}$$

另一方面如果测量出射束的极化 (入射束仍旧没有极化), 它与频率及散射角的关系由下列比值给出:

$$\frac{\mathrm{A}'\text{ 类极化的概率}}{\mathrm{B}'\text{ 类极化的概率}} = \frac{\dfrac{1}{2}[\mathrm{AA}' + \mathrm{BA}']}{\dfrac{1}{2}[\mathrm{AB}' + \mathrm{BB}']} = \frac{\dfrac{\omega_2}{\omega_1} + \dfrac{\omega_1}{\omega_2}}{\dfrac{\omega_2}{\omega_1} + \dfrac{\omega_1}{\omega_2} - 2\sin^2\theta}$$

向前辐射 ($\theta = 0$) 仍然非极化, 然而在任何非零角度的散射中, 总有一定的极化率. 在低频极限下 ($\omega_1 \approx \omega_2$), $\theta = \pi/2$ 方向是完全极化的. 这种非极化束在 90° 方向散射就变成了平面极化束[1].

总散射截面　如果式 (21–3) 中给出的截面 (极化平均) 对立体角

$$\mathrm{d}\Omega = 2\pi\mathrm{d}(\cos\theta) = \frac{2\pi m}{\omega_2^2}\mathrm{d}\omega_2$$

积分, 则得到散射到任何角的总截面. 所以, 从式 (21–1),

$$\cos\theta = 1 - \frac{m}{\omega_2} + \frac{m}{\omega_1} \qquad (21\text{–}1')$$

当 $\cos\theta$ 从 –1 变到 +1 时, 变量 ω_2 在 $\dfrac{m\omega_1}{2\omega_1 + m}$ 和 ω_1 之间变化. 式 (21–3) 可写为

$$\begin{aligned}\mathrm{d}\sigma_T = \frac{e^4}{2m^2}\frac{2\pi}{\omega_1^2}m\mathrm{d}\omega_2 \bigg(&\frac{\omega_2}{\omega_1} + \frac{\omega_1}{\omega_2} - \frac{2m}{\omega_2} + \frac{2m}{\omega_1} \\ &+ \frac{m^2}{\omega_1^2} + \frac{m^2}{\omega_2^2} - \frac{2m^2}{\omega_1\omega_2}\bigg)\end{aligned}$$

式中最后五项来自 $-\sin^2\theta = \cos^2\theta - 1$, 并已用式 (21–1′) 直接积分得[2]

$$\begin{aligned}\sigma_T = \frac{\pi e^4}{m^2}\bigg[&\left(\frac{m}{\omega_1} - \frac{2m^2}{\omega_1^2} - \frac{2m^3}{\omega_1^3}\right)\ln\frac{2\omega_1}{m+1} + \frac{m}{2\omega_1} \\ &+ \frac{4m^2}{\omega_1^2} - \frac{m^3}{2\omega_1(2\omega_1 + m)^2}\bigg]\end{aligned}$$

---

1) 参看 Walter Heitler,《辐射的量子理论》3 版, Oxford, 1954, 以及 B. Ross 和 K. Greissen, *Phys. Rev.*, **61**, 121 (1942).

2) 参看 Heitler《辐射的量子理论》p.53.

在高频极限下 $(\omega_1 \to \infty)$

$$\sigma_T \sim \frac{1}{\omega_1} \ln \omega_1 \to 0$$

因此, 在高频时, Compton 散射可以忽略, 粒子对产生变成重要的.

正负电子对湮没为双光子

按量子电动力学的观点, 完全类似于 Compton 散射的另一现象是正负电子对湮没为双光子. 当没有外场参与作用而只是正负电子对湮没时, 为保持动量和能量守恒, 在出射辐射中必须有两个光子. 这种相互作用可以用图表示, 如图 21–1. 这个图与 Compton 散射的图 (20 讲) 相比, 区别仅在于光子 $\not{q}_1$ 的方向相反, 以及因粒子 2 是正电子, $p_2 = -$(正电子动量). 于是

$$\not{p}_1 = (E_- \gamma_t - \boldsymbol{p}_- \cdot \boldsymbol{\gamma})$$
$$\not{p}_2 = -(E_+ \gamma_t - \boldsymbol{p}_+ \cdot \boldsymbol{\gamma})$$

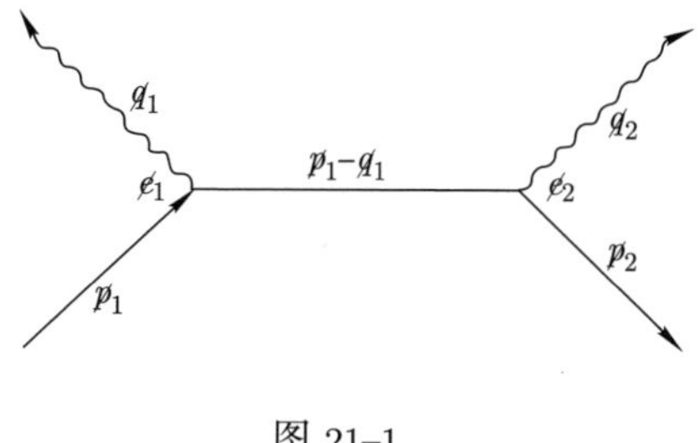

图 21–1

式中电子和正电子的能量 E_- 和 E_+ 均为正数. 守恒定律给出

$$\not{p}_2 = \not{p}_1 - \not{q}_1 - \not{q}_2 \tag{21–4}$$

(除掉 $\not{q}_1$ 方向相反外, 正好与 Compton 散射的一样.) 所以此相互作用的矩阵元是

$$M_1 = -\mathrm{i}4\pi e^2 (\tilde{u}_2 \not{e}_2 (\not{p}_1 - \not{q}_1 - m)^{-1} \not{e}_1 u_1)$$

用任何测量方法都不能区别的另一种可能情况是由前一种情况变换两个光子而得到的 (看图 21–2); 这里请再次注意与 Compton 散射的相似性.

直接写下矩阵元

$$M_2 = -\mathrm{i}4\pi e^2 (\tilde{u}_2 \not{e}_1 (\not{p}_1 - \not{q}_2 - m)^{-1} \not{e}_2 u_1)$$

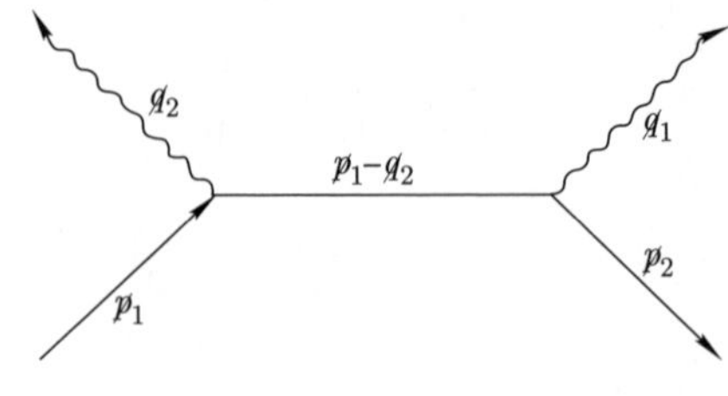

图 21–2

这两个矩阵元的和以及末态密度给出了在电子静止、正电子运动的系统中的截面:

$$\sigma \cdot (\text{正电子速度}) = \frac{2\pi}{(2E_- \cdot 2E_+ \cdot 2\omega_1\omega_2)}$$
$$|M_1 + M_2|^2 \quad (\text{态密度})$$

末态密度是

$$\frac{\omega_1\omega_2}{(2\pi)^3}\omega_1^2 \frac{\mathrm{d}\Omega}{(\omega_2\omega_1 - \boldsymbol{Q}_2 \cdot \boldsymbol{Q}_1)}$$

因为粒子 2 是正电子, $\not{p}_2 = -\not{p}_+$, 所以守恒定律 (21–4) 给出

$$\not{p}_1 + \not{p}_+ = \not{q}_1 + \not{q}_2$$

于是

$$m^2 + 2(p_1 \cdot p_+) + m^2 = 0 + 2q_1 \cdot q_2 + 0$$

化为

$$2m^2 + 2mE_+ = 2\omega_1\omega_2 - 2\boldsymbol{Q}_1 \cdot \boldsymbol{Q}_2$$

取正电子的速度为 $|\boldsymbol{p}_+|/E_+$, 截面是

$$\begin{aligned}\sigma &= \frac{(2\pi)\omega_1^2\mathrm{d}\Omega_1}{2E_- \cdot 2|\boldsymbol{p}_+|4(2\pi)^3 m(E_+ + m)}|M_1 + M_2|^2 \\ &= \frac{\omega_1^2\mathrm{d}\Omega_1|M_1 + M_2|^2}{64\pi^2 m^2|\boldsymbol{p}_+|(m + E_+)}\end{aligned}$$

通过比较对应的图, 可以清楚看出, 如果 $\not{q}_1$ 变号, 对湮没的矩阵元与 Compton 效应的矩阵元相同. 在截面中这相当于改变 ω_1 的符号. 所以, 截面为

$$\sigma = \left\{\frac{e^4\omega_1^2\mathrm{d}\Omega_1}{4m^2(E_+ + m)|\boldsymbol{p}_+|}\right\}\left(\frac{\omega_2}{\omega_1} + \frac{\omega_1}{\omega_2} + 2 - 4(\boldsymbol{e} \cdot \boldsymbol{e}_2)^2\right)$$

此式类似于 Klein–Nishina 公式.

第 22 讲

静止正电子湮没

当正电子的速度趋向零时, 第 21 讲中推出的电子–正电子湮没公式发散 ($\sigma \sim 1/v$; 对于其他包含有吸收入射粒子的过程的截面, 它都是成立的; 这是有名的 $1/v$ 定律), 为了计算当 $v_+ \to 0$ 时, 正电子在密度为 ρ 的电子中 (前一讲中的截面是密度为每立方厘米一个电子的截面) 的寿命, 我们应用

$$\text{跃迁概率/秒} = \sigma v_+ \rho$$

以及当 $v_+ \to 0$ 时, $E_+ \to m, \omega_1 \to \omega_2 \to m$ (当电子和正电子都近似静止时, 只有二个光子的动量大小相等方向相反, 动量能量才能守恒). 这样

$$\text{跃迁概率/秒} = \sigma v_+ \rho = \frac{e^4}{2m^2}\rho \mathrm{d}\Omega \sin^2\theta \tag{22–1}$$

式中 θ 是两个光子极化方向之间的夹角 ($\cos\theta = \boldsymbol{e}_1 \cdot \boldsymbol{e}_2$). 与 $\sin^2\theta$ 的这一关系表明, 两个光子在成直角的方向上极化. 为得到任何方向, 任何极化光子的每秒跃迁概率, 必须对立体角积分 $\left(\int \mathrm{d}\Omega = 4\pi\right)$, 对极化求平均 ($\overline{\sin^2\theta} = 1/2$). 这样有

$$\begin{aligned}\text{总跃迁概率/秒} &= \frac{1}{\tau} = \left(\frac{\pi e^4}{m^2}\right)\rho = \pi\left(\frac{e^2}{mc^2}\right)c\rho \\ &= \pi r_0^2 c\rho \end{aligned}\tag{22–2}$$

(因子 $\hbar$ 和 c 按要求写了出来), 式中 r_0 是经典电子半径, τ 是平均寿命.

习题: 1. 直接由静止电子和正电子的矩阵元求出上述结果. 证明只有单态 (自旋反平行) 才可能衰变为两个光子; 三重态衰变为三个光子, 并且有较长的寿命 (参看下一题).

2. 找出电子和正电子衰变成三个光子 (自旋必须平行) 所需要的平均时间, 建议采用下述步骤: (1) 建立衰变率公式; (2) 以最简单形式写出 M; (3) 作矩阵元表 (与表 13–1 相同, 但是, $\not{p}_1 = m\gamma_t, \not{p}_2 = -m\gamma_t$); (4) 对八种极化情况找出 M 的矩阵元; (5) 找出每种情况的衰变率; (6) 将衰变率对极化求和; (7) 求出光子谱; (8) 对光子谱和角度积分求得总衰变率; (9) 与 Ore 和 Powell 的结果比较[1)].

1) A. Ore 和 J. L. Powell, *Phys. Rev.*, **75**, 1696 (1949).

3. 已知, 矩阵元与规范变换 $\not{e}' = \not{e} + \alpha\not{q}$ 无关. 其中 α 是任意常数, $\not{q}$ 是光子动量. 光子极化是 $\not{e}$ 或 $\not{e}'$. 证明, 在 Compton 效应的矩阵元中用 $\not{q}$ 代替 $\not{e}$ 会得到 $M = 0$.

韧致辐射

当电子通过核 Coulomb 场时, 它要偏转, 同时被加速. 照经典理论, 这要产生辐射. 按照量子电动力学, 在核场中入射电子有一定的概率跃迁到不同电子态并发射光子. 电子与核场的相互作用必须满足能量、动量守恒. 也就是说, 电子在真空中运动时, 不可能发射光子并跃迁到另一不同电子态. 图 22–1 画出了这个过程, 并定义了以后要用的角度.

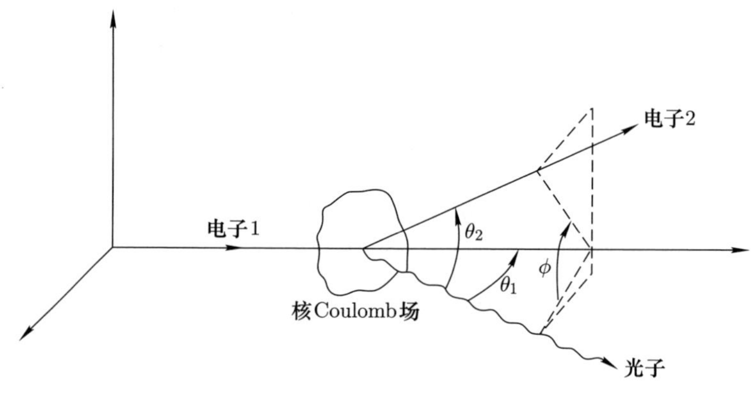

图 22–1

我们考虑核的 Coulomb 势只进行一次相互作用 (Born 近似), 这种近似的有效性已在第 16 讲中讨论过. 韧致辐射可以按两种不同的顺序进行: (a) 电子先与 Coulomb 场相互作用, 再发射光子; (b) 电子先发射光子再与 Coulomb 场相互作用. 这两个过程如图 22–2 所示. 核与电子相互作用, 把动量 $\not{Q}$ 传给电子. 能量动量守恒要求

$$\not{p}_1 + \not{Q} = \not{p}_2 + \not{q} \quad \text{或} \quad \not{Q} = \not{p}_2 - \not{p}_1 + \not{q}$$

第 18 讲中已经证明, 因为 Coulomb 势与时间无关, 所以其 Fourier 变换正比于 $\delta(Q_4)$. 这意味着只有 $Q_4 = 0$ 的跃迁才能发生, 即在入射电子, 末态电子和光子之间, 能量必须守恒. 这样 $E_1 = E_2 + \omega$. 跃迁概率是

$$\text{跃迁概率/秒} = \sigma v_1 = \frac{2\pi}{2E_1 2E_2 2\omega} |\mathfrak{M}|^2 D$$

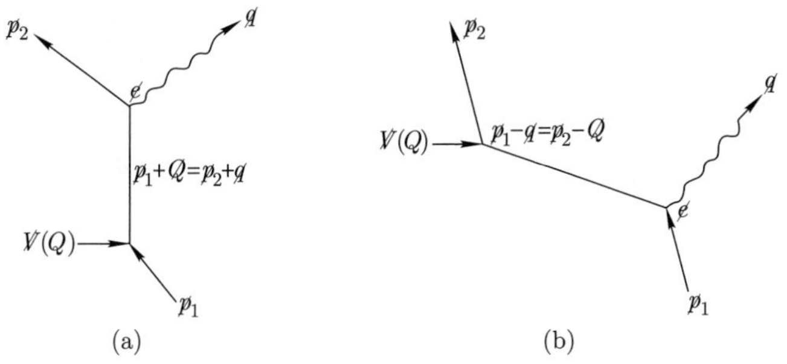

图 22–2

因为把核看成是无限重的,

$$D=(2\pi)^{-6}E_2p_2\mathrm{d}\Omega_2\omega^2\mathrm{d}\omega\mathrm{d}\Omega_\omega$$

注意, 存在着光子谱, 即光子能量不是确定的 (例如, 像在 Compton 效应中那样), 令 $\mathfrak{M}=(\tilde{u}_2Mu_1)$,

$$M=(-\mathrm{i})(4\pi e^2)^{1/2}\left[\not{e}\frac{1}{\not{p}_1+\not{Q}-m}\not{V}(Q)+\not{V}(Q)\frac{1}{\not{p}_2-\not{Q}-m}\not{e}\right] \tag{22–3}$$

式中头一项来自图 22–2a, 第二项来自 22–2b. 作为例子, 从右到左来解释第一项中的因子. 一个电子起初在态 u_1, 经 Coulomb 场散射, 得到了外加动量 $\not{Q}$ 后, 电子以动量 $\not{p}_1+\not{Q}$ 自由运动, 直到它发射一个极化为 $\not{e}$ 的光子. 然后我们问电子是处于 u_2 态吗? 在核不动的坐标系中, Coulomb 势是 (参看第 18 讲: 动量表象)

$$\not{V}(Q)=\left(\frac{4\pi Ze^2}{Q^2}\right)\delta(Q_4)\gamma_t=V(Q)\delta(Q_4)\gamma_t$$

(对于非 Coulomb 势的其他势, 应用适当的 $V(Q)$, 它是该势与空间有关部分的 Fourier 变换.) 把分母中的矩阵化掉[1],

$$M=(-\mathrm{i})(4\pi e^2)^{1/2}V(Q)\left(\not{e}\frac{\not{p}_1+\not{Q}+m}{-2\boldsymbol{p}_1\cdot\boldsymbol{Q}-\boldsymbol{Q}^2}\gamma_t\right.$$
$$\left.+\gamma_t\frac{\not{p}_2-\not{Q}+m}{2\boldsymbol{p}_2\cdot\boldsymbol{Q}-\boldsymbol{Q}^2}\not{e}\right) \tag{22–4}$$

出射光子可以在两个不同方向上极化, 入射和出射电子都有两个可能的自旋态. 完全可以像在第 20 讲中推导 Klein–Nishina 截面时所作的那样, 用表 13–1 把各种矩阵元算出来. 因没有什么新内容, 在此就不再详述. 通过 (1) 对光子

1) $(\not{p}_1+\not{Q}-m)(\not{p}_1+\not{Q}+m)=p_1^2+2p_1\cdot Q+Q^2-m^2=2\boldsymbol{p}_1\cdot\boldsymbol{Q}+\boldsymbol{Q}^2=-2\boldsymbol{p}_1\cdot\boldsymbol{Q}-\boldsymbol{Q}^2$, 因 $Q_4=0$.

极化求和, (2) 对出射电子自旋态求和, (3) 对入射电子自旋态求平均之后, 得到下列微分截面:

$$\begin{aligned}\mathrm{d}\sigma=&\frac{1}{2\pi}\left(\frac{Ze^2}{\boldsymbol{Q}^2}\right)^2 e^2\frac{\mathrm{d}\omega}{\omega}\frac{p_2}{p_1}\sin\theta_2\mathrm{d}\theta_2\sin\theta_1\mathrm{d}\theta_1\mathrm{d}\phi\\&\cdot\left\{\frac{p_2^2\sin^2\theta_2(4E_1^2-\boldsymbol{Q}^2)}{(E_2-p_2\cos\theta_2)^2}+\frac{p_1^2\sin^2\theta_1(4E_2^2-\boldsymbol{Q}^2)}{(E_1-p_1\cos\theta_1)^2}\right.\\&2p_1p_2\sin\theta_1\sin\theta_2\cos\phi(4E_1E_2-\boldsymbol{Q}^2+2\omega^2)\\&\left.-\frac{-2\omega^2(p_2^2\sin^2\theta_2+p_1^2\sin^2\theta_1)}{(E_2-p_2\cos\theta_2)(E_1-p_1\cos\theta_1)}\right\}\end{aligned}\tag{22–5}$$

当光子能量比较小时 (比电子静止质量小, 但比电子的束缚能大), 借助于 Coulomb 弹性散射截面可以得到一个有简单含义的近似表达式. 在矩阵 (22–3) 中用 $\not{q}$ 代替 $\not{Q}$,

$$\begin{aligned}M&=(-\mathrm{i})(4\pi e^2)^{1/2}\left[\not{e}\frac{1}{\not{p}_2+\not{q}-m}\not{V}(Q)+\not{V}(Q)\frac{1}{\not{p}_1-\not{q}-m}\not{e}\right]\\&=(-\mathrm{i})(4\pi e^2)^{1/2}\left[\not{e}\frac{\not{p}_2+\not{q}+m}{2p_2\cdot q}\not{V}(Q)+\not{V}(Q)\frac{\not{p}_1-\not{q}+m}{-2p_1\cdot q}\not{e}\right]\end{aligned}$$

应用关系式 $\not{e}\not{p}_2=-\not{p}_2\not{e}+2e\cdot p_2,\not{p}_1\not{e}=-\not{e}\not{p}_1+2e\cdot p_1$, 又因分子中 $\not{q}$ 很小而略去它, 则上式变成

$$\begin{aligned}M\simeq&(-\mathrm{i})(4\pi e^2)^{1/2}V(Q)\left[\frac{-\not{p}_2\not{e}\gamma_t+2e\cdot p_2\gamma_t+m\not{e}\gamma_t}{2p_2\cdot q}\right.\\&\left.+\frac{-\gamma_t\not{e}\not{p}_1+2p_1\cdot e\gamma_t+m\not{e}\gamma_t}{-2p_1\cdot q}\right]\delta(Q_4)\\=&(-\mathrm{i})(4\pi e^2)^{1/2}V(Q)\left[\frac{e\cdot p_1}{q\cdot p_1}-\frac{e\cdot p_2}{q\cdot p_2}\right]\gamma_t\delta(Q_4)\end{aligned}$$

其中用到了已计算出的在 u_2 和 u_1 态之间 M 的矩阵元, 以及 $\tilde{u}_2\not{p}_2=\tilde{u}_2m,\not{p}_1u=mu_1$.

于是, 发射光子的截面可写为

$$\mathrm{d}\sigma=\frac{1}{v}\left[\frac{2\pi}{2E_12E_2}|V(Q)|^2\frac{E_2p_2\mathrm{d}\Omega_2}{(2\pi)^3}\right]\left[\frac{e^2\mathrm{d}\omega\cdot\mathrm{d}\Omega_\omega}{\pi\omega}\cdot\left(\frac{p_2\cdot e}{p_2\cdot\dfrac{q}{\omega}}-\frac{p_1\cdot e}{p_1\cdot\dfrac{q}{\omega}}\right)^2\right]$$

第一个方括号是弹性散射的跃迁概率 (参看第 16 讲), 于是后一个方括号可解释为, 当存在由动量 p_1 到 p_2 的弹性散射时, 在频率间隔 $\mathrm{d}\omega$ 和立体角 $\mathrm{d}\Omega_\omega$ 内发射光子的概率.

习题: 用上述方法计算发射两个低能光子的振幅. 略去分子中的 q, 但不要略去分母中的 q.

答案: 对于增加的那个光子, 得到又一个因子, 这个因子与前一式中的因子类似.

正负电子对产生

容易证明, 要是不存在其他方式来保持能量动量守恒, 那么能量大于 $2m$ 的单个光子不能产生电子–正电子对. 两个光子可以一起产生电子–正电子对, 但光子密度太低了, 以致于这个过程非常不可能*. 不过, 借助于外场, 如原子核场, 单个光子也能产生一对电子–正电子, 因为它可以传递一些动量给场. 正如轫致辐射的情况一样, 有两种不同的方式发生此过程: (a) 入射光子产生电子–正电子对后, 电子再与核场相互作用; (b) 光子产生电子–正电子对后, 正电子再与核场相互作用. 这两种情况如图 22–3 所示. 图中箭头说明: $\not{p}_1$ 是正电子动量, 而 $\not{p}_2$ 是电子动量. 注意沿着箭头方向 (而不管时间增加方向), 这些

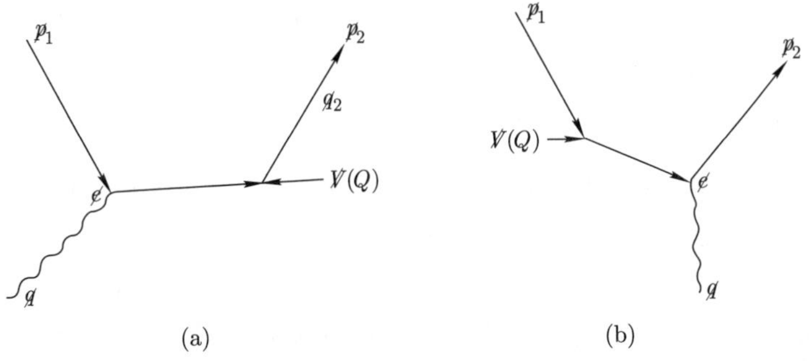

图 22–3

图看上去极像轫致辐射的那些图: 在情况 (a) 中从 $\not{p}_1$ 开始, 粒子先与 Coulomb 势, 再与光子作用; 在 (b) 中, 事件的顺序恰好反过来. 粒子对产生与轫致辐射的区别在于, 当考虑时间方向时, (1) $\not{p}_1$ 是正电子态 (电子逆着时间运动), (2) 是吸收而不是发射光子 $\not{q}$. 这样类比的结果, 可以把轫致辐射的矩阵元用在这个过程上, 只是要把 $\not{p}_1$ 换成 $-\not{p}_+$, 把 $\not{q}$ 换成 $-\not{q}$. $\not{p}_+$ 是正电子的动量, 是 $\not{q}$ 是被吸收光子的动量, 当然, 因为现在末态粒子是电子和正电子, 末态密度是不同的, 这样

$$\mathrm{d}\sigma = \frac{1}{2\pi}\left(\frac{Ze^2}{Q^2}\right)^2 e^2\left(p_+p_-\sin\theta_+\mathrm{d}\theta_+\sin\theta_-\mathrm{d}\theta_-\frac{\mathrm{d}\phi}{\omega^3}\right)\left\{\quad\right\} \tag{22–6}$$

* 后来, 有了双光子过程的实验. —— 译者注.

式中大括号与韧致辐射式 (22–5) 中的一样, 只是要做下述代换:

$$\text{用 } p_- \text{换 } p_2 \quad \text{用 } -\theta_- \text{ 换 } \theta_2 \quad \text{用 } E_- \text{换 } E_2 \quad \text{用 } -p_+ \text{ 换 } p_1$$
$$\text{用 } -\theta_+ \text{ 换 } \theta_1 \quad \text{用 } -E_+ \text{ 换 } E_1 \quad \text{用 } -\omega \text{ 换 } \omega$$

图 22–4 定义了角度 (ϕ 为电子光子平面与正电子光子平面的夹角).

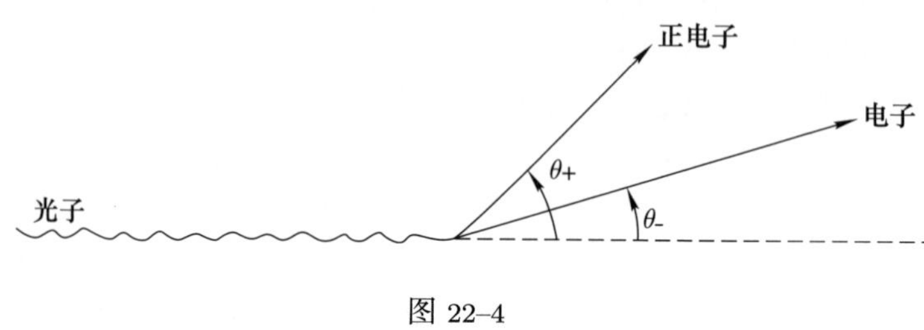

图 22–4

第 23 讲

矩阵元对自旋态求和的方法

应用流行的方法计算截面, 人们首先得到 "极化" 电子 (即具有一定的入射和出射自旋态的电子) 的截面. 实际上, 通常入射束是不极化的, 并且不观察出射粒子的自旋态. 在这种情况下, 人们需要从 "极化" 电子的截面通过对末态自旋态的概率求和以及将此和对初态自旋态求平均来获得截面. 因为末态自旋态不相干涉, 而初态自旋在任何方向都有相同的概率, 所以这种作法是正确的. 形式上, 若

$$\sigma \sim |(\tilde{u}_2 M u_1)|^2$$

则要求

$$\sigma \sim \frac{1}{2} \sum_{\text{自旋 }1} \sum_{\text{自旋 }2} |(\tilde{u}_2 M u_1)|^2 \tag{23–1}$$

式中 $\sum\limits_{\text{自旋 }2}$ 的意思是仅对同一能量符号的末态自旋态 (即四个可能的本征态中的两个) 求和. 类似地, $\sum\limits_{\text{自旋 }1}$ 是对同一能量符号的初态自旋求和. 现在的目的是要发展一种简单的方法来计算这些和.

按照常用的矩阵乘法规则, 下面的作法是成立的:

$$\sum_{\text{全部 }u_1} (\tilde{u}_2 A u_1)(\tilde{u}_1 B u_2) = 2m(\tilde{u}_2 A B u_2) \tag{23–2}$$

式中 A 和 B 可以是任何算符或矩阵, 右边因子 $2m$ 来自归一化条件 $\tilde{u}u=2m$, 而求和是对 u_1 代表的所有本征态进行的. 但是, 在式 (23–1) 中的 u, 不是全部状态, 仅是满足 $\not{p}_1 u_1 = m u_1$ 的那些态. 它们属于算符 $\not{p}_1$ 的本征值 m. 因为 $\not{p}_1^2 = m^2$,$\not{p}_1$ 也有本征值 $-m$, 这样对应 $\not{p}_1 u_1 = -m u_1$ 还有两个解, 连同式 (23–1) 中我们要的解共有四个. 我们称后者为 "负本征值态".

如果式 (23–2) 中, B 在负本征值态中的矩阵元是零, 就和 $\sum\limits_{\text{自旋 }1}$ 一样, 仅对正本征值态求和. 所以, 考虑

$$\sum_{\text{全部 }u_1}(\tilde{u}_2 A u_1)(\tilde{u}_1(\not{p}_1+m)Bu_2)=2m(\tilde{u}_2 A(\not{p}_1+m)Bu_2)$$

但是

$$\tilde{u}_1(\not{p}_1+m)=\begin{cases}0 & \text{对于负本征态}\\ \tilde{u}_1(2m) & \text{对于正本征态}\end{cases}$$

所以上面的求和也等于

$$\sum_{\text{自旋 }1}(\tilde{u}_2 A u_1)2m(\tilde{u}_1 B u_2)$$

消去 $2m$ 因子, 得到

$$\sum_{\text{自旋 }1}(\tilde{u}_2 A u_1)(\tilde{u}_1 B u_2)=(\tilde{u}_2 A(\not{p}+m)Bu_2)$$

出于显而易见的原因, 把 $(\not{p}_1+m)$ 叫作投影算符. 与此类似, 可得

$$\sum_{\text{自旋 }2}(\tilde{u}_2 X u_2)=\sum_{\text{全部 }u_2}\frac{1}{2m}(\tilde{u}_2(\not{p}_2+m)Xu_2)$$

式中 X 也是任意矩阵. 归一化条件为 $\tilde{u}_2 u_2=2m$, 因此可看出后一求和恰是矩阵 $(\not{p}_2+m)X$ 的迹. 注意 X 和 $\not{p}_2+m$ 的次序是无关紧要的.

最后求

$$\frac{1}{2}\sum_{\text{自旋 }1}\sum_{\text{自旋 }2}|(\tilde{u}_2 M u_1)|^2$$

时, 将前面结果集中, 具体给出*

$$\begin{aligned}\frac{1}{2}\sum_{\text{自旋 }1}\sum_{\text{自旋 }2}|\tilde{u}_2 M u_1|^2&=\frac{1}{2}\sum_{\text{自旋 }1}\sum_{\text{自旋 }2}(\tilde{u}_2 M u_1)(\tilde{u}_1 M u_2)\\&=\frac{1}{2}\mathrm{Sp}\,[(\not{p}_2+m)M(\not{p}_1+m)M]\end{aligned}\tag{23–3}$$

∗ 式 (23–3) 中 Sp 表示求迹, 其他书也有用 Tr 来表示的. —— 译者注.

式中后一个记号是指对方括号中的矩阵求迹. 无论 $\not{p}_1, \not{p}_2$ 表示电子还是正电子, 式 (23–3) 都是成立的.

容易证明下面所列出的几个常常遇到的矩阵的迹的公式:

$$\mathrm{Sp}\,[1]=4 \quad \mathrm{Sp}\,[\gamma_\mu]=0 \quad \mathrm{Sp}\,[xy]=\mathrm{Sp}\,[yx]$$
$$\mathrm{Sp}\,[x+y]=\mathrm{Sp}\,[x]+\mathrm{Sp}\,[y]$$
$$\mathrm{Sp}\,[\gamma_\nu\gamma_\mu]=\begin{cases}0 & 若\ \nu\neq\mu\\ 4 & 若\ \nu=\mu=4\\ -4 & 若\ \nu=\mu=1,2,3\end{cases}$$
$$\mathrm{Sp}\,[\not{a}\not{b}]=\frac{1}{2}\mathrm{Sp}\,[\not{a}\not{b}+\not{b}\not{a}]=\mathrm{Sp}\,[a\cdot b]=4a\cdot b$$
$$\mathrm{Sp}\,[\not{a}\not{b}\not{c}]=0$$

另外, 任何奇数个带斜线的算符 (如 $\not{A}$) 乘积的迹是零.

$$\mathrm{Sp}\,[(\not{p}_1+m_1)(\not{p}_2-m_2)]=\mathrm{Sp}\,[\not{p}_1\not{p}_2]+\mathrm{Sp}\,[m_1\not{p}_2 -\not{p}_1 m_2-m_1m_2]=4(p_1\cdot p_2-m_1m_2) \tag{23–4}$$

$$\begin{aligned}&\mathrm{Sp}\,[(\not{p}_1+m_1)(\not{p}_2-m_2)(\not{p}_3+m_3)(\not{p}_4-m_4)]\\ =\,&4(p_1\cdot p_2-m_1m_2)(p_3\cdot p_4-m_3m_4)\\ &-4(p_1\cdot p_3-m_1m_3)(p_2\cdot p_4-m_2m_4)\\ &+4(p_1\cdot p_4-m_1m_4)(p_2\cdot p_3-m_2m_3)\end{aligned} \tag{23–5}$$

作为一个例子, 应用这种技术来 “处理 ”Coulomb 散射过程. 以前已得到极化电子的截面是

$$\sigma=\left(\frac{Ze^2}{Q^4}\right)|(\tilde{u}_2\gamma_t u_1)|^2$$

因为 $\tilde{\gamma}_t=\gamma_t$, 由式 (23–3) 可得非极化电子的截面是

$$\sigma_{非极化}=\frac{1}{2}\left(\frac{Z^2e^4}{Q^4}\right)\mathrm{Sp}\,[(\not{p}_2+m)\gamma_t(\not{p}_1+m)\gamma_t]$$

迹可以直接从 (23–5) 式算出, 其中 $m_2=m_4=0, \not{p}_2=\not{p}_4=\gamma_t$. 还有一个方法: 既然 $\gamma_t\not{p}_1=2E_1-\not{p}_1\gamma_t$, 故可看到

$$(\not{p}_2+m)\gamma_t(\not{p}_1+m)\gamma_t=(\not{p}_2+m)(2E_1\gamma_t-\not{p}_1+m)$$

应用几个前边列出的公式, 可以看出这个矩阵的迹是

$$-4p_1\cdot p_2+8E_1E_2+4m^2$$

又 $p_1 \cdot p_2 = E_1E_2 - \boldsymbol{p}_1 \cdot \boldsymbol{p}_2, \boldsymbol{p}_1 \cdot \boldsymbol{p}_2 = p^2\cos\theta, E_1 = E_2$, 所以上式等于

$$4E^2 + 4m^2 + 4p^2\cos\theta$$

又由于 $m^2 = E^2 - \boldsymbol{p}^2$, 于是截面最后是

$$\begin{aligned}\sigma_{\text{非极化}} &= \frac{1}{2}\frac{Z^2e^4}{Q^4}[8E^2 + 4p^2(\cos\theta - 1)]\\ &= \frac{4Z^2e^4}{Q^4}E^2\left(1 - v^2\sin^2\frac{\theta}{2}\right)\end{aligned}$$

式中 $v^2 = p^2/E^2$. 这一截面以前已用其他方法得到.

原子中 Coulomb 场的屏蔽效应

在对产生和韧致辐射过程的截面中, 包含着因子

$$[V(Q)]^2$$

$V(Q)$ 是势的动量表象; 即

$$V(\boldsymbol{Q}) = \int V(R)\exp(-\mathrm{i}\boldsymbol{Q}\cdot\boldsymbol{R})\mathrm{d}^3R$$

对于 Coulomb 势, 它是

$$V(\boldsymbol{Q}) = 4\pi\frac{Ze^2}{Q^2}$$

图 23–1

此处 $\boldsymbol{Q}$ 是传递给核的动量, 即 $\boldsymbol{p}_1 - \boldsymbol{p}_2 - \boldsymbol{q}$.

很清楚, 随着 $\boldsymbol{Q}$ 变小, $V(\boldsymbol{Q})$ 变大. 当三个动量在一条线上 (图 23–1) 时, 出现 $\boldsymbol{Q}$ 的极小值:

$$|\boldsymbol{Q}_{\min}| = \boldsymbol{p}_1 - \boldsymbol{p}_2 - \boldsymbol{q} = |\boldsymbol{p}_1| - |\boldsymbol{p}_2| - (E_1 - E_2)$$

对于非常高的能量 $E \gg m$,

$$E - p \approx \frac{m^2}{2E}$$

于是, 在这种情况下,

$$Q_{\min} \cong \frac{m^2}{2}\left(\frac{1}{E_2} - \frac{1}{E_1}\right) = \frac{m^2q}{2E_1E_2}$$

由此看出, 当 $E_1 \to \infty$ 时, $Q_{\min} \to 0$. 它清楚地说明了, 为什么对产生和韧致辐射的截面随着能量的增加而增加.

从 $V(Q)$ 的积分表达式中可以看出, 对积分的主要贡献来自 $R \sim \dfrac{1}{Q}$ 时.

所以, 当 Q 变小时, 重要的 R 区域变大. Coulomb 场的屏蔽就以这种方式变得重要起来. 应用前边的公式, 可估计有关过程的 $\dfrac{1}{Q_{\min}}$ 值. 原子的半径大约为 $a_0Z^{-1/3}$, 其中 a_0 是 Bohr 半径. 这样, 若

$$R = \frac{1}{Q_{\min}} > a_0Z^{-1/3}$$

或同样的

$$\frac{E_1E_2}{q} > \frac{1}{2}(137)mZ^{-1/3}$$

则屏蔽效应是重要的. 反之亦然, 若由此估计, 屏蔽将表现得重要时, 人们就应使用屏蔽 Coulomb 势. 它给出结果

$$V(Q) = \frac{4\pi e^2}{Q^2}[Z - F(Q)]$$

式中 $F(Q)$ 是原子结构因子,

$$F(Q) = \int n(R)\exp(-\mathrm{i}\boldsymbol{Q}\cdot\boldsymbol{R})\mathrm{d}^3R$$

$n(R)$ 是电子密度, 它是 R 的函数.

第 24 讲

习题: 在讨论韧致辐射时已发现, 发射低能光子的截面可以近似取为

$$\sigma = \sigma_0 e^2 4\pi\mathrm{d}\Omega\left(\frac{\mathrm{d}\omega}{\pi\omega}\right)\left[p_2\frac{e}{p_2}\frac{q}{\omega} - p_1\frac{e}{p_1}\frac{q}{\omega}\right]^2 \tag{24–1}$$

式中 σ_0 是略去发射时的散射截面. 现在考虑发射第三个弱光子的硬 Compton 散射. 图 24–1 画出了三种图.

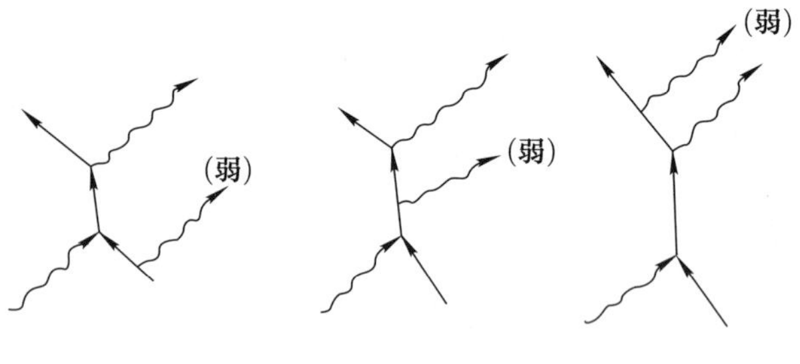

图 24–1

证明这个效应的截面由式 (24–1) 给出, 而其中的 σ_0 用 Klein–Nishina 公式. (记住, 假定 q 是小的.)

七、

几个电子的相互作用

虽然 Dirac 方程只描述一个粒子的运动, 我们仍能通过量子电动力学的原理获得两个或更多个粒子相互作用的振幅 (只要不包括核力).

首先考虑两个电子的运动, 这两个电子穿过存在势的区域, 并假设电子之间没有相互作用 (参看图 24–2). 电子 a 由点 1 跑到点 3, 同时电子 b 由点 2 跑到点 4 的振幅记为 $K(3,4;1,2)$. 若假设电子之间不发生相互作用, 则 K 可写为传播子的乘积 $K_+^{(a)}(3,1)K_+^{(b)}(4,2)$, 其中上标的意思是, $K_+^{(a)}$ 仅作用在描述粒子 a 的变量上, $K_+^{(b)}$ 也类似.

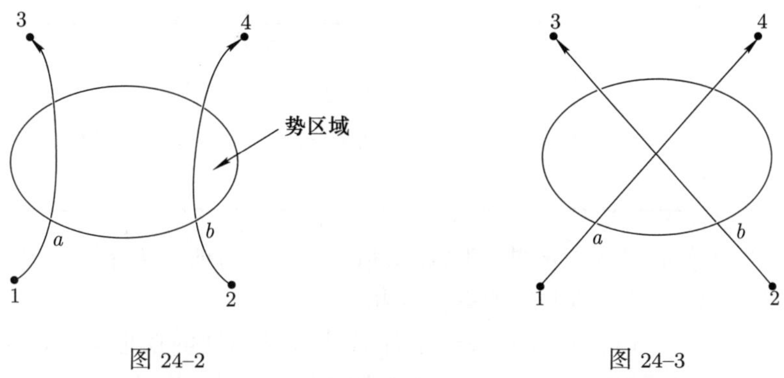

图 24–2　　图 24–3

第二种相互作用情况与第一种的区别只是位置 3 和 4 之间交换了粒子 (参看图 24–3). 按照 Pauli 原理, 任何测量无法将第二种情况与第一种情况区别开来. Pauli 原理说, 几个电子组成的体系的波函数, 在交换两个粒子的空间变量时, 改变其符号. 这样包括了两种可能情况的振幅是

$$K = K_+^{(a)}(3,1)K_+^{(b)}(4,2) - K_+^{(a)}(4,1)K_+^{(b)}(3,2).$$

在下述事件中存在类似的情况. 开始, 一个运动电子进入存在势的区域. 势产生电子-正电子对. 最后, 有两个电子和一个正电子从此区域射出. 这类事件有两种可能的情况, 如图 24–4 所示. 这个事件的总振幅又是两种可能情况的振幅之间的差.

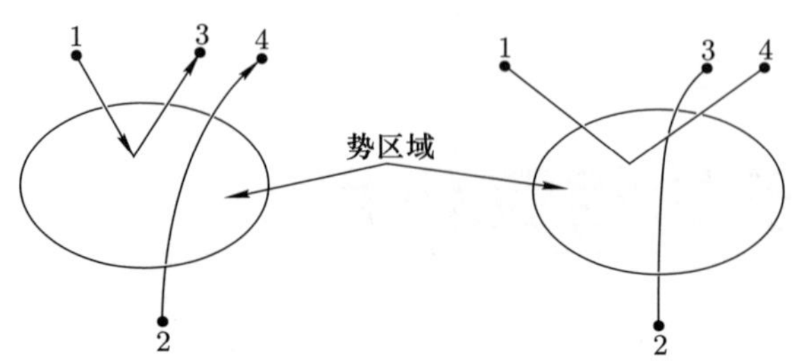

图 24–4

这一事件, 或前一种事件, 或任何类似事件的概率都等于振幅的绝对值的平方再乘以数值 P_V. P_V 实际上是真空保持为真空的概率. 因为有粒子对产生的可能性, 它不是 1. 可以通过作下表来计算 P_V, 这表包括从什么也没有开始到以各种数目的电子-正电子对结束的概率, 如表 24–1 所示. 所有这些概率之和必定等于 1, P_V 便可由这方程来决定.

表 24–1

末态粒子对数	概　　率
0	$P_V I^2$
1	$P_V\|K_+(2,1)\|^2$
2	$P_V\|K_+(3,1)K_+(4,2)-K_+(4,1)K_+(3,2)\|^2$
等等	等等

P_V 的大小取决于存在的势. 所以, 只取振幅平方 (即略去了 P_V 因子) 的 "概率", 实际上是给定势场中各种事件的相对概率.

$\delta_+(s^2)$ 的应用　现在不去管一个事件有几种可能性的情形 (Pauli 原理). 总可以从一个振幅通过交换适当的空间变量, 做出相应的符号改变, 再把由此得到的所有振幅加起来, 导出总振幅.

相互作用振幅的非相对论 Born 近似是

$$K(3,4;1,2)=K^{(0)}+K^{(1)}$$

式中, 由前面各讲

$$K^{(0)}=K_0^{(a)}(3,1)K_0^{(b)}(4,2)$$

和

$$K^{(1)}=-\mathrm{i}\int K^{(0)}(3,4;5,6)V(5,6)K^{(0)}(5,6;1,2)\cdot \mathrm{d}^3\boldsymbol{x}_5\mathrm{d}^3\boldsymbol{x}_6\mathrm{d}t_5$$

注意, 因为非相对论性相互作用同时作用于两个粒子, 所以 $t_5=t_6$. 相互作用势是 Coulomb 势,

$$V(5,6)=\frac{e^2}{r_{5,6}}$$

若将函数 $\delta(t_5-t_6)$ 作为一个因子包括进去, 则对于 t_5 和 t_6 可以用两个分开的变量. 于是

$$K^{(1)}=-\mathrm{i}\iint K_0(3,5)K_0(4,6)\frac{e^2}{r_{5,6}}\delta(t_5-t_6)\cdot K_0(5,1)K_0(6,2)\mathrm{d}\tau_5\mathrm{d}\tau_6$$

式中微分 $\mathrm{d}\tau$ 包括了空间变量和时间变量. 可以相信, 用 K_+ 代替 K_0, 并引进推迟势的概念, 用 $\delta(t_5-t_6-r_{5,6})$ 替换 $\delta(t_5-t_6)$, 就可得到相对论传播子. 然而这一 δ 函数不是十分正确的. 它的 Fourier 变换既有正频部分, 又有负频部分, 而光子仅有正能量, 即

$$\delta(X)=\int_{-\infty}^{\infty}\exp(-\mathrm{i}\omega X)\frac{\mathrm{d}\omega}{2\pi}$$

为了修正此式, 定义函数

$$\delta_+(X)=\int_{0}^{\infty}\exp(-\mathrm{i}\omega X)\frac{\mathrm{d}\omega}{\pi}$$

它仅包含正能. 此函数值由积分来确定, 这样

$$\begin{aligned}\delta_+(X)&=\lim_{\varepsilon\to 0}\frac{1}{\pi\mathrm{i}}(X-\mathrm{i}\epsilon)^{-1}\\&=\delta(X)+\frac{1}{\pi\mathrm{i}}\left(\frac{1}{X}\text{ 的主值}\right)\end{aligned}$$

简写 $t_5-t_6=t$ 以及 $r_{5,6}=r$, 再考虑到 $t_5\leqslant t_6$ 和 $t_5\geqslant t_6$ 两者都是可能的, 则推迟势为

$$V(5,6)=\frac{e^2}{2r}[\delta_+(t-r)+\delta_+(-t-r)]$$

练习: (1) 证明

$$\frac{1}{2r}[\delta_+(t-r)+\delta_+(-t-r)]=\delta_+(t^2-r^2).$$

定义 t^2-r^2 为 $s_{5,6}^2$, 它是一个相对论不变量, 势为 $e^2\delta_+(s_{5,6}^2)$. 必须包含的另一项是磁相互作用, 它正比于 $-V_a\cdot V_b$. 用 Dirac 方程使用的记号, 这个乘积是 $-\boldsymbol{\alpha}_a\cdot\boldsymbol{\alpha}_b$. 用其等价形式 $-(\beta\boldsymbol{\alpha})_a\cdot(\beta\boldsymbol{\alpha})_b$ 将是很方便的, 在此记号下, Coulomb

推迟势正比于 $\beta_a\beta_b$. 这些 β 来源于使用了相对论传播子. 这样, 总的相互作用势为

$$e^2\delta_+(s_{5,6}^2)[\beta_a\cdot\beta_b-(\beta\boldsymbol{\alpha})_a\cdot(\beta\boldsymbol{\alpha})_b]=e^2\delta(s_{5,6}^2)\gamma_\mu^{(a)}\gamma_\mu^{(b)},$$

第一级传播子则是

$$\begin{aligned}K^{(1)}(3,4;1,2)=&-\mathrm{i}e^2\iint K_+^{(a)}(3,5)K_+^{(b)}(4,6)\gamma_\mu^{(a)}\gamma_\mu^{(b)}\\&\cdot\delta_+(s_{5,6}^2)K_+^{(a)}(5,1)K_+^{(b)}(6,2)\mathrm{d}\tau_5\mathrm{d}\tau_6\\=&-\mathrm{i}e^2\iint[K_+(3,5)\gamma_\mu K_+(5,1)]_a\delta_+(s_{5,6}^2)\\&\cdot[K_+(4,6)\gamma_\mu K_+(6,2)]_b\mathrm{d}\tau_5\mathrm{d}\tau_6\end{aligned}\qquad(24\text{–}2)$$

式中 γ_μ 的上标与 K_+ 的上标一样, 表示这个矩阵作用于那一组变量.

这个传播子所代表的事件可以用图 24–5 表示. 此图说明了电子之间交换虚光子. 虚光子可沿 t,x,y,z 四个方向中的任何一个极化. $\gamma_\mu\gamma_\mu$ 的重复下标代表对四种可能性的求和. 传播子的积分表示式 (24–2) 暗示光子从点 5 跑到点 6 (或者是从点 6 跑到点 5, 这取决于时间走向.) 的振幅是 $\delta_+(s_{5,6}^2)$. 式 (24–2) 也可作为量子电动力学基本定律的另一种表达式.

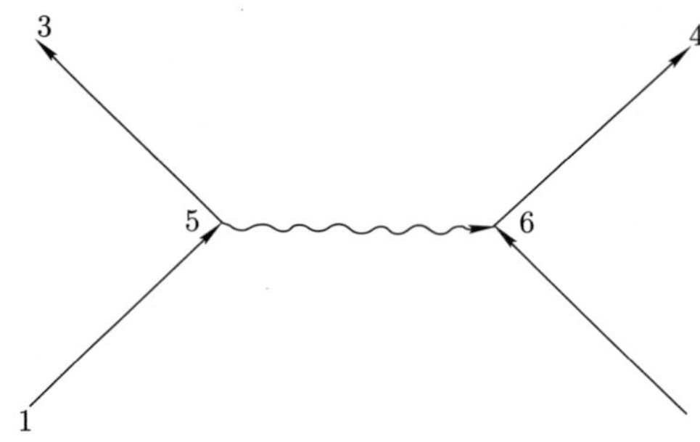

图 24–5

(2) 证明

$$\delta_+(s^2)=-4\pi\int[\exp(-\mathrm{i}k\cdot x)]\frac{\mathrm{d}^4k}{(k^2+\mathrm{i}\epsilon)(2\pi)^4}$$

因而, 在动量空间,

$$\delta_+(s^2)\to-\frac{4\pi}{k^2}$$

第 25 讲

量子电动力学“规则”的推导

根据上一讲的结果, 显然, 可将量子电动力学的定律叙述如下: (1) 发射 (或吸收) 一个光子的幅是 $e\gamma_\mu$; (2) 一个光子从点 1 跑到点 2 的振幅是 $\delta_+(s_{1,2}^2)$, 即

$$\delta_+(s_{1,2}^2) = -4\pi \int \frac{\exp[-\mathrm{i}k\cdot(x_2-x_1)]}{k^2+\mathrm{i}\epsilon}\frac{\mathrm{d}^4k}{(2\pi)^4} \tag{25–1}$$

在动量表象中 $\delta_+(s_{1,2}^2) = -\dfrac{4\pi}{k^2+\mathrm{i}\epsilon}$. 很有意思的是, $\delta_+(s_{1,2}^2)$ 与将粒子质量 m 取为零时的 $I_+(s_{1,2}^2)$ 相同, 后者出现在自由粒子传播子的推导中, 若将波动方程 $\Box^2 A_\mu = -4\pi J_\mu$ 写成动量表象中的形式

$$-k^2 a_\mu = 4\pi j_\mu \quad 或 \quad a_\mu = -\frac{4\pi}{k^2} j_\mu \tag{25–2}$$

便可看出它与 Maxwell 方程的更直接的关系.

现在考虑这些定律与第 2 讲中所给出的量子电动力学“规则”的关系. 按照这些“规则”来计算电子 a 发射一个光子, 电子 b 吸收一个光子 (参看图 25–1) 的振幅. 电子 a 从点 1 跑到点 5, 发射一个方向为 $\boldsymbol{K}$, 极化为 $\not{e}$ 的光子后, 再从点 5 跑到点 3 的振幅为

$$\left[K_+(3,5)\not{e}\sqrt{\frac{4\pi e^2}{2K}}\exp(-\mathrm{i}\boldsymbol{K}\cdot\boldsymbol{r}_5)\exp(\mathrm{i}Kt_5)K_+(5,1)\right]_a$$

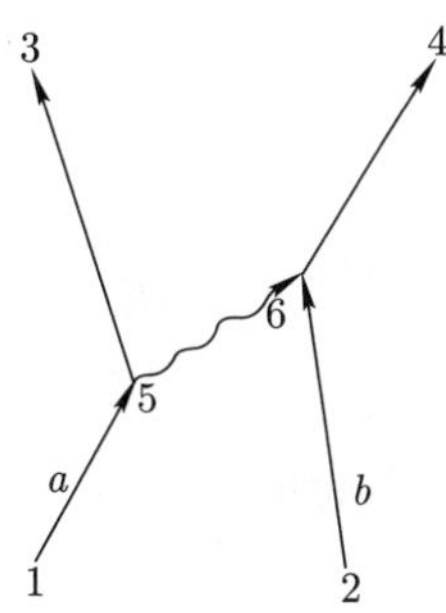

图 25–1

而电子 b 从点 2 跑到点 6, 在点 6 吸收一个方向为 $\boldsymbol{K}$ 极化为 $\not{e}$ 的光子, 再从点 6 跑到点 4 的振幅为

$$\left[K_+(4,6)\not{e}\sqrt{\frac{4\pi e^2}{2K}}\exp(\mathrm{i}\boldsymbol{K}\cdot\boldsymbol{r}_6)\exp(-\mathrm{i}Kt_6)K_+(6,2)\right]_b$$

若 $t_6 > t_5$, 这两个过程等价于电子 b 吸收电子 a 的光子, 其振幅正好是单个振幅的乘积. 若电子 a 吸收电子 b 的光子, 则前述振幅中所有指数变号, 且 t_6 必小于 t_5.

为了得到在电子 b 和电子 a 之间交换任何光子的振幅, 必须对光子方向积分, 对可能的光子极化求和. 并对满足前述限制的 t_5 和 t_6 积分. 在对极化求和时, $\not{e}$ 要用 γ_μ 来代替并对 μ 求和. 这相当于对四个极化方向求和, 对此, 以后再加以解释. 于是

$$
\begin{aligned}
&(\text{光子从电子 } a \to \text{电子 } b \text{ 的幅})\\
&= 4\pi e^2 \sum_\mu \int \exp[-\mathrm{i}\boldsymbol{K}\cdot(\boldsymbol{r}_5-\boldsymbol{r}_6)]\exp[\mathrm{i}K(t_5-t_6)]\\
&\quad \cdot[K_+(3,5)\gamma_\mu K_+(5,1)]_a[K_+(4,6)\gamma_\mu K_+(6,2)]_b\\
&\quad \cdot\left(\frac{1}{2K}\right)\left[\frac{\mathrm{d}^3\boldsymbol{K}}{(2\pi)^3}\right]\mathrm{d}t_5\mathrm{d}t_6 \qquad (t_6>t_5)\\
&= 4\pi e^2 \sum_\mu \int \exp[\mathrm{i}\boldsymbol{K}\cdot(\boldsymbol{r}_5-\boldsymbol{r}_6)]\exp[-\mathrm{i}K(t_5-t_6)]\\
&\quad \cdot[K_+(3,5)\gamma_\mu K_+(5,1)]_a[K_+(4,6)\gamma_\mu K_+(6,2)]_b\\
&\quad \cdot\left(\frac{1}{2K}\right)\left[\frac{\mathrm{d}^3\boldsymbol{K}}{(2\pi)^3}\right]\mathrm{d}t_5\mathrm{d}t_6 \qquad (t_6<t_5)
\end{aligned}
\tag{25–3}
$$

与上一讲的结果相比较, 必有

$$
\begin{aligned}
\delta_+(s_{5,6}^2) &= 4\pi\int \exp[-\mathrm{i}\boldsymbol{K}\cdot(\boldsymbol{r}_5-\boldsymbol{r}_6)]\cdot\exp\left[\mathrm{i}K(t_5-t_6)\frac{1}{2K}\frac{\mathrm{d}^3\boldsymbol{K}}{(2\pi)^3}\right] \qquad (t_6>t_5)\\
&= 4\pi\int \exp[\mathrm{i}\boldsymbol{K}\cdot(\boldsymbol{r}_5-\boldsymbol{r}_6)]\cdot\exp[-\mathrm{i}K(t_5-t_6)]\frac{1}{2K}\frac{\mathrm{d}^3\boldsymbol{K}}{(2\pi)^3} \qquad (t_6<t_5)
\end{aligned}
$$

应用 Fourier 变换

$$
\exp(-\mathrm{i}K|t|) = \int_{-\infty}^{\infty}\left[\frac{2\mathrm{i}K}{\omega^2-K^2+\mathrm{i}\epsilon}\right]\exp(-\mathrm{i}\omega t)\frac{\mathrm{d}\omega}{2\pi}
$$

可以把上式写成明显的时空对称的形式

$$
\delta_+(s_{5,6}^2) = -4\pi\int\frac{\exp[-\mathrm{i}k\cdot(x_5-x_6)]}{k_4^2-\boldsymbol{K}\cdot\boldsymbol{K}+\mathrm{i}\epsilon}\frac{\mathrm{d}^4k}{(2\pi)^4} \tag{25–4}
$$

将其与第 24 讲最后一个习题的结果相比较, 就证明了第 2 讲所给出的规则与上一讲建立的相对论电动力学是互相一致的.

电子–电子散射

现在将用此理论来计算电子–电子散射截面. 两种不可区分的过程表示在图 25–2 中.

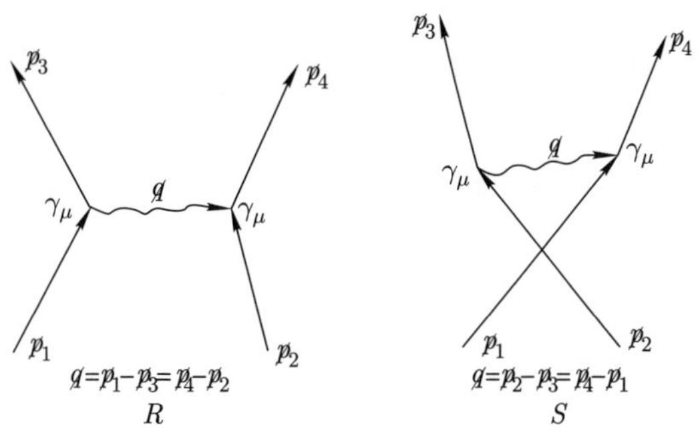

图 25–2

通过如下步骤得到动量表象中的振幅: 借助于式 (25–4) 将式 (25–3) 写为

$$-\mathrm{i}e^2\sum_\mu\int[K_+(3,5)\gamma_\mu K_+(5,1)]_a\frac{-4\pi}{q^2}\cdot[K_+(4,6)\gamma_\mu K_+(6,2)]_b\frac{\mathrm{d}^4q}{(2\pi)^4}\mathrm{d}\tau_5\mathrm{d}\tau_6$$

因为电子态 1 是动量为 $\not p_1$ 的平面波, 电子态 3 是动量为 $\not p_3$ 的平面波, 所以很清楚, 在动量表象中, 第一个方括号中的旋量部分变成 $(\tilde u_3\gamma_\mu u_1)$, 而第二个方括号中的旋量部分变成 $(\tilde u_4\gamma_\mu u_2)$. 对 τ_5 和 τ_6 的积分产生了图下部分给出的守恒定律. 去掉对 q 的积分而直接写出在动量表象中的光子传播子. 这样矩阵元可以写为

$$M=\mathrm{i}4\pi e^2\left[\frac{(\tilde u_4\gamma_\mu u_2)(\tilde u_3\gamma_\mu u_1)}{(\not p_1-\not p_3)^2}-\frac{(\tilde u_4\gamma_\mu u_1)(\tilde u_3\gamma_\mu u_2)}{(\not p_4-\not p_1)^2}\right]$$

头一项来自图 R, 第二项来自图 S, 并隐含着对 μ 的求和. 在质心系中, 每秒跃迁概率是

$$\text{跃迁概率/秒}=\sigma v_1=\frac{2\pi}{(2E)^4}|M|^2\frac{E^2p^3\mathrm{d}\Omega}{(2\pi)^3 2Ep^2}$$

(参看第 19 讲: 末态密度), 可以用第 23 讲中的方法对初态自旋求平均, 对末态自旋求和. 例如, 由 $\widetilde R$ 乘 R 矩阵以及 $\widetilde R$ 乘 S 加上 R 乘 $\widetilde S$ 矩阵得到的对自旋态求和是

$$\widetilde RR\to\frac{\mathrm{Sp}\,[(\not p_4+m)\gamma_\mu(\not p_2+m)\gamma_\nu]\mathrm{Sp}\,[(\not p_3+m)\gamma_\mu(\not p_1+m)\gamma_\nu]}{[(\not p_1-\not p_3)^2]^2}$$

$$\widetilde RS+R\widetilde S\to-\frac{\mathrm{Sp}\,[(\not p_4+m)\gamma_\nu(\not p_1+m)\gamma_\mu\cdot(\not p_3+m)\gamma_\nu(\not p_2+m)\gamma_\mu]}{(\not p_1-\not p_3)^2(\not p_4-\not p_1)^2}$$

巧妙地应用第 23 讲中所给出的求迹公式, 便得到下面的微分截面 (或者, 可以利用表 13–1 直接计算 M):

$$\mathrm{d}\sigma=\frac{2pe^4\mathrm{d}\Omega}{E^3}\left[\frac{4X^2+8X\cos\theta+2(1-\cos^2\theta)+4\cos\theta}{(1-\cos\theta)}\right.\\\left.+\frac{4X^2-8X\cos\theta+2(1-\cos^2\theta)-4\cos\theta}{(1+\cos\theta)^2}-\frac{4(1+X)(X-3)}{(1-\cos\theta)(1+\cos\theta)}\right]$$

式中 $X=\dfrac{E^2}{p^2}$. 这种散射被称为 Möller 散射 (参看图 25–3).

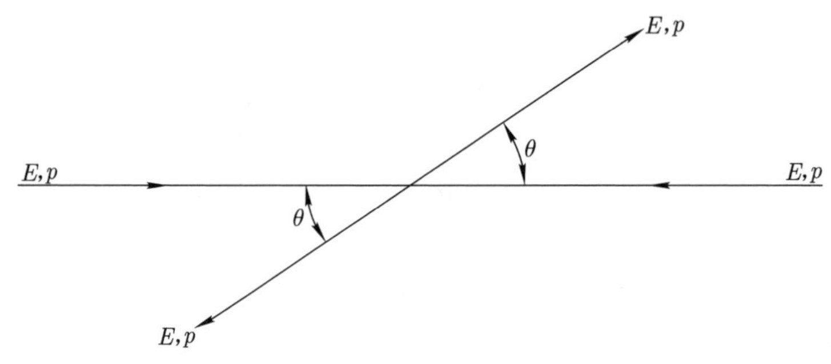

图 25–3

习题: (1) 用上述方法计算正电子–电子散射.

(2) 求 μ 子产生撞击电子的截面, 假设 μ 子满足 $s=\dfrac{1}{2}$ 的 Dirac 方程, 并且没有反常磁矩. 记住这些粒子是可分辨的, 因此没有粒子交换.

(3) 计算电子–质子散射截面, 假设质子没有结构, 但有反常磁矩. 质子的 Dirac 方程是 (参看第 12 讲末习题 (3))

$$\left(\mathrm{i}\nabla\!\!\!/-M-eA\!\!\!/-\left(\frac{\mu}{4M}\right)\gamma_\mu\gamma_\nu F_{\mu\nu}\right)\psi=0$$ [1)]

因而微扰势可取为

$$eA\!\!\!/+\frac{e\mu}{4M}\gamma_\mu\gamma_\nu(\nabla_\mu A_\nu-\nabla_\nu A_\mu)$$

与光子的耦合是

$$ee\!\!\!/+\frac{e\mu}{4M}(q\!\!\!/e\!\!\!/-e\!\!\!/q\!\!\!/)\quad 或\quad e\gamma_\mu+\frac{e\mu}{4M}(q\!\!\!/\gamma_\mu-\gamma_\mu q\!\!\!/)$$

对四种极化求和 在经典电动力学中, 总可以消取纵波而只用横波和瞬时 Coulomb 相互作用. 这是 Fermi 所采纳的方法 (参看第 1 讲). 现在证明对四

1) 对质子 $\mu=1.7896$.

种极化求和的结果也等价于横波再加上瞬时 Coulomb 相互作用. 当空间方向不是选 x, y, z, 而是一个方向平行于 $\boldsymbol{Q}$ (光子动量), 另二个方向垂直于 $\boldsymbol{Q}$ 时, 矩阵元可写为

$$\begin{aligned}\frac{M}{\mathrm{i}4\pi e^2} &= (\tilde{u}_4\gamma_t u_2)\frac{1}{q^2}(\tilde{u}_3\gamma_t u_1) - (\tilde{u}_4\gamma_Q u_2)\frac{1}{q^2}\cdot(\tilde{u}_3\gamma_Q u_1)\\ &\quad - \sum_{\text{二个横向}}(\tilde{u}_4\gamma_{\mathrm{tr}}\, u_2)\frac{1}{q^2}(\tilde{u}_3\gamma_{\mathrm{tr}}\, u_1)\end{aligned}$$

式中 γ_Q 是 $\boldsymbol{Q}$ 方向的 γ 矩阵, 而 γ_{tr} 代表某个横向的 γ 矩阵, $\not{q} = q_4\gamma_t - Q\gamma_Q$ 的矩阵元一般为零 (由规范不变性论证)[1]. 因而 γ_Q 可用 $\dfrac{q_4}{Q}\gamma_t$ 代替. 结果是

$$\begin{aligned}\frac{M}{\mathrm{i}4\pi e^2} &= (\tilde{u}_4\gamma_t u_2)\frac{1}{q^2}\left(1-\frac{q_4^2}{Q^2}\right)(\tilde{u}_3\gamma_t u_1) - \sum_{1,2}(\tilde{u}_4\gamma_{\mathrm{tr}}\, u_2)\frac{1}{q^2}(\tilde{u}_3\gamma_{\mathrm{tr}}\, u_1)\\ &= -(\tilde{u}_4\gamma_t u_2)\frac{1}{Q^2}(\tilde{u}_3\gamma_t u_1) - \sum_{1,2}(\tilde{u}_4\gamma_{\mathrm{tr}}\, u_2)\frac{1}{q^2}(\tilde{u}_3\gamma_{\mathrm{tr}}\, u_1)\end{aligned}$$

上式中 $\dfrac{1}{Q^2}$ 代表动量空间中的 Coulomb 场, γ_t 是电流密度的第四分量即电荷, 因而式中第一项代表 Coulomb 相互作用, 第二项则包括通过横波的相互作用.

---

1) 例如, 在我们的特殊情况下, 容易直接看出

$$\begin{aligned}(\tilde{u}_4\not{q}u_2) &= (\tilde{u}_4(\not{p}_2 - \not{p}_4)u_2) = (\tilde{u}_4\not{p}_2 u_2) - (\tilde{u}_4\not{p}_4 u_2)\\ &= m(\tilde{u}_4 u_2) - m(\tilde{u}_4 u_2) = 0\end{aligned}$$

八、
某些修正项的解释与讨论

第 26 讲

在很多过程中, 量子电动力学所描述电子的性质, 除了一些小的"修正"项外, 与更简单的理论所预言的相同. 这一讲的目的就是要指出几种这类情况, 并加以讨论.

电子–电子相互作用

此种相互作用的最简单情况如图 26–1 所示. 已经发现, 在动量表象, 此过程的幅正比于

$$\frac{(\tilde{u}_3\gamma_\mu u_1)(\tilde{u}_4\gamma_\mu u_2)}{q^2}$$

式中 $q\equiv(\boldsymbol{Q},q_4)$, $\boldsymbol{Q}$ 是两个电子所交换的动量. 又由 $\not{q}=\not{p}_1-\not{p}_3$ 得到

$$(\tilde{u}_3\not{q}u_1)=(\tilde{u}_3(\not{p}_1-\not{p}_3)u_1)=0$$

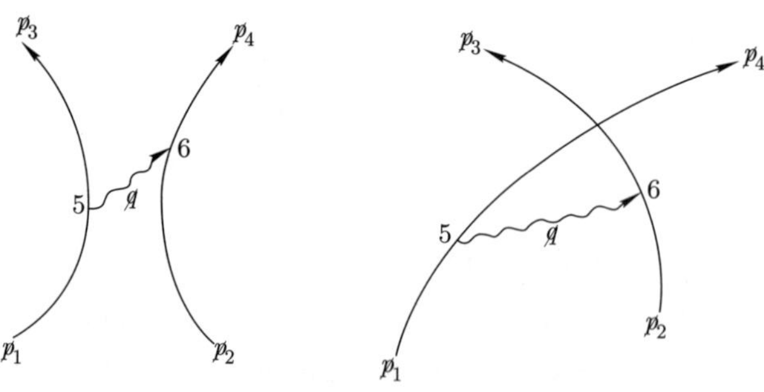

图 26–1

上一讲中已由此恒等式推出此过程的幅等价于

$$\left[\frac{-(\tilde{u}_3\gamma_t u_1)(\tilde{u}_4\gamma_t u_2)}{Q^2}\right] - \sum_{1,2}\frac{(\tilde{u}_3\gamma_{\mathrm{tr}}\, u_1)(\tilde{u}_4\gamma_{\mathrm{tr}}\, u_2)}{q^2}$$

通过对第一项作 Fourier 变换, 就可看出此项是纯瞬时 Coulomb 势的动量表象. 第二项则是对简单 Coulomb 相互作用的修正. 其中, γ_{tr} 表示在与 $\boldsymbol{Q}$ 垂直的两个横方向上的 γ 矩阵.

对于慢电子, 对 Coulomb 势的修正可以简化, 并以简明的方式加以解释. 注意, 在这种情况下,

$$\boldsymbol{Q} = \boldsymbol{p}_1 - \boldsymbol{p}_3$$

及

$$\begin{aligned} q_4 = E_1 - E_2 &\approx \left[m + \frac{p_1^2}{2m}\right] - \left[m + \frac{p_3^2}{2m}\right] = \frac{p_1^2 - p_3^2}{2m} \\ &= \left[\frac{p_1 + p_3}{2m}\right](p_1 - p_3) \approx v(p_1 - p_3) \end{aligned}$$

所以 $q_4^2 \sim v^2 Q^2$, 并且在分母中可以用 $-Q^2$ 代替 q^2, 这只带来很小的误差. (在质心系中, $q_4 = 0$ 是精确的) 于是修正项变成

$$\sum_{1,2}(\tilde{u}_3\gamma_{\mathrm{tr}}\, u_1)(\tilde{u}_4\gamma_{\mathrm{tr}}\, u_2)/Q^2$$

但是

$$(\tilde{u}_3\gamma_{\mathrm{tr}}\, u_1) \equiv u_3^*\boldsymbol{\alpha}_{\mathrm{tr}}\, u_1$$

回想起 $u \equiv \begin{pmatrix} u_a \\ u_b \end{pmatrix}$, 其中 u_a 是大分量, u_b 是小分量, 在非相对论近似下 [参看式 (11–6)]

$$u_b \cong \frac{1}{2m}(\boldsymbol{\sigma}\cdot\boldsymbol{\pi})u_a$$

再因

$$\boldsymbol{\alpha} = \begin{pmatrix} 0 & \boldsymbol{\sigma} \\ \boldsymbol{\sigma} & 0 \end{pmatrix}$$

得 (取其在正能态之间的矩阵元)

$$\begin{aligned} u_3^*\alpha_{\mathrm{tr}}\, u_1 &= (u_{3a}^*\ u_{3b}^*)\begin{pmatrix} 0 & \boldsymbol{\sigma} \\ \boldsymbol{\sigma} & 0 \end{pmatrix}\begin{pmatrix} u_{1a} \\ u_{1b} \end{pmatrix} = (u_{3a}^*\boldsymbol{\sigma}u_{1b} + u_{3b}^*\boldsymbol{\sigma}u_{1a})_{\mathrm{tr}} \\ &= \frac{1}{2m}[u_{3a}^*\boldsymbol{\sigma}(\boldsymbol{\sigma}\cdot\boldsymbol{\pi}_1) + (\boldsymbol{\sigma}\cdot\boldsymbol{\pi}_3)\boldsymbol{\sigma}u_{1a}]_{\mathrm{tr}} \end{aligned}$$

在自由空间中 $\boldsymbol{\pi}=\boldsymbol{p}$, 于是, 比如说上述矩阵的 x 分量是

$$\begin{aligned}&\sigma_x(\sigma_x p_{1x}+\sigma_y p_{1y}+\sigma_z p_{1z})+(\sigma_x p_{3x}+\sigma_y p_{3y}+\sigma_z p_{3z})\sigma_x\\=&(p_1+p_3)_x+\mathrm{i}[\sigma_z(p_1-p_3)_y-\sigma_y(p_1-p_3)_z]\end{aligned}$$

上式中已应用 σ 矩阵的对易关系. 由此容易看出, Coulomb 势修正的振幅可以下面的形式写在一起:

$$\begin{aligned}&\sum_{1,2}\frac{1}{Q^2}\left\{u_{3a}^*\left[\frac{\boldsymbol{p}_1+\boldsymbol{p}_3}{2m}-\mathrm{i}\frac{\boldsymbol{\sigma}\times(\boldsymbol{p}_1-\boldsymbol{p}_3)}{2m}\right]_{\mathrm{tr}}u_{1a}\right\}\\&\times\left\{u_{4a}^*\left[\frac{\boldsymbol{p}_4+\boldsymbol{p}_2}{2m}-\mathrm{i}\frac{\boldsymbol{\sigma}\times(\boldsymbol{p}_2-\boldsymbol{p}_4)}{2m}\right]_{\mathrm{tr}}u_{2a}\right\}\end{aligned}$$

每个方括号的头一项表示电子垂直于 $\boldsymbol{Q}$ 的运动所引起的电流, 而第二项表示每个电子磁矩的横向分量. 因而, 总起来说, 修正项就像是来自电子之间电流–电流, 电流–偶极子, 偶极子–偶极子的相互作用. 甚至在经典理论的基础上也预料有这些相互作用, 并且早在量子电动力学之前, Breit 就对其作过描述, 因而这些相互作用也称为 Breit 相互作用.

现在, 考虑在修正因子中出现的偶极–偶极项. 因为 $\boldsymbol{Q}=\boldsymbol{p}_1-\boldsymbol{p}_3=\boldsymbol{p}_2-\boldsymbol{p}_4$, 所以它是

$$\sum_{1,2}(\boldsymbol{\sigma}_1\times\boldsymbol{Q})_{\mathrm{tr}}(\boldsymbol{\sigma}_2\times\boldsymbol{Q})_{\mathrm{tr}}/Q^2$$

但是, 因为 $\boldsymbol{\sigma}$ 和 $\boldsymbol{Q}$ 在同一方向时 $\boldsymbol{\sigma}\times\boldsymbol{Q}$ 等于零, 所以求和可以扩大到全部三个方向, 等价于点积. 也就是说, 此修正项是

$$(\boldsymbol{\sigma}_1\times\boldsymbol{Q})\cdot(\boldsymbol{\sigma}_2\times\boldsymbol{Q})/Q^2$$

取 Fourier 变换[1), 将会看到, 正如已说过的那样, 这是动量表象中两个偶极子的相互作用.

注意, 上面所使用的近似 $q_4\sim\dfrac{v}{c}Q$ 仅在正能态之间适用, 如果一个态代表正电子, 那么

$$q_4=E_1-E_2=2m\neq0$$

不过, $2m$ 很大, 因而修正仍很小. 无论如何, 重作分析仍有必要.

1) 注意: 在变换积分中出现的 $(\boldsymbol{\sigma}_1\times\boldsymbol{Q})\cdot(\boldsymbol{\sigma}_2\times\boldsymbol{Q})\exp(-\mathrm{i}Q\cdot x)$ 与

$$-(\boldsymbol{\sigma}_1\times\nabla)\cdot(\boldsymbol{\sigma}_2\times\nabla)\exp(-\mathrm{i}Q\cdot x)$$

相同, 式中 ∇ 是梯度算符. 后一形式可以分部积分, 这将极大地简化过程和结果. 因为 $\dfrac{1}{Q^2}$ 的变换是 $\dfrac{1}{r}$, 所以, 耦合是一 $(\boldsymbol{\sigma}_1\times\nabla)\cdot(\boldsymbol{\sigma}_2\times\nabla)\cdot\left(\dfrac{1}{r}\right)$, 这正是相互作用的磁偶极矩的经典能.

电子–正电子相互作用

看起来, 因为电子和正电子是可以分辨的, 因而 Pauli 原理不要求有交换图, 剩下的只有一个图, 即图 26–2.

但是根据同样的唯象理由, 可构思出图 26–3. 它表示电子和正电子的虚湮没, 放出虚光子, 尔后又产生新的电子–正电子对. 结果是, 必须认为电子–正电子对以虚光子的形式存在一段时间, 以便与实验获得一致的结果.

正电子是逆着时间运动的电子, 从这个观点出发, 图 26–3 与图 26–2 的差别仅在于它们交换了 “末” 态的 $p\!\!\!/_3, p\!\!\!/_4$. Pauli 原理的推广在这种情况下仍然起作用; 这两个图的幅必须相减, 因为它们的差别仅仅在于哪一个是出射粒子 (在箭头的含义上来说).

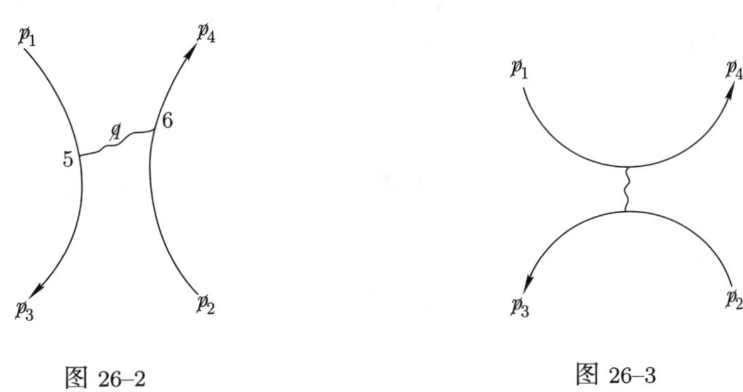

图 26–2　　图 26–3

电子偶素

一个电子和一个正电子能以类氢束缚态的形式存在一个短时间, 这种类氢态称为原子电子偶素. 电子偶素的基态是 S 态, 它可以是单态, 也可以是三重态; 这取决于自旋的排列, 正如在布置的习题中已指出的那样, ^{1}S 态只能湮没为两个光子, 而 ^{3}S 态只能湮没成三个光子, 湮没为双光子的平均寿命是 $\dfrac{1}{8}\times 10^{-9}$ s, 湮没为三个光子的寿命是 $\dfrac{1}{7}\times 10^{-6}$ s.

习题: 应用已经算出的截面以及质量为电子偶素约化质量的氢原子波函数来检验湮没为双光子的平均寿命为 $\dfrac{1}{8}\times 10^{-9}$ s.

图 26–2 贡献的 Coulomb 势将电子偶素聚合在一起. 来自同一图的修正项 (Breit 相互作用) 贡献出偶极–偶极即自旋–自旋相互作用, 它在 ^{1}S 态和 ^{3}S 态中是不同的 (两个态的流–流相互作用和自旋–流相互作用是一样的). 因而这相当于 ^{1}S 态和 ^{3}S 态的精细结构分裂, 可以证明它是 4.8×10^{-4} eV.

事实上, 光子的自旋是 1, 电子偶素的 ^{1}S 态自旋是零, 角动量守恒禁止 ^{1}S

态发生图 26–3 所表示的过程. 但是此过程确可以发生在 ^{3}S 态中. 来自这个图的项是小的, 因而它构成 ^{3}S 能级和 ^{1}S 能级之间的另一精细结构分裂. 可以证明, 这一分裂与自旋–自旋分裂在同一方向, 数值等于 3.7×10^{-4} eV. 人们把它看成是 “新的湮没力” 带来的分裂.

为了计算来自图 26–3 的项, 需要计算

$$\frac{-(\tilde{u}_4\gamma_\mu u_1)(\tilde{u}_3\gamma_\mu u_2)}{q^2}$$

在这个情况下, $q^2\approx 4m^2$ (质心系中 $Q^2=0$), 并且所有矩阵元是 1 或 0 (在电子偶素中, 认为粒子基本上是静止的), 于是结果仅仅是个数. 这意味着取 Fourier 变换时, 对于真实空间的相互作用会得到一个电子和正电子相对坐标的 δ 函数. 由于这个缘故, 有时称其为电子和正电子的 “短程” 相互作用.

将已列出的精细结构分裂组合在一起, 表示为

$$\frac{1}{2}\alpha^2\mathrm{Ry}\,\frac{7}{3}$$

式中 Ry 是 Rydberg 常数, α 是精细结构常数. 用频率来表示能量的话, 它相当于 2.044×10^5 兆周.

然而, 还有另外的修正尚未叙述. 这个修正来自图 26–4, 图中电子或正电子可以发射然后再吸收它自己的光子. 若把它也考虑在内, 电子偶素中的精细结构分裂应是[1)]

$$\frac{1}{2}\alpha^2\mathrm{Ry}\left\{\frac{7}{3}-\left[\frac{32}{9}+2\ln 2\right]\frac{\alpha}{\pi}\right\}$$

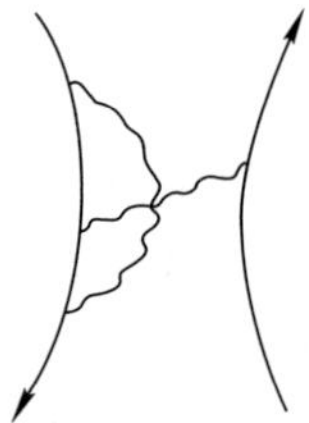

图 26–4

其值为 2.0337×10^5 兆周. 电子偶素精细结构的实验值是 $(2.035\pm0.003)\times10^5$ 兆周, 于是可以看出, 为了取得与实验一致, 尽管最后一个修正项比主项小 α 量级, 它还是必须考虑的. 在电子偶素和在氢原子中都把它称为 Lamb 位移修正, 这是因为, 作为氢原子 $^2\mathrm{S}_{1/2}$ 和 $^2\mathrm{P}_{1/2}$ 能级间小分裂的根源, 是 Lamb 对其进行了实验观察. 一般把它归入电子自作用项中, 后面将更详细地讨论它.

1) *Phys. Rev.*, **87**, 848 (1952).

电子之间, 正电子之间或电子–正电子之间的双光子交换

容易想象, 可能发生图 26–5 所描述的过程, 其中交换的是两个光子而不是一个光子. 尽管已经没有必要考虑如此高阶的过程去确保与实验相一致, 但随着实验结果的改进, 这可能会成为必要的. 这个过程的振幅写出来是容易的, 但要计算则很困难. 例如, 在时空表象, 情况 II 的振幅是

$$-e^4\iiiint[K_+(3,7)\gamma_\nu K_+(7,5)\gamma_\mu K_+(5,1)][K_+(4,8)\\ \times\gamma_\mu K_+(8,6)\gamma_\nu K_+(6,2)]\delta_+(s^2_{7,6})\delta_+(s^2_{5,8})\mathrm{d}\tau_5\mathrm{d}\tau_6\mathrm{d}\tau_7\mathrm{d}\tau_8$$

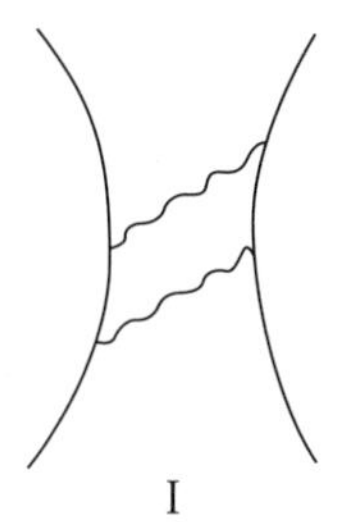

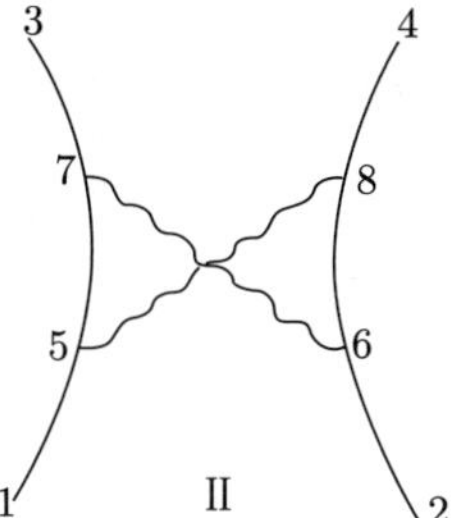

图 26–5

在动量表象中它是

$$-(4\pi)^2e^4\int\left(\tilde{u}_3\gamma_\nu\frac{1}{\not{p}_1-\not{k}_1-m}\gamma_\mu u_1\right)\cdot\left(\tilde{u}_4\gamma_\mu\frac{1}{\not{p}_2-\not{k}_2-m}\gamma_\nu u_2\right)\times\frac{\mathrm{d}^4k_1}{k_1^2k_2^2(2\pi)^4}$$

式中

$$\not{p}_2-\not{k}_2+\not{k}_1=\not{p}_4\quad 或\quad \not{k}_2=\not{p}_2+\not{k}_1-\not{p}_4$$

(见图 26–6). 这样, $\not{k}_1$ 和 $\not{k}_2$ 中的任一个可以确定另外一个, 但它们不是独立

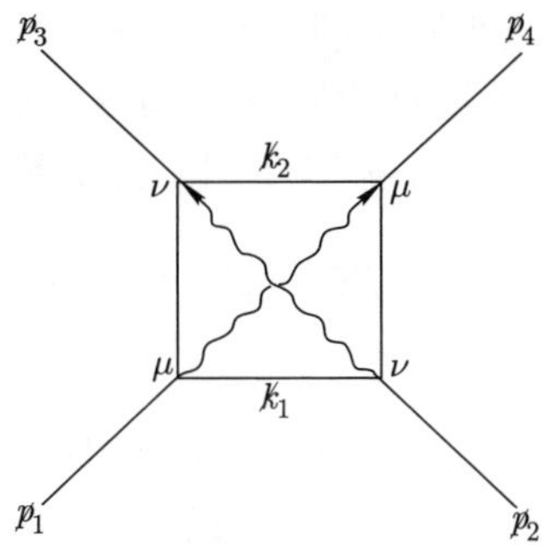

图 26–6

的; 即可以任何比例在两个光子之间分配动量. 正因如此, 振幅表达式中出现了对 k_1 的积分.

第 27 讲

电子的自能[1)]

在第 26 讲中引入了下述思想: 如图 27–1 所示, 一个电子可以发射然后再吸收同一光子. 于是自由电子由点 1 运动到点 2 的传播子应该包括表示此种可能性的项. 当仅包括一级项 (只发射和吸收一个光子) 时, 传播子是

$$K(2,1)=K_+(2,1)-\mathrm{i}e^2\iint K_+(2,4)\gamma_\mu K_+(4,3)\times\gamma_\mu K_+(3,1)\delta_+(s_{4,3}^2)\mathrm{d}\tau_4\mathrm{d}\tau_3 \tag{27–1}$$

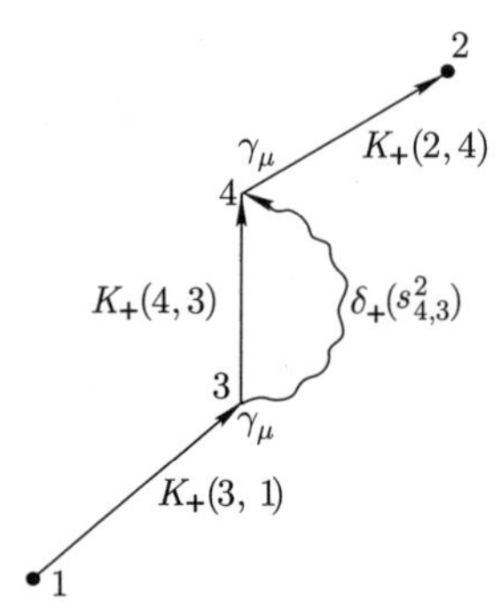

图 27–1

上式中的修正项, 是根据通常处理散射过程的步骤按照图写出来的. 在目前情况下, 初态和末态动量相等. 因此, 在微扰矩阵中, 全部非对角元都是零. 对角元是使一个粒子的总波函数处于同一本征态的元素. 对于时间无关的微扰, 在建立微扰论时就证明了, 微扰对此波函数的唯一影响是改变其相位, 这个相位改变正比于微扰作用的时间间隔 T, 结果, 波函数是

$$\exp(-\mathrm{i}E_nT)\exp[-\mathrm{i}(\Delta E)T] \tag{27–2}$$

因为微扰效应 $(\Delta E)T$ 是小量, 所以第二个指数函数可以展开成 $1-\mathrm{i}(\Delta E)T+\cdots$, 并忽略更高阶项, 展开式中的第二项是用式 (27–1) 右边的积分来表示的. 这个表达式还不是等式, 因为两式中某些归一化因子不同.

1) R. P. Feynman, *Phys. Rev.,* **76**, 769 (1949); 已收集在本书附录中.

为了获得正确的式子, 我们的做法如下: 首先, 很清楚, 事件的概率只与点 3 和点 4 之间的时空间隔有关, 而与时空变量的绝对值无关. 所以假定改变变量, 使得 $\mathrm{d}\tau_4$ 表示点 3 与点 4 之间的时空间隔元, 然后将式 (27–1) 中的积分写为

$$\iint \tilde{f}(4)\gamma_\mu K_+(4,3)\gamma_\mu\delta_+(s_{4,3}^2)f(3)\mathrm{d}\tau_4\mathrm{d}^3\boldsymbol{x}_3\mathrm{d}t_3 \tag{27–3}$$

很显然式中的算符 K_+ 与 δ_+ 仅与 3—4 点之间的间隔有关.

其次, 式 (27–2) 包含着波函数与时间有关的部分,

$$\exp(-\mathrm{i}E_n t)$$

因为已假定了已有的波函数不包含时间因子. 在式 (27–3) 中, $f(3), f(4)$ 已经包含了与时间有关的部分, 所以在式 (27–2) 中应略去它们.

第三, 两种方法所用的波函数归一化是不一样的, 导出式 (27–2) 所用的归一化为

$$\int^1 \psi^*\psi\mathrm{d}V = 1$$

目前所用的归一化是 (V 是体积)

$$\int u^* u\mathrm{d}V = \frac{2E}{\mathrm{cm}^3}\cdot V \tag{27–4}$$

于是, 为建立等式, 式 (27–3) 必须除以归一化积分 (27–4).

结果是

$$-\mathrm{i}\Delta ET = \frac{-\mathrm{i}e^2\iint \tilde{f}(4)\gamma_\mu K_+(4,3)\gamma_\mu\delta_+(s_{4,3}^2)f(3)\mathrm{d}\tau_4\mathrm{d}^3\boldsymbol{x}_3\mathrm{d}t_3}{2E\cdot V}$$

对 $\mathrm{d}^3\boldsymbol{x}_3$ 的积分得 V, 与分母中的 V 相消, 对 $\mathrm{d}t_3$ 的积分得 T, 与等式左边的 T 相消, 所以, 最后有

$$2E\Delta E = +e^2\int \tilde{u}\gamma_\mu K_+(4,3)\gamma_\mu\delta_+(s_{4,3}^2)u\mathrm{d}\tau_4 \tag{27–5}$$

注意, 此积分是相对论不变的. 进而, 因为微扰前后的 p 相同, 以及 $E^2 = m^2+\boldsymbol{p}^2$, 因而可由 E 的改变得到电子质量的改变:

$$2E\Delta E = 2m\Delta m$$

应用此式, 变换到动量空间

$$\Delta m = \frac{4\pi e^2}{2m\mathrm{i}}\int \tilde{u}\left(\gamma_\mu\frac{1}{\not{p}-\not{k}-m}\gamma_\mu\right)u\frac{\mathrm{d}^4k}{(2\pi)^4}\frac{1}{k^2} \tag{27–6}$$

由

$$\gamma_\mu \frac{1}{\not p - \not k - m}\gamma_\mu = \frac{\gamma_\mu(\not p - \not k + m)\gamma_\mu}{p^2 - 2p\cdot k + k^2 - m^2} = \frac{2m + 2\not k}{k^2 - 2p\cdot k}$$

再应用 $\not p u = mu$ 和第 10 讲的关系式, 可改写式 (27–6) 中的被积函数. 于是式 (27–6) 变成

$$\Delta m = \frac{4\pi e^2}{2m\mathrm{i}}\int \frac{\tilde{u}(2m + 2\not k)u}{k^2 - 2p\cdot k}\frac{\mathrm{d}^4 k}{(2\pi)^4}\frac{1}{k^2} \tag{27–6$'$}$$

这个积分发散, 这一事实是量子电动力学中延续 20 年的主要障碍. 要解决它需要改变基本原则. 于是假设光子的传播子是 $\dfrac{1}{k^2}c(k^2)$ 而不是 $\dfrac{1}{k^2}$, 其中 $c(k^2)$ 是这样选取的, 它满足 $c(0) = 1$ 以及当 $k^2 \to \infty$ 时, $c(k^2) \to 0$. 在空间表象, 此修正取如下形式:

$$\delta_+(s_{1,2}^2) \to f_+(s_{1,2}^2) = \int \frac{1}{k^2}c(k^2)\exp(-\mathrm{i}k\cdot x)\frac{\mathrm{d}^4 k}{(2\pi)^4} \tag{27–7}$$

新函数 f_+ 只在非常小的区域才与 δ_+ 有明显的差别. 从下述事实也可看清这点, 即, 若从一个函数的 Fourier 展开中去掉高频部分, 则被修改的仅是短程细节. 在目前的情况中, 函数被修改区间的尺度可以粗略地描述如下: 考虑一个大数, λ^2, 并假设只要 $k^2 \ll \lambda^2$, 便有 $c(k^2) \approx 1$. 则 (由指数项) 当间隔 $s^2 \approx \dfrac{1}{\lambda^2}$ 时才出现差别. 称这个值为 a^2, 而 f_+ 的一般行为描述在图 27–2 中. 于是 a^2 类似于 f_+ 的一种 "平均宽度". 如果像假设的那样 $a^2 \ll 1$, 则当

$$t^2 - r^2 = a^2, \quad t - r \approx \frac{a^2}{2r} \tag{27–8}$$

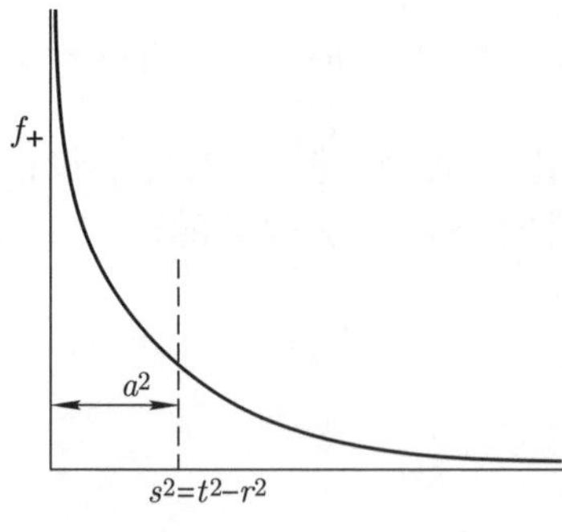

图 27–2

是此间隔的尺度. 下面解释 $f_+(s^2)$ 的这种形式的意义. 原来的函数 $\delta_+(s^2)$, 仅当 $s^2=t^2-r^2=0$ 时才不等于零. 这就是说, 一个电磁信号只有在时间 t 才能到达距离为 r 的一点, 以致于 $t^2-r^2=0$ 或 $t=r$ (即光速为 1). 这点对 $f_+(s^2)$ 不再成立, 其偏差通过测量 $t-r$ 来得到. 但是由式 (27–8), 对于所有 $r\gg a$ 的值, 可略去这个偏差. 这样, 取决于 λ^2, 在任何实际距离, 定律不受影响.

选 $\lambda^2\gg m^2, c(k^2)$ 的一个实用的 (也是一般的) 表示是

$$c(k^2)=\int G(\lambda)\mathrm{d}\lambda(-\lambda^2)(k^2-\lambda^2)^{-1}$$

建议采纳简单的形式

$$c(k^2)=-\frac{\lambda^2}{k^2-\lambda^2}$$

由此得到的传播子是

$$\frac{1}{k^2}(-\lambda^2)(k^2-\lambda^2)^{-1}=\frac{1}{k^2}-\frac{1}{k^2-\lambda^2}$$

第二项是质量为 λ 的光子传播子; 但是按此观点, 至今不能解释此项前边的负号.

利用积分可以方便地把这个传播子表示为

$$-\int_0^{\lambda^2}\frac{\mathrm{d}L}{(k^2-L)^2} \tag{27–9}$$

用此式代替 (27–6′) 中的 $\dfrac{1}{k^2}$, 则有

$$\int\frac{2m+2\not{k}}{k^2-2p\cdot k}\cdot\frac{\mathrm{d}^4k}{k^2}\left(\frac{-\lambda^2}{k^2-\lambda^2}\right) \tag{27–10}$$

又可把它写成两个积分之和, 两积分的差别仅在分子上的 m 或 $\not{k}$, 即 m 或 k_σ (因 $\not{k}=k_\sigma\gamma_\sigma$).

出现在量子电动力学中积分的积分法

我们需要做许多类似于式 (27–10) 那样的积分. 已经找到一种方法非常适用于计算这些积分. 现在就来描述此积分法.

每个这类积分都以下面两个积分[1)]为基础:

$$\int_{-\infty}^{\infty}\frac{(1;k_\sigma)\mathrm{d}^4k}{(2\pi)^4(k^2+\mathrm{i}\varepsilon-L)^3}=(32\pi^2\mathrm{i}L)^{-1}(1;0) \tag{27–11}$$

$$\int_0^1[ax+b(1-x)]^{-2}\mathrm{d}x=\frac{1}{ab} \tag{27–12}$$

1) R. P. Feynman, *Phys. Rev.*, **76**, 769 (1949); 本书已将它收集在附录中. 注意, 文章中的 d^4k 等价于这里的 $4\pi^2\left[\dfrac{\mathrm{d}^4k}{(2\pi)^4}\right]$.

为了写得更紧凑些, 在式 (27–11) 中我们使用了记号 $(1;k_\sigma)$, 它表示在分子上或者是 1 或者是 k_σ, 相应地右边的 (1;0) 便分别是 1 或 0. 为证明第一式, 注意到若 k_σ 是分子, 被积函数是奇函数, 因此积分为零. 当分子为 1 时, 应用围道积分, 将积分写成

$$\iiiint_{-\infty}^{\infty}[\omega^2+\mathrm{i}\epsilon-(L+K^2)]^{-3}\mathrm{d}\omega\mathrm{d}^3\boldsymbol{K}$$

当 $\epsilon \ll L+K^2$ 时, 在 $\omega=\pm[(L+K^2)^{1/2}-\mathrm{i}\epsilon]$ 处有极点, 并且 ω 的围道积分为

$$\int_{-\infty}^{\infty}[\omega^2+\mathrm{i}\epsilon-(L+K^2)]^{-1}\mathrm{d}\omega=2\pi\mathrm{i}[-2(L+K^2)^{-1/2}]^{-1}$$

其围道在上半平面. 对 L 微商两次后有

$$\int_{-\infty}^{\infty}[\omega^2+\mathrm{i}\epsilon-(L+K^2)]^{-3}\mathrm{d}\omega=\frac{6\pi}{16\mathrm{i}}(L+K^2)^{-5/2}$$

于是, 剩下的积分是

$$\begin{aligned}\iiint_{-\infty}^{\infty}(L+K^2)^{-5/2}\mathrm{d}^3\boldsymbol{K}&=4\pi\int_0^{\infty}(L+K^2)^{-5/2}K^2\mathrm{d}K\\&=4\pi\left[\frac{K^3}{3L(L+K^2)^{3/2}}\right]\Bigg|_0^{\infty}=\frac{4\pi}{3L}\end{aligned}$$

这就证明了式 (27–11). 如果把式 (27–11) 中积分变量换成 $k-p$, 结果是

$$\int_{-\infty}^{\infty}\frac{(1;k_\sigma)\mathrm{d}^4k}{(2\pi)^4(k^2-2p\cdot k-\Delta)^3}=[32\pi^2\mathrm{i}(p^2+\Delta)]^{-1}(1;p_\sigma) \tag{27–13}$$

将式 (27–13) 两边对 Δ 或对 p_j 微商, 直接得

$$\int_{-\infty}^{\infty}\frac{(1;k_\sigma;k_\sigma k_j)\mathrm{d}^4k}{(2\pi)^4(k^2-2p\cdot k-\Delta)^4}=-\frac{\left[1;p_\sigma;p_\sigma p_j-\dfrac{1}{2}\delta_\sigma;(p^2+\Delta)\right]}{96\pi^2\mathrm{i}(p^2+\Delta)^2}$$

进一步微商会直接给出一系列积分, 在分子中包括更多的 k 因子, 在分母中包括 $(k^2-2p\cdot k-\Delta)$ 的更高阶次.

第 28 讲

自能积分以及外势

前面已发现, 电子的自能等价于质量的改变:

$$\Delta m = \frac{4\pi e^2}{2m\mathrm{i}}\int \frac{\tilde{u}(2m+2\not{k})u}{k^2-2p\cdot k}\left(\frac{-\lambda^2}{k^2-\lambda^2}\right)\frac{1}{k^2}\frac{\mathrm{d}^4k}{(2\pi)^4} \tag{28–1}$$

它也可用下面的积分来表示:

$$I = -\int_0^{\lambda^2}\mathrm{d}L\int \frac{(1;k_\sigma)}{(k^2-2p\cdot k)(k^2-L)^2}\frac{\mathrm{d}^4k}{(2\pi)^4} \tag{28–2}$$

也可发现

$$\int \frac{(1;k_\sigma)}{(k^2-2p\cdot k-\Delta)^3}\frac{\mathrm{d}^4k}{(2\pi)^4} = (32\pi^2\mathrm{i})^{-1}(p^2+\Delta)^{-1}(1;p_\sigma) \tag{28–3}$$

应用定积分

$$\frac{1}{ab^2} = \int_0^1 \frac{2(1-x)\mathrm{d}x}{[ax+b(1-x)]^3} \tag{28–4}$$

式 (28–2) 中被积函数的分母可表为

$$\frac{1}{(k^2-2p\cdot k)(k^2-L)^2} = \int_0^1 \frac{2(1-x)\mathrm{d}x}{[k^2-2xp\cdot k-L(1-x)]^3}$$

于是式 (28–2) 变成

$$I = -\int_0^{\lambda^2}\mathrm{d}L\iint_0^1 \frac{\mathrm{d}^4k(1;k_\sigma)2(1-x)\mathrm{d}x}{[k^2-2xp\cdot k-L(1-x)]^3(2\pi)^4} \tag{28–5}$$

使用式 (28–3), 其中用 xp 代替 $p, L(1-x)$ 代替 Δ, 就可计算对 k 的积分, 给出

$$I = -\int_0^{\lambda^2}\mathrm{d}L\int_0^1 \frac{(1;xp_\sigma)2(1-x)\mathrm{d}x}{[32\pi^2\mathrm{i}][x^2p^2+L(1-x)]} \quad p^2=m^2$$

对 L 的积分是初等的, 给出

$$I = -2(32\pi^2\mathrm{i})^{-1}\int_0^1 \mathrm{d}x(1;xp_\sigma)\ln\{[(1-x)\lambda^2+m^2x^2]/m^2x^2\}$$

当 $\lambda^2 \gg m^2$, 在分子中略去 m^2x^2 是合理的 [确实, 当 $x\approx 1$ 时, $(1-x^2)\lambda^2$ 不比 m^2x^2 大多少, 然而, 对于 $\lambda^2 \gg m^2$, 这段间隔又是如此之小, 以致误差很小].

因而, 完成对 x 的积分后[1)]

$$I \approx -(32\pi^2 \mathrm{i})^{-1}\left\{2\left[\ln\frac{\lambda^2}{m^2}+2\right]; p_\sigma\left[\ln\frac{\lambda^2}{m^2}-\frac{1}{2}\right]\right\} \quad \lambda^2 \gg m^2$$

质量改变是 [从式 (28–1)]

$$\Delta m = \left(\frac{4\pi^2}{2m\mathrm{i}}\right)(-32\pi^2\mathrm{i})^{-1}\left(\tilde{u}\left\{2m\left[2\ln\frac{\lambda^2}{m^2}+2\right]+2\not{p}\left[\ln\frac{\lambda^2}{m^2}-\frac{1}{2}\right]\right\}u\right)$$

因为 $\not{p}u = mu, (\tilde{u}u) = 2m$, 上式简化为

$$\frac{\Delta m}{m} = \frac{e^2}{2\pi}\left(3\ln\frac{\lambda}{m}+\frac{3}{4}\right) \tag{28–6}$$

$(e^2/2\pi)$ 大约是 10^{-3}, 所以, 即使 λ 是 m 的许多倍, 质量改变的比例也是不大的. 下面解释这个结果. 质量的移动依赖于 λ, 因而理论上不能确定. 人们可以想象理论质量与实验质量有下述关系:

$$m_{\text{实}} = m_{\text{理}} + \Delta m \tag{28–7}$$

所有的测量都是测 $m_{\text{实}}$, 即, 包括了自作用, 不能确定没有自作用的 $m_{\text{理}}$. 更精确地说,

$$\begin{pmatrix}\text{一个使用 } m_{\text{理}} \text{ 和} \\ e^2/\hbar c \text{ 自作用的理论}\end{pmatrix} \text{ 等价于 } \begin{pmatrix}\text{一个使用 } m_{\text{实}} \text{ 加上 } e^2/\hbar c \text{ 自作用} \\ \text{减去对自由粒子算出的 } \Delta m \text{ 的理论}\end{pmatrix}$$

当电子自由时, $e^2/\hbar c$ 自作用项与 Δm 项准确相消, 使用 $m_{\text{实}}$ 的理论严格正确. 当电子不自由时, $e^2/\hbar c$ 自作用不完全等于 Δm 项, 并且对使用 $m_{\text{实}}$ 的理论有一个小的修正. 这个效应导致了氢原子的 Lamb 位移. 为了计算这个效应, 我们将考虑外部势散射电子时的自作用效应.

在外场中的散射

外势中的散射, 如图 28–1 所示. 在不管自作用的可能性时, 此过程有如下的关系式:

势：$\not{A}(q) = \gamma_t\left(\dfrac{4\pi Ze}{Q^2}\right)\delta(q_4)$ 对 Coulomb 势

矩阵元：$M = -\mathrm{i}e(\tilde{u}_2\not{A}u_1)$

守恒关系：$\not{p}_2 = \not{p}_1 + \not{q}$

1) $\int_0^1 \ln[x^{-2}(1-x)]\mathrm{d}x = 1 \quad \int_0^1 x\ln[x^{-2}(1-x)]\mathrm{d}x = -\frac{1}{4}$

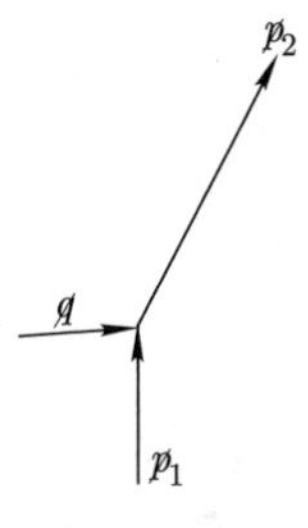

图 28–1

一阶自作用产生的图见图 28–2. 采用通常的方式求过程的振幅. 例如, 对图 I

$$I_1 = \frac{4\pi e^2}{\mathrm{i}} \int \left(\tilde{u}_2 \gamma_\mu \frac{1}{\not{p}_2 - \not{k} - m} \not{A} \frac{1}{\not{p}_1 - \not{k} - m} \gamma_\mu u_1 \right) \cdot \frac{\mathrm{d}^4 k}{k^2 (2\pi)^4}$$

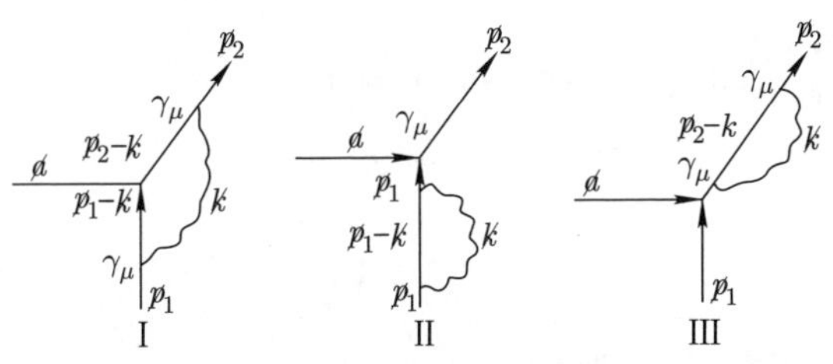

图 28–2

化掉分母中的矩阵并插进收敛因子, 上式变为

$$I_1 = \frac{4\pi e^2}{\mathrm{i}} \int \frac{(\tilde{u}_2 \gamma_\mu [\not{p}_2 - \not{k} + m] \not{A} [\not{p}_1 - \not{k} + m] \gamma_\mu u_1)}{(k^2 - 2p_2 \cdot k)(k^2 - 2p_1 \cdot k)} \times \left(\frac{-\lambda^2}{k^2 - \lambda^2} \right) \frac{\mathrm{d}^4 k}{k^2 (2\pi)^4} \tag{28–8}$$

对小动量 (k) 光子, 上式也会发散 (这个结果称为 “红外灾难”, 但它有清楚的物理解释, 留待以后再来讨论). 暂时, $\mathrm{d}^4 k$ 下面的 k^2 用 $(k^2 - \lambda_{\min}^2)$ 来代替, 其中 $\lambda_{\min} \ll m^2$, 以使积分收敛. 这等价于在 $k = \lambda_{\min}$ 附近切断积分, 其物理解释留到第 29 讲和第 30 讲. 为便于对 k 积分, 需用到下列恒等式:

$$-\int_{\lambda_{\min}^2}^{\lambda^2} (k^2 - L)^{-2} \mathrm{d}L = \frac{1}{k^2 - \lambda_{\min}} - \frac{1}{k^2 - \lambda^2}$$

$$= \frac{\lambda_{\min}^2 - \lambda^2}{(k^2 - \lambda_{\min}^2)(k^2 - \lambda^2)} \approx \frac{-\lambda^2}{k^2 - \lambda^2} \cdot \frac{1}{k^2 - \lambda_{\min}^2}$$

最后一步是因为 $\lambda^2 \gg m^2 \gg \lambda_{\min}^2$. 这个代换产生下面形式的积分:

$$-\int_{\lambda_{\min}^2}^{\lambda^2} \mathrm{d}L \int \frac{(1; k_\sigma; k_\sigma k_\tau)(2\pi)^{-4} \mathrm{d}^4 k}{(k^2 - 2p_1 \cdot k)(k^2 - 2p_2 \cdot k)(k^2 - L)^2}$$

为求出这些积分, 使用恒等式

$$(ab)^{-1} = \int_0^1 \mathrm{d}y/[ay + b(1-y)]^2$$

于是

$$\frac{1}{(k^2 - 2p_1 \cdot k)(k^2 - 2p_2 \cdot k)} = \int_0^1 \frac{\mathrm{d}y}{(k^2 - 2p_y \cdot k)^2}$$

式中 $p_y = yp_1 + (1-y)p_2$. 按 k, L, y 的次序完成积分, 再使用式 (28–6) 中恰当的积分, 便给出态 u_1 与 u_2 之间的矩阵

$$M_1 = \frac{e^2}{2\pi}\left[2\left(\ln\frac{m}{\lambda_{\min}} - 1\right)\left(1 - \frac{2\theta}{\tan 2\theta}\right) + \theta\tan\theta + \frac{4}{\tan 2\theta}\int_0^\theta \alpha\tan\alpha \mathrm{d}\alpha\right]\not{A} + \frac{e^2}{2\pi}\left[\frac{1}{4m}(\not{q}\not{A} - \not{A}\not{q})\frac{2\theta}{\sin 2\theta} + r\not{A}\right] \tag{28–9}$$

式中 $r = \ln\dfrac{\lambda}{m} + \dfrac{9}{4} - 2\ln\dfrac{m}{\lambda_{\min}}, 4m^2\sin^2\theta = q^2$.

在第 30 讲中将证明图 II 和 III (图 28–2) 贡献

$$M_2 + M_3 = -\left(\frac{e^2}{2\pi}\right)r\not{A}$$

它恰好与 M_1 中的类似项相消. 当 q 小时, $\theta \approx \sqrt{q^2}/2m$ 而 $M_1 + M_2 + M_3$ 可近似写为

$$M \approx \frac{e^2}{4\pi}\left[\frac{1}{2m}(\not{q}\not{A} - \not{A}\not{q}) + \frac{4q^2}{3m^2}\not{A}\left(\ln\frac{m}{\lambda_{\min}} - \frac{3}{8}\right)\right] \tag{28–10}$$

可把 $(\not{q}\not{A} - \not{A}\not{q})$ 写为

$$(\not{q}\not{A} - \not{A}\not{q}) = \gamma_\mu\gamma_\nu(q_\mu A_\nu - A_\mu q_\nu)$$

但在坐标表象中, q_μ 是梯度算符, 所以此式可写为

$$\gamma_\mu\gamma_\nu(\nabla_\mu A_\nu - \nabla_\nu A_\mu) = +\gamma_\mu\gamma_\nu F_{\mu\nu}$$

[参看式 (7–1)]. 参考第 12 讲末的习题可以看出: 一个粒子所具有的反常磁矩 μ 的作用是, 从原来出现在 Dirac 方程中的势 $\not{A} = \gamma_\mu A_\mu$ 里减去势 $\mu\gamma_\mu\gamma_\nu F_{\mu\nu}$. 因为它恰好又是式 (28–10) 的第一项, 所以人们可以说自作用的这部分修正看起来像是电子磁矩的修正. 于是

$$\mu_{\mathrm{e}} = \frac{e}{2m}\left(1 + \frac{e^2}{2\pi}\right)$$

注意, 这个结果 [以及式 (28–9), (28–10)] 与切断值 λ 无关, 因而现在 λ 可以取为无限大[1)].

1) R. P. Feynman, *Phys. Rev.*, **76**, 769 (1949); 本书已将它收集在附录中.

第 29 讲

已经证明, 当粒子被势散射时, 主要的效应是 $\not{A}$ 的, 图 I (图 28–2 中) 的效应给出修正项

$$\frac{e^2}{2\pi}\left[2\left(\ln\frac{m}{\lambda_{\min}}-1\right)\left(1-\frac{2\theta}{\tan 2\theta}\right)+\theta\tan\theta\right.$$
$$\left.+\frac{4}{\tan 2\theta}\int_0^\theta \alpha\tan\alpha\right]\not{A}+\frac{e^2}{8\pi m}(\not{q}\not{A}-\not{A}\not{q})\frac{2\theta}{\sin 2\theta}+\frac{e^2}{2\pi}r\not{A}$$

剩下的是要证明, 在考虑质量修正的同时, 图 II 和图 III (图 28–2) 的联合效应是另一修正项

$$-\left(\frac{e^2}{2\pi}\right)r\not{A}$$

它恰好与前面表达式中最后一项相消. 回想一下, 必须把质量修正以及由图 I, II, III (图 28–2) 所表示的自作用一起考虑, 因为要建立的理论必须包含实验质量而不是理论质量.

假设在 Dirac 方程

$$(\mathrm{i}\not{\nabla}-m_{理})\psi=e\not{A}\psi$$

中, 用 $m-\Delta m$ 代替理论质量 $m_{理}$, 其中 m 是实验质量; 则

$$(\mathrm{i}\not{\nabla}-m)\psi=e(\not{A}+\Delta m)\psi$$

质量修正 Δm 仅是一个数, 因而在动量表象中, 它是动量的 δ 函数. 因此, 由前边方程的形式可以看出, 其行为像一个有零动量的势, 且不包括矩阵. 它的作用可以用图表示为图 29–1, 采用负号的原因, 是由于质量改正 Δm 的效果只是从图 I, II, III (图 28–2) 得到的结果中减去它. 对于图 II, 振幅是

$$\tilde{u}_2\not{A}\frac{1}{\not{p}_1-m}\left(\frac{4\pi e^2}{\mathrm{i}}\int\gamma_\mu\frac{1}{\not{p}_1-\not{k}-m}\gamma_\mu\frac{1}{k^2-\lambda_{\min}}\frac{\mathrm{d}^4k}{(2\pi)^4}\times\frac{-\lambda^2}{k^2-\lambda^2}\right)$$

而对于图 II′ (图 29–1), 是

$$-\tilde{u}_2\not{A}\frac{1}{\not{p}_1-m}(\Delta m)u_1$$

但是对图 II (图 28–2), 振幅中在括号里的部分恰是 $\Delta m u_1$, 所以, 看来图 II 与图 II′ 似乎相消, 类似的结果适用于图 III 和图 III′. 然而这是错的, 原因是由于分母中有因子 $\not{p}-m$, 这两个振幅都是无限大. 因此, 它们的差是不确定的. 而且恰当地做减法, 会发现二者之差并不为零.

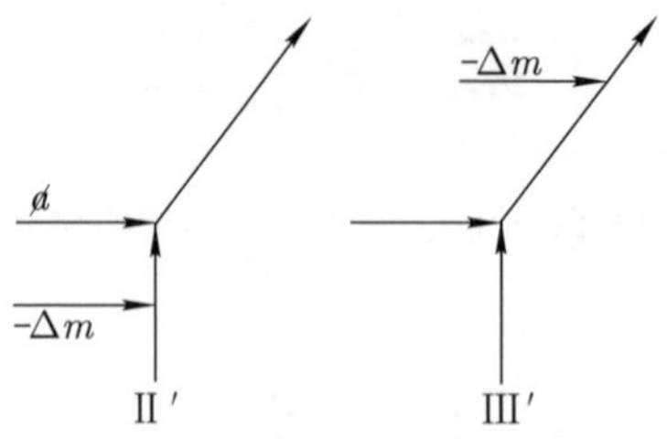

图 29–1

事实上, 被推荐来完成这一减法的方法产生图 II 和图 III 以及图 II′ 和图 III′ 的自作用以及质量修正的综合效应, 它的出发点是: 实际上, 电子绝不是自由的. 一个电子的历史总是包含着一系列的散射, 其将来也是如此. 这些散射发生在长的但是有限的时间间隔内, 在任何两个这样的散射之间, 计算自作用和质量修正就够了, 因为在每一对这样的散射之间得到的结果是完全一样的. 这一效应可按下述方式计算: 只考虑在每次散射处关于势的一个修正, 该修正等于对散射之间的间隔之一算得的修正 (间隔数等于散射次数). 在这里, 只考虑单次散射事件. 对势的这一修正代表图 II, III 以及图 II′, III′ 的全部效应.

对于不完全自由的电子, p^2 不是恰好等于 m^2, 而是

$$p^2 = m^2(1+\epsilon)^2$$

式中, 根据测不准关系

$$m\epsilon = \frac{\hbar}{T}$$

T 是散射之间的间隔. 因为 T 很大, 所以 ϵ 是个小量. 令 $\not{p} = (1+\epsilon)\not{p}_0$, 式中 $\not{p}_0$ 是自由电子动量.

若 $\not{a}$ 和 $\not{b}$ 是在点 a 和点 b (任何两次散射) 散射势的动量表象, 那么从点 a 的初态到点 b 的终态的没有任何微扰的振幅矩阵是 (近似到 ϵ 阶)

$$\not{b}\frac{1}{\not{p}-m}\not{a} = \not{b}\frac{\not{p}+m}{p^2-m^2}\not{a} = \frac{\not{b}(\not{p}+m)\not{a}}{2m^2\epsilon}$$

当存在自作用和质量修正的微扰时, 矩阵为

$$\begin{aligned} &\mathrm{i}4\pi e^2\int \not{b}\frac{1}{\not{p}-m}\gamma_\mu\frac{1}{\not{p}-\not{k}-m}\gamma_\mu\frac{1}{\not{p}-m}\not{a}\frac{\mathrm{d}^4k}{k^2-\lambda_{\min}^2} \\ &\times\left(\frac{-\lambda^2}{k^2-\lambda^2}\right) - \not{b}\frac{1}{\not{p}-m}\Delta m\frac{1}{\not{p}-m}\not{a} \end{aligned}$$

正是将这个矩阵与非微扰矩阵的值相比较, 给出了所求的修正项 (参看图 29–2).

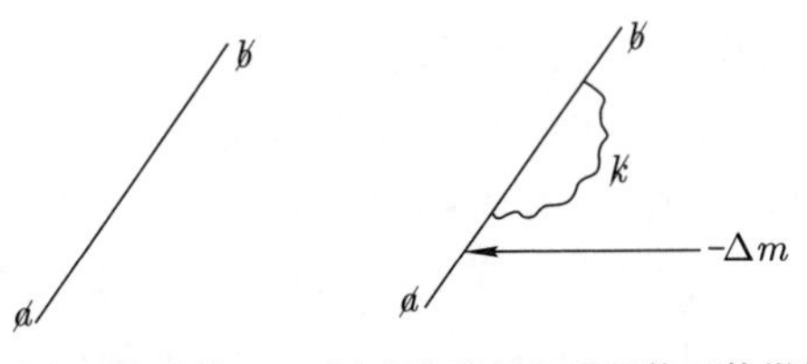

(a) 没有微扰　(b)有自作用和质量修正的微扰

图 29–2

习题: 证明对两个不对易的算符 (或对易的算符) A 和 B, 下面的展开式成立:

$$\frac{1}{A+B}=\frac{1}{A}-\frac{1}{A}B\frac{1}{A}+\frac{1}{A}B\frac{1}{A}B\frac{1}{A}+\cdots$$

使用上述习题的结果, 可以写出

$$\frac{1}{\not p-\not k-m}=\frac{1}{\not p_0+\epsilon\not p_0-\not k-m}\approx\frac{1}{\not p_0-\not k-m}-\frac{1}{\not p_0-\not k-m}\epsilon\not p_0\frac{1}{\not p_0-\not k-m}+\cdots$$

于是前边的矩阵变成

$$\begin{aligned}&\mathrm{i}4\pi e^2\int\not b\frac{\not p+m}{2m^2\epsilon}\gamma_\mu\frac{1}{\not p_0-\not k-m}\gamma_\mu\frac{\not p+m}{2m^2\epsilon}\not a\frac{\mathrm{d}^4k}{k^2-\lambda_{\min}^2}\\&\times\frac{-\lambda^2}{k^2-\lambda^2}-\mathrm{i}4\pi e^2\int\not b\frac{\not p+m}{2m^2\epsilon}\times\gamma_\mu\frac{1}{\not p_0-\not k-m}\not p_0\frac{1}{\not p_0-\not k-m}\\&\times\gamma_\mu\frac{\mathrm{d}^4k}{k^2-\lambda_{\min}^2}\frac{\not p+m}{2m^2}\not a\left(\frac{-\lambda^2}{k^2-\lambda^2}\right)-\not b\frac{\not p+m}{2m^2\epsilon}\Delta m\frac{\not p+m}{2m^2\epsilon}\not a\end{aligned}$$

近似到 ϵ 阶, 式中第一项与最后一项相等, 因而可以相消, 在计算图 I (图 28–2) 时, 实质上已经算出了上式第二项中的积分, 只是在这里 $\not p_0$ 代替了 $\not A,\not p_1$ 和 $\not p_2$, 因而在这种情况下,

$$q=p_2-p_1=0$$

并得出结果

$$-\frac{e^2}{2\pi}r\not b\frac{\not p+m}{2m^2\epsilon}\not p_0\frac{\not p+m}{2m^2}\not a$$

近似到 ϵ 阶时, 分子中的 $\not p$ 可用 $\not p_0$ 代替. 再注意, 因 $\not p_0u=mu$,

$$(\not p_0+m)\not p_0(\not p+m)\equiv2m^2(\not p+m)$$

因而前边的结果又可写为

$$-\frac{e^2}{2\pi}r\not b\frac{\not p+m}{2m^2\epsilon}\not a$$

它恰好是无微扰矩阵乘上 $-\left(\dfrac{e^2}{2\pi}\right)r$. 因而如前所述, 直接用 $-\left(\dfrac{e^2}{2\pi}\right)r\not a$ 来代

替散射势 $A\!\!\!/$ 便可得到由图 II, III, II′ 和 III′ 带来的修正项.

应当注意到, 刚才在阐述获得自作用和质量修正的适当减法的过程中所存在的困难, 并不代表量子电动力学的 “发散” 问题. 它是一个在非相对论量子力学中同样也出现的典型问题, 例如, 若选择一个非零的参考势, 即把一个自由电子看成是在一均匀非零势中运动的电子, 就会有此问题. 容易证实, 类似于这里的质量修正, 这会引起自由电子的 “能量修正”. 在用 “理论能量” 并减去 “能量修正” 效应去计算散射过程的振幅时, 若使用自由电子波函数, 便会出现无限大项之差. 当然在这个简单的情况下, 正确的减法确实抵消掉无限大项, 但原则上这个问题与目前讨论的问题是相同的.

最后, 由自作用和质量修正引起的总修正项是

$$\frac{e^2}{2\pi}\left[2\left(\ln\frac{m}{\lambda_{\min}}-1\right)\left(1-\frac{2\theta}{\tan 2\theta}\right)+\theta\tan\theta+\frac{4}{\tan 2\theta}\right.$$
$$\left.\times\int_0^\theta \alpha\tan\alpha\mathrm{d}\alpha\right]A\!\!\!/+\frac{e^2}{8\pi m}(q\!\!\!/A\!\!\!/-A\!\!\!/q\!\!\!/)\frac{2\theta}{\sin 2\theta}$$

伪 “红外灾难” 的消除

由刚才定出的修正项看出, 到 e^2 阶, 一个不发射光子的电子的散射截面是

$$\sigma=\sigma_0\left\{1-\frac{e^2}{2\pi}\left[2\left(\ln\frac{m}{\lambda_{\min}}-1\right)\left(1-\frac{2\theta}{\tan 2\theta}\right)+(\text{与 }\lambda_{\min}\text{ 无关的项})\right]\right\}$$

量 σ_0 是只有势 $A\!\!\!/$ 时的截面. 当 $\lambda_{\min}\to 0$ 时, 这一截面对数部分是发散的, 前面称此为 “红外灾难”.

然而, 这一结果来源于下述物理事实: 散射一个电子而不发射光子是不可能的. 当散射电子时, 由于电荷以动量 p_1 运动变到以 p_2 运动, 电磁场也必须发生变化. 这种场的变化, 必定伴随着辐射.

已经证明, 在轫致辐射的理论中, 发射一个低能光子的截面是

$$\sigma=\sigma_0\frac{e^2}{\pi}\frac{\mathrm{d}\Omega_\omega}{4\pi}\left(\frac{\omega p_1\cdot e}{p_1\cdot q}-\frac{\omega p_2\cdot e}{p_2\cdot q}\right)^2\frac{\mathrm{d}\omega}{\omega}$$

习题: 证明上述截面对所有方向积分并对极化求和的结果为

$$\sigma=\sigma_0\left(\frac{2e^2}{\pi}\right)\left[1-\frac{2\theta}{\tan 2\theta}\right]\frac{\mathrm{d}\omega}{\omega}$$

式中 $\sin^2\theta=-\dfrac{(p\!\!\!/_2-p\!\!\!/_1)^2}{4m^2}$. 这样在 $k=0$ 和 $k=K_m$ 之间发射光子的概率是

$$\sigma_0\frac{2e^2}{\pi}\left(1-\frac{2\theta}{\tan 2\theta}\right)\int_0^{K_m}\frac{\mathrm{d}\omega}{\omega}=\sigma_0\frac{2e^2}{\pi}\left(1-\frac{2\theta}{\tan 2\theta}\right)\ln\frac{K_m}{\lambda_{\min}}$$

此式对数发散.

因此, 散射截面发散的困境实际上是由于不正确的提问引起的: 不发射光子而散射的概率有多大? 人们不应该这么问, 应该这样问: 不发射能量大于 K_m 的光子的散射概率有多大? 因为总要发射一些很软的光子.

实际上, 回答后一个问题就是要寻找, 不发射光子而散射的概率, 发射一个能量低于 K_m 的光子而散射的概率, 以及发射两个或更多个能量低于 K_m 的光子而散射的概率 (但是这些项是 e^4 阶或更高阶, 因此可略去).

事实上, 这些项每一个都是无限大, 而只是用 $\lambda_{\min}$ 的技巧暂时保持有限. 然而, 它们的和并不发散. 收集以前的结果并且写出

不发射能量大于 K_m 的光子而散射的概率

$$\begin{aligned}&=\sigma_0\left\{1-\frac{e^2}{\pi}\left[2\left(\ln\frac{m}{\lambda_{\min}}-1\right)\left(1-\frac{2\theta}{\tan 2\theta}\right)\right.\right.\\&\quad\left.\left.+(\text{与 }\lambda_{\min}\text{ 无关的项})\right]\right\}+\sigma_0\frac{2e^2}{\pi}\left(1-\frac{2\theta}{\tan 2\theta}\right)\times\ln\frac{K_m}{\lambda_{\min}}+(e^4\text{ 阶项})\\&=\sigma_0\left[\left(1-\frac{e^2}{\pi}2\ln\frac{m}{K_m}\right)\left(1-\frac{2\theta}{\tan 2\theta}\right)\right]+(\text{与 }\lambda_{\min}\text{ 无关的项和 }e^4\text{ 阶项})\end{aligned}$$

即可看出, 它不再与 $\lambda_{\min}$ 有关, 从而解决了 “红外灾难”. Bloch 和 Nordsieck 已经证明同样的思想适用于全部阶次1).

有趣的是, 因为所涉及的波长是如此之长, 以致可以用经典电动力学得出在量子电动力学中对于散射截面的最大修正项, 即

$$-\left(\frac{2e^2}{\pi}\right)\left(1-\frac{2\theta}{\tan 2\theta}\right)\ln\frac{m}{K_m}$$

其他项影响很小. 至今, 散射实验已精确到足以证实大的修正项的存在, 但还没有精确到足以证实较小项的确切贡献. 因此, 它们没有向量子电动力学提供实质性的检验.

同样这些考虑适用于涉及自由电子偏转的任何过程. 解决这类问题的最好途径是, 先用 $\lambda_{\min}$ 去计算, 然后, 只提可能有意义的答案的问题, 问题提的是否正确可以由是否能消去 $\lambda_{\min}$ 来验证.

习题: 给出对 Klein-Nishina 公式的辐射修正 (e^2 阶) 所需要的图和积分. 尽可能多做, 然后再与 L. Brown 和 R. P. Feynman2) 的结果相比较.

---

1) F. Bloch 和 A. Nordsieck, *Phys. Rev.*, **52**, 54 (1937).

2) *Phys. Rev.*, **85**, 231 (1952).

第 30 讲

研究红外困难的另一途径

代替引入一个人为的质量, 我们假定没有弱光子贡献. 这样, 必须从以前的结果中减去所有动量小于某值 $K_0(\gg\lambda)$ 的光子贡献. 以前的结果是

$$\not{A}\left\{1+\frac{e^2}{2\pi}\left[2\left(\ln\frac{m}{\lambda_{\min}}-1\right)\left(1-\frac{2\theta}{\tan 2\theta}\right)\right]+\theta\tan\theta\right.$$
$$\left.+\frac{4}{\tan 2\theta}\int_0^\theta y\tan y\mathrm{d}y\right\} \tag{30–1}$$

要减去的项是

$$\frac{e^2}{2\pi}\int_0^{K_0}\gamma_\mu(\not{p}_2-\not{k}+m)(k^2-2p_2\cdot k_2)^{-1}$$
$$\cdot\not{A}(\not{p}_1-\not{k}+m)(k^2-2p_1\cdot k_1)^{-1}\gamma_\mu\frac{\mathrm{d}^4k}{(k^2-\lambda_{\min}^2)} \tag{30–2}$$

我们假定 $k_0\ll p_1,p_2$, 并略去积分中的 $\not{k}$ 和前两个 k^2. 再应用 $\not{p}\gamma_\mu=2p_\mu-\gamma_\mu\not{p}$, 积分近似为

$$x=-\frac{e^2}{2\pi}\frac{\not{A}}{2}\int\left[\frac{p_{2\mu}}{p_2\cdot k}-\frac{p_{1\mu}}{p_1\cdot k}\right]^2\frac{\mathrm{d}^4k}{k^2-\lambda_{\min}^2} \tag{30–3}$$

于是

$$x=\frac{e^2}{2\pi}\left\{\left[1-\frac{2\theta}{\tan 2\theta}\right]\left[2\left(\ln\frac{2k_0}{\lambda_{\min}}-1\right)\right]\right.$$
$$\left.+\frac{4\theta}{\tan 2\theta}\left[\frac{1}{2\theta}\int_0^{2\theta}\frac{y}{\tan y}\mathrm{d}y-1\right]\right\}\not{A} \tag{30–4}$$

这就是要从式 (30–1) 中减去的项.

使用 $\sin^2\theta=\dfrac{q^2}{4m^2}$, 对于小 q, 式 (30–4) 变为

$$x=\frac{e^2}{2\pi}\left(\frac{2q^2}{3m^2}\right)\left[\ln\frac{2k_0}{\lambda_{\min}}-\frac{5}{6}\right]\not{A}$$

从小 q 的式 (30–1) 减去上式, 给出

$$\not{A}\left\{1+\frac{e^2}{4\pi}\left(\frac{4q^2}{3m^2}\right)\left[\ln\frac{m}{\lambda_{\min}}-\frac{3}{8}-\ln\frac{2k_0}{\lambda_{\min}}+\frac{5}{6}\right]\right\} \tag{30–5}$$

最后一项是 $\left(\ln\dfrac{m}{2k_0}+\dfrac{11}{24}\right)$.

对原子中电子的影响

考虑氢原子, 其势 $V=\dfrac{e^2}{r}$, 波函数是

$$\phi_0(\boldsymbol{R})\exp(-\mathrm{i}E_0t)=\phi_0(x_\mu)$$

采用传统的方式归一化波函数. 电子自能的作用是将能级移动

$$\Delta E=e^2\int\tilde{\phi}_0(\boldsymbol{x}_2,t_2)\gamma_\mu K_+^V(2,1)\gamma_\mu\delta_+(s_{1,2}^2)\phi_0(\boldsymbol{x}_1,t_1)\\ \times\mathrm{d}^3\boldsymbol{x}_1\mathrm{d}^3\boldsymbol{x}_2\mathrm{d}t_2-\Delta m\int\tilde{\phi}(\boldsymbol{x},t)\phi(\boldsymbol{x},t)\mathrm{d}^3\boldsymbol{x} \tag{30–6}$$

第一个积分来自图 30–1. 第二个积分是上讲中所说的自由粒子效应. 传播子 K_+^V 尚未确定到好得能精确计算这个积分. 目前, 可采用下面的形式进行近似计算:

$$K_+^V(2,1)=\sum_n\exp[-\mathrm{i}E_0(t_2-t_1)]\tilde{\phi}_n(\boldsymbol{x}_2)\phi_n(\boldsymbol{x}_1)\quad t_2>t_1\ \text{时}$$
$$-\ \text{类似的对负能态的和}\quad t_2<t_1\ \text{时}$$

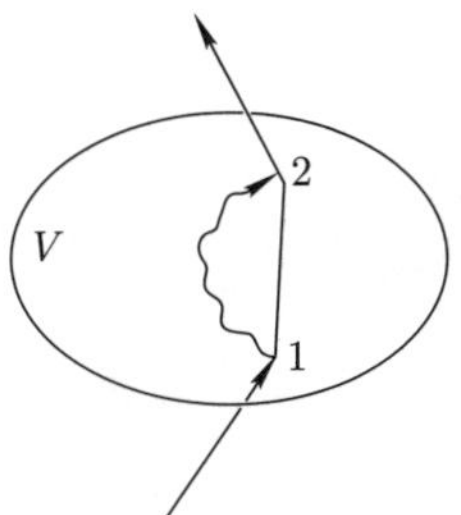

图 30–1

光子传播子可展开为

$$\delta_+(s_{1,2}^2)=\begin{cases}4\pi\displaystyle\int\exp[-\mathrm{i}k(t_2-t_1)+i\boldsymbol{k}\cdot(\boldsymbol{x}_2-\boldsymbol{x}_1)]\frac{\mathrm{d}^3\boldsymbol{k}}{2k}\times(2\pi)^{-3} & t_2>t_1\\ 4\pi\displaystyle\int\exp[\mathrm{i}k(t_2-t_1)+\mathrm{i}\boldsymbol{k}\cdot(\boldsymbol{x}_2-\boldsymbol{x}_1)]\frac{\mathrm{d}^3\boldsymbol{k}}{2k}\times(2\pi)^{-3} & t_2<t_1\end{cases}$$

应用这些表达式, 式 (30–6) 变成

$$\Delta E=\sum_n\int[\alpha_\mu\exp(-\mathrm{i}\boldsymbol{k}\cdot\boldsymbol{R})]_{0n}(E_n+K-E_0)^{-1}\times[\alpha_\mu\exp(\mathrm{i}\boldsymbol{k}\cdot\boldsymbol{R})]_{n0}\frac{\mathrm{d}^3\boldsymbol{k}}{4\pi k}\\ -\sum_{-n}\int[\alpha_\mu\exp(-\mathrm{i}\boldsymbol{k}\cdot\boldsymbol{R})]_{0n}(|E_n|+\omega+E_0)^{-1}$$

$$\times[\alpha_\mu \exp(\mathrm{i}\boldsymbol{k}\cdot\boldsymbol{R})]_{n0}\frac{\mathrm{d}^3\boldsymbol{k}}{4\pi k} - (\Delta m \text{ 项}) \tag{30–7}$$

这种形式隐含了用 ϕ^* 代替 $\tilde{\phi}$, 且 $\alpha_4 = 1, \alpha_{1,2,3} = \boldsymbol{\alpha}$.

对氢原子中电子运动的另一研究途径是: 将电子看成被 Coulomb 势一次又一次散射的自由粒子. 这些散射在波函数中引起 $(\mathrm{Ry}/\hbar)$ 量级的相移. 因此散射间的周期的量级是 $T(=\hbar/\mathrm{Ry})$. 取自作用光子动量的下限 k_0 远大于 Rydberg 常量. 则很可能发射出的光子在电子与势之间发生两次相互作用以前又再被吸收, 而在发射和吸收之间极不可能发生两次或更多次散射 (见图 30–2). 于是, 对势的修正是按小 q 时的式 (30–5) 计算的值 (加上反常磁矩修正). 在动量表象中此值为

$$\frac{e^2}{4\pi}\left(\frac{4q^2}{3m^2}\right)\left(\ln\frac{m}{2k_0}+\frac{11}{24}\right)\mathcal{V}$$

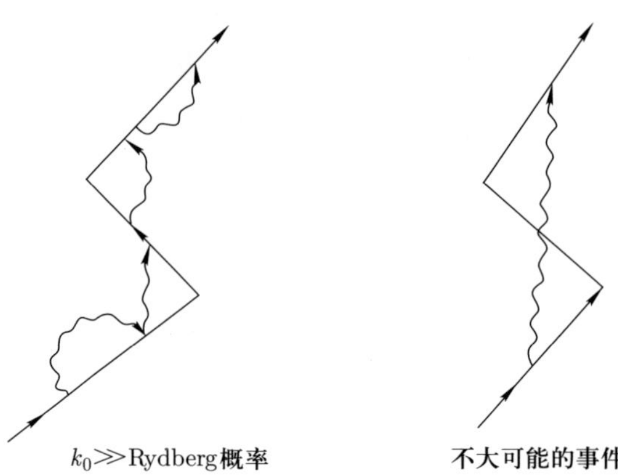

图 30–2

利用

$$q^2\mathcal{V} = (q_4^2 - Q^2)\mathcal{V} \to \left(\frac{\partial^2}{\partial t^2} - \nabla^2\right)\mathcal{V}$$

将上式变换到普通空间, 此修正为

$$\frac{e^2}{3\pi m^2}\left(\ln\frac{m}{2k_0}+\frac{11}{24}\right)\nabla^2\mathcal{V} \tag{30–7$'$}$$

因为对 Coulomb 势, $\nabla^2 V = 4\pi Ze^2\delta(\boldsymbol{R})$, 又只有在 s 态中 $\phi(\boldsymbol{R})$ 才在 $\boldsymbol{R}=0$ 处不等于零, 所以这个修正对于 s 态最重要.

利用不等式 $m \gg k_0 \gg \mathrm{Ry}$ 来决定 k_0 的选取. 一个满意的值是 $k_0 = 137\mathrm{Ry}$. 对这样的 k_0, 必须考虑 $k < k_0$ 的光子的效应. 把这个效应分成三种分别起作用的效应来考虑. 将会看到, 这三个效应中有两个与势 V 无关, 并因此被自由

电子 Δm 修正中的类似项抵消掉. 这样只有一种情况, 必须计算此效应. 因为在所有情况中 k 很小, 故可使用式 (30–7) 的非相对论近似.

(1) 负能态的贡献: 相对 m 而言略去 k, 得

$$(|E_n|+k+E_0)\approx 2m$$

α_4 的矩阵元非常小, 因而仅需考虑 $\boldsymbol{\alpha}$ 的矩阵元. 于是对负能态求和得,

$$\sum_{-n}\int[(\boldsymbol{\alpha}_{0n})\cdot(\boldsymbol{\alpha}_{n0})/2m]k^2\frac{\mathrm{d}k}{k}$$

如果求和延续到 $+n$, 则要加上一个可以忽略的 $\dfrac{v^2}{c^2}$ 阶的项. 这样, 此和近似为

$$-\sum_{\text{所有态}}\int[(\boldsymbol{\alpha}_{0n})\cdot(\boldsymbol{\alpha}_{n0})/2m]k^2\frac{\mathrm{d}k}{k}=(\alpha\cdot\alpha)_{00}k^2\frac{\mathrm{d}k}{2mk}=\frac{3k_0^2}{4m}$$

它与 V 无关, 因此被 Δm 项中的类似项消去.

(2) 纵向正能态 ($\alpha_\mu\to\boldsymbol{\alpha}\cdot\boldsymbol{k}/k$): 作为练习, 读者可以证明

$$\boldsymbol{\alpha}\cdot\boldsymbol{k}\exp(\mathrm{i}\boldsymbol{k}\cdot\boldsymbol{R})=H\exp(\mathrm{i}\boldsymbol{k}\cdot\boldsymbol{R})-\exp(\mathrm{i}\boldsymbol{k}\cdot\boldsymbol{R})H$$

于是,

$$[(\boldsymbol{\alpha}\cdot\boldsymbol{k}/k)\exp(\mathrm{i}\boldsymbol{k}\cdot\boldsymbol{R})]_{n0}=(E_n-E_0)/k[\exp(\mathrm{i}\boldsymbol{k}\cdot\boldsymbol{R})]_{n0}$$

这些项对正能态求和后的贡献为

$$\begin{aligned}&\int\left[1-\frac{(E_n-E_0)^2}{k^2}\right]\exp(\mathrm{i}\boldsymbol{k}\cdot\boldsymbol{R})_{0n}\exp(-\mathrm{i}\boldsymbol{k}\cdot\boldsymbol{R})_{n0}\times(E_n+k-E_0)^{-1}\frac{\mathrm{d}^3\boldsymbol{k}}{4\pi k}\\&=\int(E_n-E_0+k)\exp(\mathrm{i}\boldsymbol{k}\cdot\boldsymbol{R})_{0n}\exp(-\mathrm{i}\boldsymbol{k}\cdot\boldsymbol{R})_{n0}\frac{\mathrm{d}^3\boldsymbol{k}}{4\pi k^3}\\&=\int[H\exp(\mathrm{i}\boldsymbol{k}\cdot\boldsymbol{R})-\exp(\mathrm{i}\boldsymbol{k}\cdot\boldsymbol{R})H]_{0n}\times[\exp(-\mathrm{i}\boldsymbol{k}\cdot\boldsymbol{R})]_{n0}\frac{\mathrm{d}^3\boldsymbol{k}}{4\pi k^3}\end{aligned}$$

写出 $H=p^2/2m$ (V 与指数对易), 上式变成

$$\int[(p+k)^2/2m-p^2/2m+k]\frac{\mathrm{d}^3\boldsymbol{k}}{k^3}$$

这一项与 V 无关, 因而也可与 Δm 修正项相消.

(3) 横向正能态: 因为 k_0 比原子尺度大, 所以可以用偶极近似[1]. 式 (30–7) 中求和号内的一般项变成

$$\int(\alpha_{\mathrm{tr}})_{0n}(\alpha_{\mathrm{tr}})_{n0}(E_n+k-E_0)^{-1}\frac{\mathrm{d}^3\boldsymbol{k}}{k}\tag{30–8}$$

1) 参看 H. Bethe, *Phys. Rev.*, **72**, 339 (1947).

其中

$$\frac{1}{E_n+k-E_0}=\frac{1}{k}-\frac{E_n-E_0}{(E_n+k-E_0)k}$$

而 $1/k$ 的项作为与 V 无关的项可以从积分中分出去, 因而与 Δm 修正相消. 进而, 利用对各个方向求平均的公式 (在非相对论近似下):

$$(\alpha_{tr})_{0n}(\alpha_{tr})_{n0}=\frac{2}{3}(\boldsymbol{\alpha})_{0n}\cdot(\boldsymbol{\alpha})_{n0}=\frac{2}{3m^2}(\boldsymbol{p})_{0n}\cdot(\boldsymbol{p})_{n0}$$

因此, 式 (30–8) 中的积分为

$$\frac{2}{3m^2}(\boldsymbol{p})_{0n}\cdot(\boldsymbol{p})_{n0}(E_n-E_0)\times\ln\{(k_0+E_n-E_0)/(E_n-E_0)\}$$

应用关系式

$$\boldsymbol{p}_{n0}(E_n-E_0)=(\boldsymbol{p}H-H\boldsymbol{p})_{n0}=(\nabla V)_{n0}$$

以及 $K_0\gg E_n-E_0$ 的事实, 得到横向正能态求和中有一部分是

$$(\ln k_0)\sum_n\boldsymbol{p}_{0n}\cdot(\nabla V)_{n0}=\frac{1}{2}(\ln k_0)(\nabla^2V)_{00}$$

它与式 (30–7′) 的 $\ln k_0$ 相消, 剩下最后的修正是

$$\left(\frac{2e^2}{3\pi m^2}\right)\sum_n\boldsymbol{p}_{n0}\cdot\boldsymbol{p}_{0n}(E_n-E_0)\left\{\ln\left[\frac{M}{2(E_n-E_0)}\right]+\frac{11}{24}\right\}+\text{反常磁矩修正}$$

已算出这个和式的数值结果, 并与观察到的 Lamb 移动相比较.

第 31 讲

封闭圈过程, 真空极化

在势散射中另一个一阶 (e^2) 过程尚未考虑. 它不是势直接散射粒子, 而是先产生一对电子–正电子, 接着湮没, 产生一个光子, 光子又粒子散射. 图 I (图 31–1) 适用于这个过程; 图 II 适用一个相似的过程, 其时间顺序稍有改变. 这些过程的振幅是

$$\mathrm{i}4\pi e^2\sum_{u\text{ 的自旋态}}(\tilde{u}_2\gamma_\mu u_1)\frac{1}{q^2}\int\left(\tilde{u}\frac{1}{\not{p}-m}\gamma_\mu\frac{1}{\not{p}+\not{q}-m}\not{A}u\right)\times\frac{\mathrm{d}^4p}{(2\pi)^4}\qquad(31\text{–}1)$$

式中 u 是封闭圈波函数的旋量部分. 第一个括号是电子与光子散射的振幅; $1/q^2$ 是光子传播子; 第二个括号是产生光子的封闭圈过程的振幅. 这个表达式

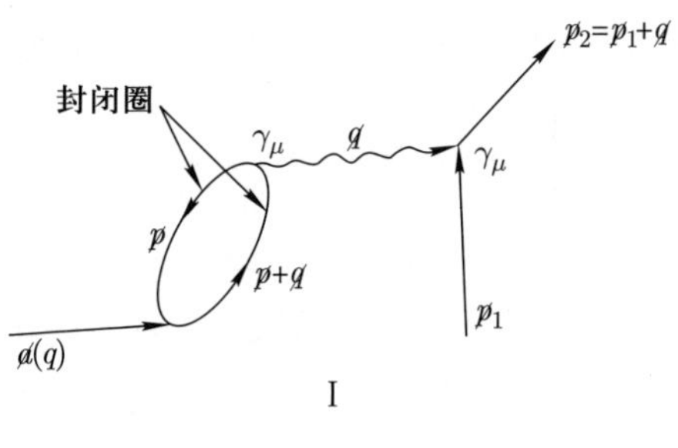

I

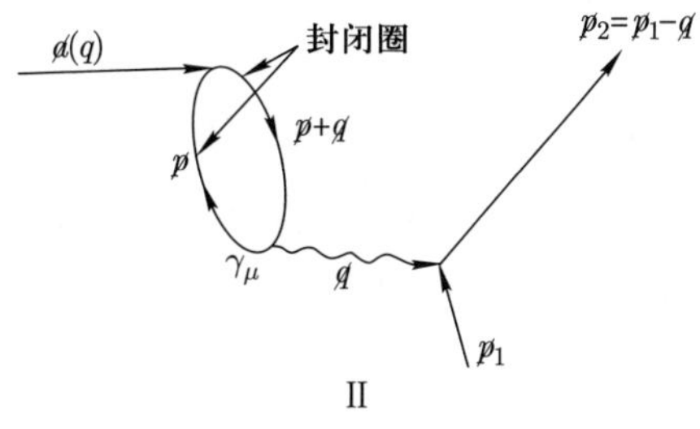

II

图 31–1

是对 p 积分的, 这是因为要考虑任何动量的正电子的振幅. 在求和的四个自旋态 u 中, 两个态取自图 I (图 31–1) 的过程, 而另两个态取自图 II (图 31–1) 的过程. 因为不需要投影算符, 因而可直接应用求迹法, 得到

$$\mathrm{i}4\pi e^2(\tilde{u}_2\gamma_\mu u_1)\frac{1}{q^2}\int \mathrm{Sp}\left[\frac{1}{p\!\!\!/-m}\gamma_\mu\frac{1}{p\!\!\!/+q\!\!\!/-m}A\!\!\!/\right]\frac{\mathrm{d}^4p}{(2\pi)^4} \tag{31–2}$$

这种形式包括了情况 I 和情况 II (因而如通常一样, 对于只是时间顺序不同的过程, 没有必要分开画图). 这个积分也是发散的, 但上讲中使用的光子收敛因子在这里不起作用, 这是因为此积分是对中间的正电子动量进行的. 有一个办法已被用来绕过此发散困难, 这就是从这个积分中减去一个用 M 代替 m 的类似的积分. 取 M 远大于 m, 就得到了一种对 p 的积分的切断. 这样做时, 得到的振幅为[1)]

$$(\tilde{u}_2\gamma_\mu u_1)A_\mu\frac{e^2}{\pi}\left[-\frac{1}{3}\ln\left(\frac{M}{m}\right)^2-\left(1-\frac{\theta}{\tan\theta}\right)\times(4m^2+2q^2)\frac{1}{3q^2}+\frac{1}{9}\right] \tag{31–3}$$

式中 $q^2=4m^2\sin^2\theta$, 对于小 q, 上式变为

$$(\tilde{u}_2\gamma_\mu u_1)A_\mu\frac{e^2}{\pi}\left[-\frac{1}{3}\ln\left(\frac{M}{m}\right)^2+\frac{2q^2}{15}\right] \tag{31–4}$$

1) 参看 R. P. Feynman, *Phys. Rev.*, **76**, 769 (1949); 本书已收集为附录.

注意 $(\tilde{u}_2\gamma_\mu u_1)A_\mu = (\tilde{u}_2 A\!\!\!/ u_1)$, 所以只考虑修正的发散部分时, 等效势是

$$A\!\!\!/ \left\{1+\frac{e^2}{\pi}\left[-\frac{1}{3}\ln\left(\frac{M}{m}\right)^2\right]\right\} \tag{31–5}$$

式中 1 来自没有辐射修正的理论, 而 e^2 项是来自刚才所描述的那类过程的修正. 这样, 这个修正可以解释为整个势的效应减少一个小量. 而且, 与第 28 讲中描述的质量修正相类似, 人们可以引入实验电荷 $e_{实}$ 和理论电荷 $e_{理}$, 其关系为

$$e_{实} = e_{理} + \Delta e \tag{31–6}$$

其中, $\Delta e = -\dfrac{e^2}{3\pi}\ln(M/m)^2$. 这称为 "电荷重正化". 另一项 $(2/15)(e^2/\pi)q^2 A\!\!\!/$ 更有意思, 它表示微扰 $2e^2/15\pi(\nabla^2 V)$. 这个修正产生 27 兆周的 Lamb 位移, 以及式 (30–7′) 中的 $(\ln[m/2(E_n-E_0)]+11/24)$ 被 $(\ln[m/2(E_n-E_0)]+11/24-1/5)$ 代替. 其中 1/5 项来自于 "真空极化".

势对光的散射

一个可能的光散射过程和另一个不可分辨的过程如图 31–2 所示. 第二个图与第一个图的不同点仅在于电子线的方向. 这种方向的倒转等价于把电子换成正电子. 于是每个与势的耦合都会变号. 因为有三个这样的耦合, 所以第二个过程的振幅是第一个的振幅加上负号. 因为两振幅相加, 所以净振幅是零. 一般来说, 任何包含了奇数个势 (包括光子) 耦合的封闭圈过程的净振幅都是零.

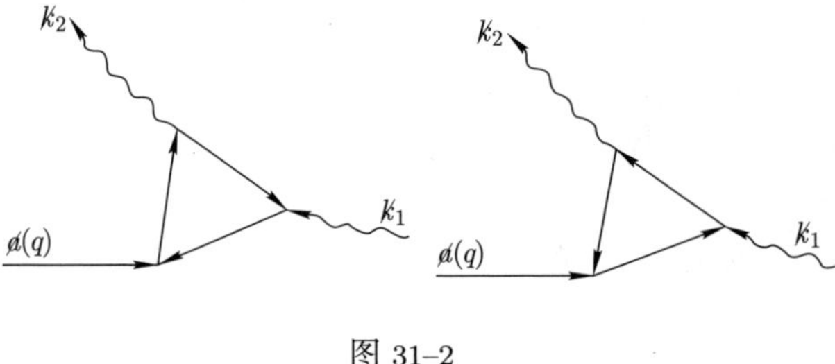

图 31–2

习题: 作出图 31–2 两个图中每个图的积分, 并证明它们大小相等, 符号相反.

然而有可能发生图 31–3 所示的高阶过程. 此过程的振幅是

$$-(4\pi e^2)\int \mathrm{Sp}\,[e\!\!\!/_1(p\!\!\!/-m)^{-1}e\!\!\!/_2(p\!\!\!/-q\!\!\!/_2-m)^{-1}$$

$$\cdot e\!\!\!/_3(p\!\!\!/-q\!\!\!/_2-q\!\!\!/_3-m)^{-1}e\!\!\!/_4(p\!\!\!/+q\!\!\!/_1-m)^{-1}]\frac{\mathrm{d}^4k}{(2\pi)^4}$$

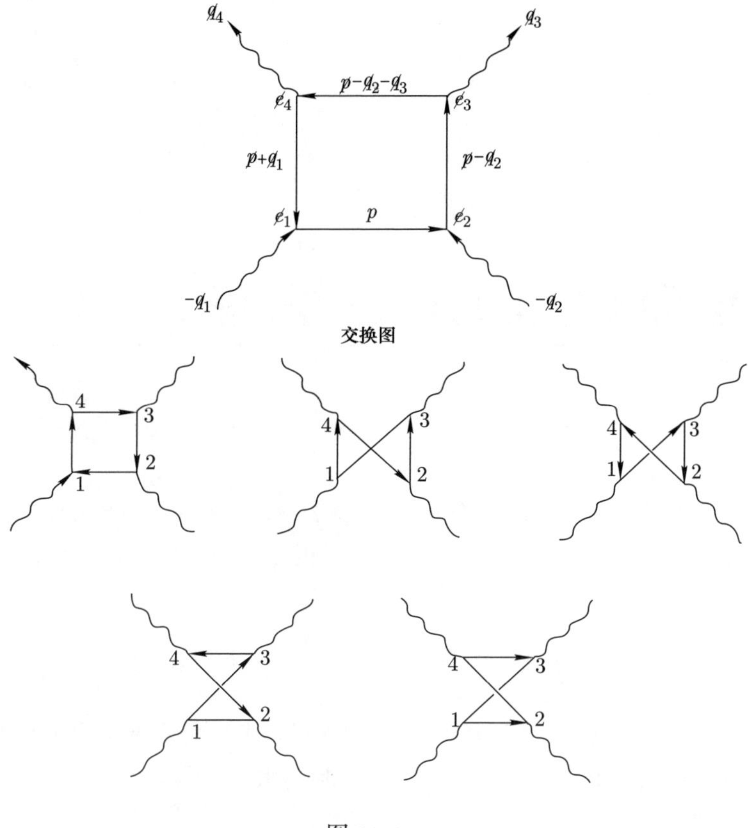

图 31–3

再加上五个类似的由置换光子次序而产生的项. 这个积分是对数发散的. 但当考虑所有六个积分时, 其和没有发散项, 更复杂的封闭圈过程也是收敛的.

九、

Pauli 原理和 Dirac 方程

在第 24 讲中, 计算了在一个势的影响下, 真空保持为真空的概率. 这个势可以在时间 t_1 和 t_2 之间产生及湮没电子–正电子对 (封闭圈过程). 产生及湮没一对正负电子的振幅 (到第一个不等于零的级) 是

$$L \sim \iint \mathrm{Sp}\,[K_+(1,2)\not{A}(2)K_+(2,1)\not{A}(1)]\mathrm{d}\tau_1\mathrm{d}\tau_2$$

产生和湮没两对正负电子时, 每一对有因子 L, 但要避免对所有 $\mathrm{d}\tau_1$ 和 $\mathrm{d}\tau_2$ 积分时每个计算两次, 因而振幅为 $\dfrac{L^2}{2}$. 三对时的振幅为 $\dfrac{L^2}{3!}$. 于是总的真空保持为真空的振幅为

$$c_V = 1 - L + \frac{L^2}{2!} - \frac{L^3}{3!} + \cdots = e^{-L} \tag{31–7}$$

式中 1 是保持真空不发生任何事件的振幅. 借助 Pauli 原理通过下面论述可以证明, 奇数对正负电子的振幅取负号. 假设 $t < t_1$ 时的图如图 31–4 所示. 但是可以有两种方式完成此过程 (见图 31–5). 第二种方式可以设想为通过交换两

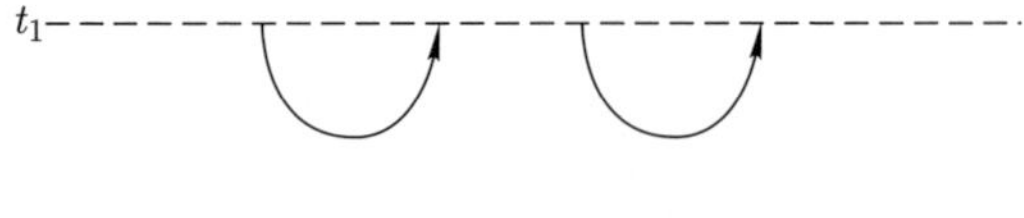

图 31–4

个电子而得到. 因此, 按照 Pauli 原理, 必须从第一个振幅中减去第二个振幅. 但第二个是一圈过程, 而第一个是两圈过程, 因此, 可以推断, 必须减去奇数圈的幅. 真空保持为真空的概率是

$$P_{V-V} = |c_V|^2 = \exp(-2 \times L\ \text{的实部})$$

可以证明 L 的实部是正的. 所以, 很清楚, 为了使此概率不大于 1, 级数的项

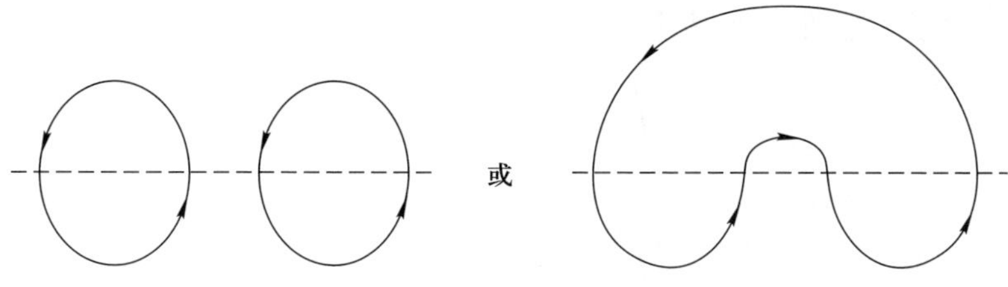

图 31–5

必须交替改变符号.

因此, 我们有了两种论证来说明表达式为什么必定是 e^{-L}. 其一涉及实部的符号, 正好是 K_+ 以及 Dirac 方程的一个性质. 其二涉及 Pauli 原理. 所以, 我们看到, 除非电子服从 Fermi–Dirac 统计否则不可能如我们所做的那样自洽地解释 Dirac 方程. 因而, 在相对论 Dirac 方程和不相容原理之间存在某种联系. Pauli 已对不相容原理的必要性作了更精心的证明, 这里的论证说明它似乎是合理的.

不相容原理和 Dirac 方程之间的联系是如此地有趣, 以致于我们将设法给出不包括封闭圈的另一种论证. 我们将证明, 下面的假设是不能自圆其说的, 即假设电子是完全独立的, 多个电子的波函数只是单个电子波函数的乘积. (即使略去它们的相互作用时也是不自洽的). 因为, 如果我们作了这样的假设, 则有

真空保持真空的概率 $= P_V$

真空到一对正负电子的概率 $= P_V \sum\limits_{\text{所有对}} |K_{1\text{对}}|^2$

真空到二对正负电子的概率 $= P_V \sum\limits_{\text{所有对}} |K_{1\text{对}}|^2|K_{1\text{对}}|^2$

$$\vdots$$

这些概率之和是真空变到任何可能事件的概率, 它必然是 1. 于是,

$$1 = P_V[1 + (1\text{ 对的概率}) + (2\text{ 对的概率}) + \cdots] \tag{31–8}$$

一个电子从 a 跑到 b, 什么事也没发生的概率是 $P_V|K_+(b,a)|^2$; 这个电子从 a 跑到 b 并产生一对正负电子的概率是 $P_V|K_+(b,a)|^2|K(1\text{ 对})|^2$; 这个电子从 a 跑到 b 并产生两对的概率是 $P_V|K_+(b,a)|^2|K(2\text{ 对})|^2$. 这样, 一个电子从 a 跑到 b 并产生任意对正负电子的概率是 [参看式 (31–8)]

$$P_V|K_+(b,a)|^2[1 + |K(1\text{ 对})|^2 + |K(2\text{ 对})|^2 + \cdots] = |K_+(b,a)|^2 \tag{31–9}$$

因为这个电子一定在某个地方, 所以

$$\int |K_+(b,a)|^2 \mathrm{d}b = 1$$

然而 Dirac 传播子具有

$$\int |K_+(b,a)|^2 \mathrm{d}b > 1 \tag{31–10}$$

的性质, 显然二者是互相矛盾的. 若假设电子服从 Fermi–Dirac 统计而且不是互不相关, 可以消除上述矛盾, 在这些情况下, 原始电子和正负电子对中的电子不是互不相关的, 并且,

$$\text{电子从 } a \text{ 跑到 } b \text{ 并产生一对的概率} < |K_+(b,a)|^2 |K(1\text{ 对})|^2 \tag{31–11}$$

因为我们不允许正负电子对中的电子与点 b 的电子处于相同的状态.

对于 Klein–Gordon 方程的传播子, 已证明 (31–10) 不等式的符号是反过来的. 因此一个零自旋的粒子可能既不服从 Fermi–Dirac 统计又不是独立粒子. 若波函数取对称的 (电荷反过来振幅相加, Einstein–Bose 统计), 则不等式 (31–11) 的符号也要反过来, 在对称统计中, 一个粒子在某一态 (比如说是 6 态) 的存在增强在同一态产生另一粒子的可能性. 因此, Klein–Gordon 方程要求 Bose 统计.

有趣的是, 可以试着把这些论证搞得更清楚, 以证明

$$\int |K_+(b,a)|^2 \mathrm{d}b$$

与 1 之差可以定量地由不相容原理准确地得到补偿. 这样基本的关系应有简单明了的解释.

A. 附录

A.1 跃迁概率公式中的数值因子[1)]

在 II 的计算跃迁概率的规则中, 有几个数值因子, 当时没有清楚地说明其确切的值, 所以, 在此做个简短的总结[2)].

由一个能量为 E 的初态到同样总能量 (假定是连续的) 的一个末态的每秒跃迁概率是

$$\text{跃迁概率/s} = 2\pi N^{-1}|\mathfrak{M}|^2\rho(E) \quad \hbar = c = 1$$

式中 $\rho(E)$ 是 E 处单位能量区间的末态密度, $|\mathfrak{M}|^2$ 是该问题的跃迁概率 $\mathfrak{M}$ 在初末态之间的矩阵元的平方. N 是归一化常数. 对于束缚态, 习惯上将它归一化为 1. 对自由粒子态它是因子 N_i 的乘积, 每一个初态粒子和每一个末态能量态都贡献一个因子 N_i. N_i 依赖于计算 $\mathfrak{M}$ 的矩阵元时所用的粒子 (把光子也看成粒子) 波函数的归一化. 最简单的规则 (它并不破坏 $\mathfrak{M}$ 的明显的协变性) 是[3)] $N_i = 2\epsilon_i$, 其中 ϵ_i 是粒子的能量. 这相应于选择在动量空间中光子平面波为单位矢势 ($\boldsymbol{e}^2 = -1$). 对电子相应于用了 $(\bar{u}u) = 2m$ (所以, 比如说, 若一个电子从初态 p_1 到末态 p_2, 则对 $|\mathfrak{M}|^2$ 的所有初末自旋态的和是 $\mathrm{Sp}\,[(p_2+m)\mathfrak{M}(p_1+m)\overline{\mathfrak{M}}]$). 归一化选择 $(\bar{u}\gamma_t u) = 1$ 导致电子的 $N_i = 1$. 矩阵 $\mathfrak{M}$ 是通过作图并按照 II 的规则以及下面定义的数值因子来计算的. (在此, 我

1) 本附录为 *Phys. Rev.*, **84**, 123 (1951) 中的第十章.

2) 在 I 和 II 中使用了令人遗憾的约定: 对动量空间积分,

$$\mathrm{d}^4k = \mathrm{d}k_4\mathrm{d}k_1\mathrm{d}k_2\mathrm{d}k_3(2\pi)^{-2}.$$

其中 $(2\pi)^{-2}$ 容易引起混乱, 在此毫无用处, 故抛弃此约定. 在本节中 d^4k 就是通常意义的 $\mathrm{d}k_4\mathrm{d}k_3\mathrm{d}k_2\mathrm{d}k_1$.

3) 一般地, N_i 是粒子密度. 对自旋为 $\frac{1}{2}$ 的场 $N_i = (\bar{u}\gamma_t u)$, 对于标量场 $N_i = \mathrm{i}\left[\phi^*\frac{\partial\phi}{\partial t} - \phi\frac{\partial\phi^*}{\partial t}\right]$, 如果场振幅 ϕ 取为 1, 则 $N_i = 2\epsilon_i$.

们针对自由粒子组成的初态, 末态以及中间态这一特殊情况给出这些数值因子. 采用动量空间表象是最方便的.)

首先, 直接写出没有数值因子的矩阵. 故电子传播子是 $(\not p - m)^{-1}$, 虚光子因子是 k^{-2}, 同时带有耦合 $\gamma_\mu \cdots \gamma_\mu$. 一个极化矢量为 e_μ 的实光子贡献因子 $\boldsymbol{e}$. 一个势 (乘以电子电荷 e) $A_\mu(x)$ 贡献动量 $\boldsymbol{q}$ 以及振幅 $a(q)$, 其中

$$a_\mu(q) = \int A_\mu(1) \exp(\mathrm{i}q \cdot x_1) \mathrm{d}^4 x_1$$

(注意: 在这点上, 我们的 a 的定义与 I 中略有不同, 那儿的 a 是这里的 $(2\pi)^{-2}$ 倍.) 对封闭圈的矩阵要求迹. 由于 Pauli 原理, 相应于交换全同电子的贡献, 以及相应于每个封闭圈的贡献都要改变符号. 对每个未定的动量变量 p, 都要乘

$$(2\pi)^{-4} \mathrm{d}^4 p = (2\pi)^{-4} \mathrm{d}p_t \mathrm{d}p_x \mathrm{d}p_y \mathrm{d}p_z$$

并对其所有数值积分. (注意: 这点又与以前不同[1).)

然后再乘以下述因子便得到 $\mathfrak{M}$ 的正确的数值. (1) 对于电子和光子的每一次耦合有一个 $(4\pi)^{1/2} e$ 因子. 于是有两次这种耦合的虚光子贡献 $4\pi e^2$. (在这里的单位中, e^2 近似是 $\dfrac{1}{137}$, 而 $(4\pi)^{1/2} e$ 恰是 Heaviside 单位下一个电子的电荷.) (2) 每个虚光子还多一个 $(-\mathrm{i})$ 因子.

对于介子理论, 在 II§10 中已经讨论过写出 $\mathfrak{M}$ 时的变化, 进一步添加的因子是 (1) 对每个介子–核子耦合顶角有一个 $(4\pi)^{1/2} g$, (2) 对每一个自旋为 1 的虚介子有一因子 $-\mathrm{i}$, 而对每个自旋为零的虚介子则是 $+\mathrm{i}$.

由于跃迁概率只要求 $\mathfrak{M}$ 的绝对值的平方, 这些就足够了. 为了得到每单位体积和单位时间的实际相移, 还必须对每个虚电子传播子加 i 因子, 对每次势或光子相互作用加 $-\mathrm{i}$ 因子. 于是, 在能量微扰问题中, 对于所讨论的未微扰态能量移动是 $\mathrm{i}\mathfrak{M}$ 的期待值, 除以构成这些态的每个粒子的归一化常数 N_i.

作者在与 M.Peshkin 和 L.Brown 的讨论中获益匪浅.

1) 与前页注释 2) 相同.

A.2 正电子理论[1)]

内容提要: 本文不用空穴理论, 而是通过重新解释 Dirac 方程的解, 分析了在给定外场中正电子和电子的行为 (忽略它们之间的相互作用). 借助于波函数的边界条件, 可以写出这个问题的完整的解. 并且, 这个解在计及一般的散射过程的同时, 还自动包括所有可能的虚 (实) 粒子对的形成和湮没过程, 并包括各项之间正确的相对符号.

在这个解中, "负能态" 以下述形式出现, 即可以在时空中把它描绘为 (正如 Stückelberg 所做的那样) 从外场出发逆着时间传播的波. 在实验上, 这样的波相当于向势靠近并湮没电子的正电子. 一个顺着时间在势中运动的粒子 (电子) 既可以顺着时间散射 (一般的散射), 也可以逆着时间散射 (对湮没), 当逆时运动时 (正电子), 既可以逆时散射 (正电子散射), 也可以顺时散射 (对产生). 对这样一个粒子, 本文通过考虑它在势中经受一系列上述方式的散射来分析其从一初态到一末态的跃迁幅直到所有阶.

包含许多这种粒子的过程的振幅是每个粒子跃迁振幅的乘积. 不相容原理要求选择所有不同过程的振幅的反对称组合, 这些过程的差别仅在于交换了粒子. 看来, 只有采纳不相容原理, 才可能有前后一致的解释. 在计算中间态时, 不需要考虑不相容原理. 对于相互之间没有作用的电荷, 不会出现真空问题. 当应用到量子电动力学时, 对这些问题进行了分析.

本文的计算结果是用能量–动量变量来表示的. 在本文的附录中, 我们证明了此方法与二次量子化空穴理论等价.

1. 引言

这是一系列文章中的第一篇, 这些文章讨论量子电动力学问题的解. 其主要的原则是直接处理 Hamilton 微分方程的解, 而不是处理这些方程本身. 这里, 我们仅处理电子和正电子在给定外部势中的运动. 第二篇文章考虑这些粒子的相互作用, 即量子电动力学.

在固定外场中的电荷问题, 通常是用空穴理论的思想, 应用电子场的二次量子化方法来处理的. 然而, 我们将证明, 通过适当地选择和解释 Dirac 方程的解, 这种问题可以同样好地用另一方法来解决, 这种方法基本上不比处理一个或多个粒子的 Schrödinger 方法更复杂. 由于粒子数不守恒, 也就是说, 正负电子对可以产生和湮没, 因此, 根据通常的电子场观点, 需要各种产生和消灭算符, 另一方面, 电荷是守恒的, 它提示我们, 若我们把注意力集中于电荷而不

1) 本附录引自 [*Phys. Rev.*, **76**, 749-759 (1949)].

是粒子, 则结果可以简化.

在经典相对性理论近似中, 一个电子对 (电子 A 和正电子 B) 的产生可以用从产生点 1 出发的二根世界线来表示. 正电子的世界线一直延续到世界点 2 与另外一个电子 C 湮没为止. 在时间 t_1 和 t_2 之间有三根世界线, 而在此之前和之后都只有一根. 虽然正电子 B 是逆着时间的, 然而世界线 C、B 和 A 一起形成一条连续线, 把注意力集中于电荷而不是粒子相当于把这条连续世界线看成一个整体而不是分成几个部分. 这就好像是, 一个轰炸机投弹手低低地在一条道路的上空飞, 突然看见三条路, 而仅当他看见其中二条路跑到一起并又消失之后, 他才认识到, 他只是通过了一条路的一个长之字形部分.

这种综观时空观点使许多问题大大简化. 通常分别考虑的过程, 现在可以同时考虑. 例如, 当考虑电子被势散射时, 会自动计算虚粒子对产生的效应. 同一个 Dirac 方程, 它既可以描述场中电子的世界线的偏转, 也可以描述 (且以如此简单的方式) 偏转大到足以使世界线的时间意义反过来从而相应于粒子对湮没的情形. 在量子力学中波的传播方向代替了世界线的方向.

这个观点与 Hamilton 方法大不相同, 后者把将来看成是由过去连续发展而成的. 在这儿, 我们想象, 整个时空历史乱了套. 而我们只是知道它相继增加的部分. 在散射问题中, 这种综观整个散射过程的观点类似于 Heisenberg 的 S 矩阵观点. 在用 Hamilton 微分方程非常详细分析过的散射过程中, 事件的时间次序是无关紧要的. 在第二篇文章中将分析更复杂的相互作用, 在引言中将要更加全面地讨论这些观点之间的关系.

本文的研究来源于下述思想: 在非相对论量子力学中, 一个给定过程的振幅可以看成为每一个可能时空路径的振幅的和[1]. 考虑到在经典物理中, 可以把正电子看成是沿着世界线向过去行进的电子 [7], 所以在相对论情况下, 我们企图去掉关于路径必须总是沿时间的一个方向前进的约束. 已经发现, 从更熟悉的散射波的物理观点出发来理解结果甚至更为容易. 这种观点就是这篇文章中采用的. 在重新解释了 Dirac 方程解的物理意义之后, 已经证明, 这与二次量子化理论等价[2]

首先我们应用 Schrödinger 方程作为例子来讨论 Hamilton 微分方程与其解的关系. 接着, 我们用类似的方法讨论 Dirac 方程, 并指出如何解释方程的解使之适用于正电子. 除非电子服从不相容原理, 否则这种解释似乎是不自洽的. (可用类似方式描述服从 Klein-Gordon 方程的电荷, 但这时自洽性明显地要求 Bose 统计.)[3]本文也描述了对计算矩阵元非常有用的, 以动量能量为变

[1] R. P. Feynman, *Rev. Mod. Phys.* **20**, 367 (1948).

[2] F. J. Dyson 已经证明, 整个程序 (包括光子相互作用) 与 Schwinger 和朝永的工作等价. *Phys. Rev.*, **75**, 486 (1949).

[3] 这些是 W.Pauli 导出的自旋与统计一般关系的特例. *Phys. Rev.* **58**, 716 (1940).

量的表示: 附录给出了此方法与二次量子化空穴理论方法等价的证明.

2. Schrödinger 方程的 Green 函数解法

首先, 我们简短地讨论非相对论方程与其解的关系. 然后将这思想推广到满足 Dirac 方程的相对论粒子; 最后, 在下一篇文章中, 又将其推广到正相互作用着的相对论粒子, 即量子电动力学.

Schrödinger 方程

$$\mathrm{i}\frac{\partial\psi}{\partial t}=H\psi \tag{1}$$

描述了在无限小时间 Δt 内, 由于算符 $\exp(-\mathrm{i}H\Delta t)$ 作用造成波函数 ψ 的改变. 人们也可以问, 如果 $\psi(\boldsymbol{x}_1,t_1)$ 是在 t_1 时刻 $\boldsymbol{x}_1$ 处的波函数, 那么, 什么是 $t_2>t_1$ 时的波函数? 总可以将其写为

$$\psi(\boldsymbol{x}_2,t_2)=\int K(\boldsymbol{x}_2,t_2;\boldsymbol{x}_1,t_1)\psi(\boldsymbol{x}_1,t_1)\mathrm{d}^3x_1 \tag{2}$$

式中 K 是线性方程 (1) 的 Green 函数, (我们只限于考虑坐标为 $\boldsymbol{x}$ 的单个粒子, 但方程 (1) 显然有更大的普遍性.) 若 H 是本征值为 E_n, 本征函数为 ϕ_n 的常算符, 则 $\psi(\boldsymbol{x},t_1)$ 可以展开为 $\sum\limits_n C_n\phi_n(\boldsymbol{x})$, 而 $\psi(\boldsymbol{x},t_2)=\exp[-\mathrm{i}E_n(t_2-t_1)]C_n\phi_n(\boldsymbol{x})$. 因为 $C_n=\int\phi_n^*(\boldsymbol{x}_1)\psi(\boldsymbol{x}_1,t_1)\mathrm{d}^3\boldsymbol{x}_1$, 所以在这种情况下, 人们发现 (我们把 $\boldsymbol{x}_1,t_1$ 简记为 $1,\boldsymbol{x}_2,t_2$ 简记为 2), 对于 $t_2>t_1$ 有

$$K(2,1)=\sum_n\phi_n(\boldsymbol{x}_2)\phi_n^*(\boldsymbol{x}_1)\exp[-\mathrm{i}E_n(t_2-t_1)] \tag{3}$$

我们将会发现, 对于 $t_2<t_1$, 定义 $K(2,1)=0$ 是方便的 (因此, (2) 式对于 $t_2<t_1$ 不成立). 容易证明, 一般可将 K 定义为下述方程的解:

$$\left(\mathrm{i}\frac{\partial}{\partial t_2}-H_2\right)K(2,1)=\mathrm{i}\delta(2,1) \tag{4}$$

当 $t_2<t_1$, 上式为零, 其中 $\delta(2,1)=\delta(t_2-t_1)\delta(x_2-x_1)\times\delta(y_2-y_1)\delta(z_2-z_1)$, H_2 的下标 2 的意思是算符作用在 $K(2,1)$ 的标记为 2 的变量上, 当 H 不是常数时, (2) 和 (4) 式仍成立, 但 K 不像 (3) 式那样容易计算[4].

---

[4] 对于非相对论自由粒子, $\phi_n=\exp(\mathrm{i}\boldsymbol{p}\cdot\boldsymbol{x}), E_n=\dfrac{\boldsymbol{p}^2}{2m}$, 如大家所知道的, 由 (3) 式可得出:$t_2>t_1$ 时

$$K_0(2,1)=\int\exp\left[(-\mathrm{i}\boldsymbol{p}\cdot\boldsymbol{x}_1-\mathrm{i}\boldsymbol{p}\cdot\boldsymbol{x}_2)-\mathrm{i}p^2\frac{(t_2-t_1)}{2m}\right]\frac{\mathrm{d}^3p}{(2\pi)^3}$$
$$=[2\pi\mathrm{i}m^{-1}(t_2-t_1)]^{-2/3}\exp\left[\frac{1}{2}\mathrm{i}m(x_2-x_1)^2(t_2-t_1)^{-1}\right]$$

当 $t_2<t_1$ 时, $K_0=0$.

我们可以把 $K(2,1)$ 称作从 $\boldsymbol{x}_1,t_1$ 开始, 到达 $\boldsymbol{x}_2,t_2$ 的总振幅. (它由这两点间每个时空路径的振幅 $(\exp \mathrm{i}S)$ 相加而得到, 其中 S 是沿路径的作用量 [1]. 一个粒子如在 t_1 时处于 $\psi(\boldsymbol{x}_1,t_1)$ 态, 在 t_2 时发现它在 $\chi(\boldsymbol{x}_2,t_2)$ 态的跃迁振幅是

$$\int \chi^*(2)K(2,1)\psi(1)\mathrm{d}^3\boldsymbol{x}_1\mathrm{d}^3\boldsymbol{x}_2 \tag{5}$$

一个量子力学体系可以用指定函数 K 来描述, 也可以用指定产生 K 的 Hamilton 量 H 来描述. 对于某些目的, 借助于 K 的描述更易使用和想象. 我们最终要采用这种观点来讨论量子电动力学.

为了更熟悉 K 函数以及与此有关的观点, 我们在此考虑一个简单的微扰问题. 设想在弱势 $U(\boldsymbol{x},t)$ 中有一粒子, $U(\boldsymbol{x},t)$ 是位置和时间的函数. 我们要计算 U 仅对在 t_1 和 t_2 之间的 t 不为零时的 $K(2,1)$. 将 K 按 U 的升幂展开:

$$K(2,1)=K_0(2,1)+K^{(1)}(2,1)+K^{(2)}(2,1)+\cdots \tag{6}$$

到 U 的零阶, K 是自由粒子的 Green 函数 $K_0(2,1)$[4]. 为研究一级修正 $K^{(1)}(2,1)$, 首先考虑 U 仅在某个时间 t_3 和 $t_3+\Delta t_3(t_1<t_3<t_2)$ 之间的无限小时间间隔 Δt_3 才不为零的情况. 若 $\psi(1)$ 是 $\boldsymbol{x}_1,t_1$ 处的波函数, 那么在 $\boldsymbol{x}_3,t_3$ 处的波函数是

$$\psi(3)=\int K_0(3,1)\psi(1)\mathrm{d}^3x_1 \tag{7}$$

这是因为从 t_1 到 t_3, 粒子是自由的. 对这段短间隔 Δt_3 可以解方程 (1),

$$\begin{aligned}\psi(x,t_3+\Delta t_3)&=\exp(-\mathrm{i}H\Delta t_3)\psi(\boldsymbol{x},t_3)\\&=(1-\mathrm{i}H_0\Delta t_3-\mathrm{i}U\Delta t_3)\psi(\boldsymbol{x},t_3)\end{aligned}$$

式中我们已把 H 写成 $H=H_0+U, H_0$ 是自由粒子的 Hamilton 量. 这样, 与势是零时的波函数, 即 $(1-\mathrm{i}H_0\Delta t_3)\psi(\boldsymbol{x},t_3)$ 不同, $\psi(\boldsymbol{x},t_3+\Delta t_3)$ 多了一个额外部分

$$\Delta\psi=-\mathrm{i}U(\boldsymbol{x}_3,t_3)\psi(\boldsymbol{x}_3,t_3)\Delta t_3 \tag{8}$$

称其为势散射振幅. 在点 2 处的波函数是

$$\psi(\boldsymbol{x}_2,t_2)=\int K_0(\boldsymbol{x}_2,t_2;\boldsymbol{x}_3,t_3+\Delta t_3)\psi(\boldsymbol{x}_3,t_3+\Delta t_3)\mathrm{d}^3\boldsymbol{x}_3$$

因为 $t_3+\Delta t_3$ 之后, 粒子又是自由的. 所以在点 2 处势所引起的波函数的变化是 (将 (7) 式代入 (8) 式, 再将 (8) 式代入 $\psi(\boldsymbol{x}_2,t_2)$ 的式子)

$$\Delta\psi(2)=-\mathrm{i}\int K_0(2,3)U(3)K_0(3,1)\psi(1)\mathrm{d}^3\boldsymbol{x}_1\mathrm{d}^3\boldsymbol{x}_3\Delta t_3$$

若势在一段持续时间间隔内存在,可以将其看成每段间隔 Δt_3 的作用之和,以致于总效应可以通过对 $\boldsymbol{x}_3$ 及 t_3 积分而得到. 由 K 的定义 (2) 式, 得

$$K^{(1)}(2,1)=-\mathrm{i}\int K_0(2,3)U(3)K_0(3,1)\mathrm{d}\tau_3 \tag{9}$$

式中积分可以扩展到整个空间和时间, $\mathrm{d}\boldsymbol{\tau}_3=\mathrm{d}^3\boldsymbol{x}_3\mathrm{d}t_3$. 若 t_3 在 t_1 到 t_2 区域之外, 则自动地没有贡献, 这是因为已定义, 当 $t_2<t_1$ 时 $K_0(2,1)=0$.

可以这样来理解 (6) 式及 (9) 式的结果. 我们可以想象, 一个粒子作为自由粒子从一点到另一点运动, 不过还要受到势 U 的散射. 这样从点 1 到达点 2 的总振幅可以看成是各种可能路线的振幅之和. 它可以直接从点 1 到点 2 [(6) 式中零级项给出的幅 $K_0(2,1)$]. 或 (参看图 1(a)) 从点 1 到点 3 (振幅为 $K(3,1)$), 在点 3 被势散射 (单位时间, 单位体积散射振幅 $-\mathrm{i}U(3)$), 再从点 3 到点 2 [振幅为 $K_0(2,3)$]. 对于任何的点 3 都可以发生上述过程, 因而对所有这些可能求和给出了 (9) 式.

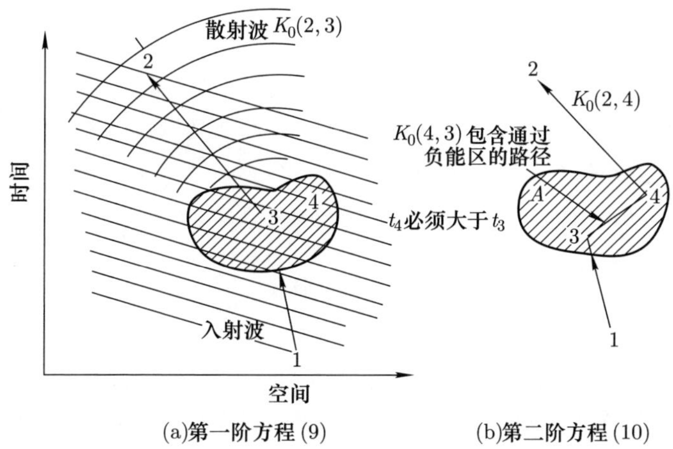

(a)第一阶方程 (9)　　(b)第二阶方程 (10)

图 1 Schrödinger (和 Dirac) 方程可以形象化地描述势相继散射平面波的情况. 图 1(a) 是一级情况, $K_0(2,3)$ 是一个自由粒子从点 3 出发到达点 2 的振幅. 阴影区表示存在势 A, 它在点 3 散射, 振幅是 $-\mathrm{i}A(3)/\mathrm{cm}^3\cdot\mathrm{s}$ [式 (9)]. (b) 是二级过程 [式 (10)]. 在点 3 散射的波又在点 4 再散射, 然而在 Dirac 单电子理论中, $K_0(4,3)$ 表示由点 3 进到点 4 的正能与负能电子. 在图 2 中通过选择不同的散射传播子 $K_+(4,3)$ 来弥补这一点.

再有, 粒子还可以被势散射两次 [参看图 1(b)]. 粒子从点 1 跑到点 3[$K_0(3,1)$], 在那儿被散射 [$-\mathrm{i}U(3)$], 再前进到另一时空点 4[幅 $K_0(4,3)$], 再被散射 [$-\mathrm{i}U(4)$] 之后, 继续前进到点 2[$K_0(2,4)$]. 对 3, 4 所有可能的位置和时间求和, 便找到对总振幅的二级贡献 $K^{(2)}(2,1)$

$$(-\mathrm{i})^2\iint K_0(2,4)U(4)K_0(4,3)U(3)K_0(3,1)\mathrm{d}\tau_3\mathrm{d}\tau_4 \tag{10}$$

就像对 (9) 式所做的那样, 可以很容易从 (1) 式出发直接证明 (10) 式. 人们可以用这种方式把展开式 (6) 中任何一项明显地写出来[5].

3. Dirac 方程的情况

现在, 把上节的方法推广应用于 Dirac 方程, 似乎必要做的全部事情是在前面的方程中, 将 H 看成是 Dirac Hamilton 量, ψ 看成是有四个指标的记号 (对每个粒子). 于是, K_0 仍按 (3) 式或 (4) 式定义, 不过现在它是一个 4×4 矩阵, 它作用于初态波函数上给出末态波函数. (10) 式中的 $U(3)$ 可推广为 $A_4(3)-\boldsymbol{\alpha}\cdot\boldsymbol{A}(3)$, 式中 A_4 和 $\boldsymbol{A}$ 分别是标势和矢势 (乘以电子电荷 e), $\boldsymbol{\alpha}$ 是 Dirac 矩阵.

为了便于讨论, 我们定义一套相对论记号. 将四度矢量如 $(\boldsymbol{x},t)$ 表为 x_μ, 其中 $\mu=1,2,3,4$. 且 $x_4=t$ 是实的. 这样矢势和标势 (乘 e) $\boldsymbol{A}$ 及 A_4 就是 A_μ, 可以认为 $\beta\boldsymbol{\alpha}$ 及 β 与四矢 γ_μ 有相同的变换 [这里的 γ_μ 与 Pauli 的差一个因子 $\mathrm{i}(\mu=1,2,3)$]. 今后使用求和约定 $a_\mu b_\mu=a_4b_4-a_1b_1-a_2b_2-a_3b_3=a\cdot b$. 特别是, 若 a_μ 是某任意四矢 (但不是矩阵), 则写 $\not{a}=a_\mu\gamma_\mu$, 于是 $\not{a}$ 是一个与矢量相联系的矩阵 (经常用 $\not{a}$ 代替 a_μ 作为矢量的记号). γ_μ 满足 $\gamma_\mu\gamma_\nu+\gamma_\nu\gamma_\mu=2\delta_{\mu\nu}$, 式中 $\delta_{44}=1,\delta_{11}=\delta_{22}=\delta_{33}=-1$, 其余 $\delta_{\mu\nu}$ 都是零. 作为求和约定的结果有 $\delta_{\mu\nu a_\nu}=a_\mu,\delta_{\mu\mu}=4$. 注意 $\not{a}\not{b}+\not{b}\not{a}=2a\cdot b$ 以及 $\not{a}^2=a_\mu a_\mu=a\cdot a$ 是纯数. 当 $\mu=4$ 时, $\dfrac{\partial}{\partial x_\mu}$ 为 $\dfrac{\partial}{\partial t}$, 当 $\mu=1,2,3$ 时, 它分别是 $-\dfrac{\partial}{\partial x},-\dfrac{\partial}{\partial y},-\dfrac{\partial}{\partial z}$. 记

$$\not{\nabla}=\gamma_\mu\frac{\partial}{\partial x_\mu}=\beta\frac{\partial}{\partial t}+\beta\boldsymbol{\alpha}\cdot\nabla$$

纯粹为了相对论的方便, 今后用 ϕ_n^* 的共轭 $\overline{\phi}_n=\phi_n^*\beta$ 来代替 (3) 式中的 ϕ_n^*.

这样, 在外场 $\not{A}=A_\mu\gamma_\mu$ 中, 质量为 m 的粒子的 Dirac 方程是

$$(\mathrm{i}\not{\nabla}-m)\psi=\not{A}\psi \tag{11}$$

而决定自由粒子传播子的方程 (4) 变成

$$(\mathrm{i}\not{\nabla}_2-m)K_+(2,1)=\mathrm{i}\delta(2,1) \tag{12}$$

$\not{\nabla}_2$ 上的指标 2 表示对坐标 $x_{2\mu}$ 微商, $x_{2\mu}$ 在 $K_+(2,1)$ 和 $\delta(2,1)$ 中也用 2 来表示.

---

[5] 用逐级近似直接解积分方程 (在 (1) 式中取 $H=H_0+U$, 在 (4) 式中取 $H=H_0$) 可直接导出方程

$$\psi(2)=-\mathrm{i}\int K_0(2,3)U(3)\psi(3)\mathrm{d}\tau_3+\int K_0(2,1)\psi(1)\mathrm{d}^3\boldsymbol{x}_1$$

式中第一个积分扩展到全部空间和全部比第二项出现的 t_1 大的时间 t_3, 且 $t_2>t_1$.

函数 $K_+(2,1)$ 是不存在外场时定义的. 若势 A 起类似的作用, 则可定义 $K_+^{(A)}(2,1)$. 它与 $K_+(2,1)$ 的差由类似于 (9) 式的一级修正给出, 即

$$K_+^{(1)}(2,1) = -\mathrm{i}\int K_+(2,3)A(3)K_+(3,1)\mathrm{d}\tau_3 \tag{13}$$

它表示一个自由粒子由点 1 运动到点 3, 被势 (现在矩阵 $\not{A}(3)$ 代替了 $U(3)$) 散射后, 又继续自由地运动到点 2 的振幅. 类似 (10) 式的二级修正是

$$K_+^{(2)}(2,1) = -\iint K_+(2,4)A(4)K_+(4,3)A(3)K_+(3,1)\mathrm{d}\tau_4\mathrm{d}\tau_3 \tag{14}$$

等等. 一般 $K_+^{(A)}$ 满足

$$(\mathrm{i}\not{\nabla}_2 - \not{A}(2) - m)K_+^{(A)}(2,1) = \mathrm{i}\delta(2,1) \tag{15}$$

而 (13) 和 (14) 式是它所满足的下述积分方程幂级数展开式中相继的项:

$$K_+^{(A)}(2,1) = K_+(2,1) - \mathrm{i}\int K_+(2,3)\not{A}(3)K_+^{(A)}(3,1)\mathrm{d}\tau_3 \tag{16}$$

现在我们希望选择 (12) 式的一个特解 $K_+ = K_0$, 当 $t_2 < t_1$ 时, $K_0(2,1) = 0$; 当 $t_2 > t_1$ 时, K_0 由 (3) 式给出, 其中 ϕ_n 和 E_n 分别是粒子所满足的 Dirac 方程的本征函数和本征值, 而且 $\overline{\phi}_n$ 代替了 ϕ_n^*.

然而, 这样选择得出的公式面临着困难, 因为它只适用于 Dirac 单电子理论而不适用于正电子空穴理论, 例如, 考虑图 1(a) 中在一个小的时空区域 3 被散射之后的电子. 按照电子理论 (如在 (3) 式中令 $K_+ = K_0$), 在另一点 2 的散射振幅将以正能和负能沿时间正向前进, 即, 有相应的正负相位变化率. 没有波散射到比散射时刻早的时间. 这正是 $K_0(2,3)$ 的性质.

另一方面按照正电子理论, 散射后的电子不可能达到负能态. 所以, 选择 $K_+ = K_0$ 是不能令人满意的, 但是 (12) 式有另一个解. 我们将选择定义 $K_+(2,1)$ 的解, 使得 $t_2 > t_1$ 时, 它仅是 (3) 式对正能态求的和. 现在, 为了使此表达式完备, 新解必须在全部时间满足 (12) 式. 因此, 它必须与老解 K_0 差一个齐次 Dirac 方程的解. 由定义, 很清楚, 只要 $t_2 > t_1$, 差 $K_0 - K_+$ 就是 (3) 式对所有负能态之和. 但是, 这个差必须在所有时间都是齐次 Dirac 方程的解, 因此, $t_2 < t_1$ 时, 它必定表示为负能态的同样的和. 在这种情况下, $K_0 = 0$, 于是便得到, 新的传播子 $K_+(2,1)$ 在 $t_2 < t_1$ 时是负的 (3) 式对所有负能态的和, 即

$$K_+(2,1) = \begin{cases} \displaystyle\sum_{\text{正}E_n} \phi_n(2)\overline{\phi}_n(1)\exp[-\mathrm{i}E_n(t_2-t_1)] & \text{当}t_2 > t_1 \\ \displaystyle -\sum_{\text{负}E_n} \phi_n(2)\overline{\phi}_n(1)\exp[-\mathrm{i}E_n(t_2-t_1)] & \text{当}t_2 < t_1 \end{cases} \tag{17}$$

用 K_+ 的这种选择, 诸如 (13) 和 (14) 式那样的方程会给出与正电子空穴理论等价的结果.

例如, 按照正电子理论, 可从下面看出, (14) 式是在点 2 发现一个起始在点 1 的电子的正确的二级表达式 (图 2). 作为一个特殊的例子, 设 $t_2 > t_1$, 且仅在 (t_2, t_1) 时间间隔内势才不为零, 故 t_4 和 t_3 都在 t_1 和 t_2 之间.

先假设 $t_4 > t_3$ [图 2(b)], 则 (因为 $t_3 > t_1$) 原来处于正能态的电子仍以这个态传播 [由 $K_+(3,1)$] 到点 3, 再被散射 [$A\!\!\!/(3)$]. 然后, 它必然是作为正能电子前进到点 4. 这由 (14) 式正确地描述, 因为 $t_4 > t_3$ 时, $K_+(4,3)$ 展开式中仅包括正能分量. 在点 4 散射之后, 它又前进到点 2, 并且因 $t_2 > t_4$, 它也必然是正能态.

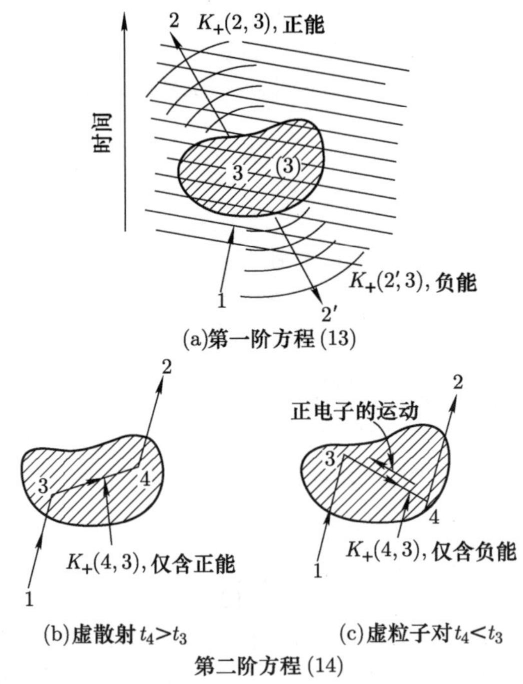

图 2 若认为势散射的波可以像图 2(a) 那样逆时行进, 则 Dirac 方程可以有另一解 $K_+(2,1)$. 注意到有在点 4 产生虚电子对、正电子跑到点 3 湮没的可能性 (c), 此点便可用二级过程 (b) 和 (c) 解释. 其中 (c) 类似于普通散射 (b), 只是散射电子逆时地由点 3 到点 4. (a) 中由点 3 到点 2′ 的散射波表示一正电子由点 2′ 到达点 3, 而且与来自点 1 的电子湮没的可能性, 已证明这种观点与空穴理论等价: 逆时运动的电子可看成正电子.

在正电子理论中, 由于可能产生虚粒子对, 因而会有另一附加的贡献 [图 2(c)]. 在点 4 势 $A\!\!\!/(4)$ 可能产生一电子对, 稍后在点 2 发现其中的电子. 正电子

(或者说空穴) 前进到点 3, 再与从点 1 来到的电子湮没.

这种可能性已经作为 $t_4 < t_3$ 时的贡献包括在 (14) 式中, 并且这种研究引导我们解释了 $t_4 < t_3$ 时的 $K_+(4,3)$. 因子 $K_+(2,4)$ 描述了在点 4 产生电子对后, 从点 4 跑到点 2 的电子. 同样, $K_+(3,1)$ 表示电子由点 1 前进到点 3. 因此, $K_+(4,3)$ 必然表示正电子或空穴由点 4 传播到点 3. 这一点确实很清楚. 当 $t_4 < t_3$ 时, $K_+(4,3)$ 仅为负能部分的 (负) 和, 这一事实反映了空穴理论中空穴以负能电子的方式运动的事实. 在空穴理论中, 那些中间态的真实能量当然是正的. 这里也是如此, 这是因为在定义 $K_+(4,3)$ 的 (17) 式中, 相位 $\exp[-\mathrm{i}E_n(t_4 - t_3)]$ 里, E_n 是负的, 但 $t_4 - t_3$ 也是负的. 也就是说, 若中间态能量是 $|E_n|$, 这部分贡献也和 $\exp[-\mathrm{i} \times |E_n|(t_3 - t_4)]$ 一样随 t_3 变化. 在计算 $K_+(4,3)$ 中, 把全部求和取为负, 这一事实反映了在空穴理论中, 按照 Pauli 原理, 振幅要反号, 以及到达点 2 的电子已与海中一个电子交换[6]. 到这一级以及更高级, 用这种方式都可以正确地描述所有包含虚电子对的过程.

仍可以将 (14) 式那样的表达式描述成电子从点 1 到点 $3[K_+(3,1)]$, 在点 3 被 $\not{A}(3)$ 散射后, 前进到点 $4[K_+(4,3)]$, 再次被 $\not{A}(4)$ 散射, 最后达到点 2. 不过, 既可以向将来时间散射, 也可以向过去散射, 一个逆时传播的电子被认为是一个正电子.

所以, 可把势散射产生的负能分量看成是从散射点向过去传播的波, 并且, 这个波表示正电子的传播, 这个正电子又在势中与电子湮没[7].

用这种解释也可以正确地描述真实的正负电子对的产生 (参看图 3). 例如在 (13) 式中, 如果 $t_1 < t_3 < t_2$, 那么, 方程给出下面过程的振幅: 若 t_1 时刻有一个电子在点 1, 在 t_2 时刻正好有一个电子在点 2(已在点 3 散射); 另一方面, 如果 $t_2 < t_3$, 例如, $t_2 = t_1 < t_3$, 则同样的表达式给出下述过程的幅: 在点 1 的电子和点 2 的正电子在点 3 湮没, 并且没有粒子再出现. 同样如果 t_2 和 t_1 超过 t_3, 则我们就有找到一个正负电子对, 其电子在点 2, 正电子在点 3 的 (负) 振幅, 这一对正负电子是由势 $\not{A}(3)$ 在真空中产生的. 如果 $t_1 > t_3 > t_2$, 则 (13) 式描述正电子的散射. 所有这些振幅均与真空保持为真空的振幅有关, 后者取为 1. (后面将更详细地讨论这一点.)

---

[6] 已经常常提到, 对于这个过程, 单电子理论明显地给出与空穴理论相同的矩阵元. 问题在于解释, 特别是, 对其他过程 (如: 自能) 也能给出正确结果的那种方式来进行解释.

[7] 作者和另一些人, 特别是 E. C. C. Stückelberg[*Helv. Phys. Acta* **15**, 23 (1942)]; R. P. Feynman. *Phys. Rev.*, **74**, 939 (1948)] 已经讨论过这种思想, 即正电子可以表示为固有时相对真实时间反向的电子, 经典上, 沿着轨道 (固有时) 作用量不断增加反映在量子力学中是, 当粒子从一个散射点到另一个时, 相位 $|E_n||t_2 - t_1|$ 总是增加.

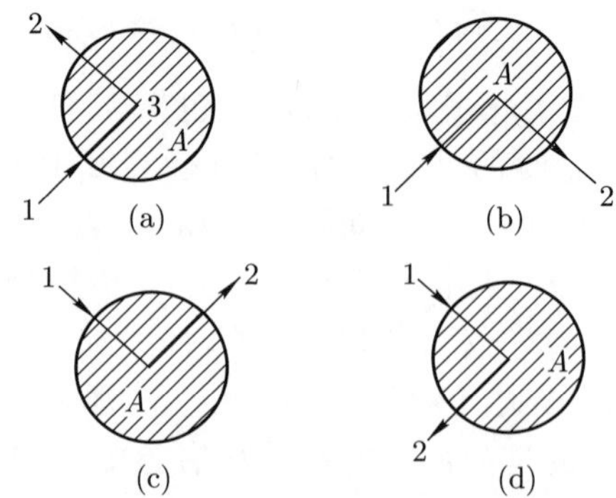

图 3 依赖于时间变量 t_1, t_2 的次序不同, 同一公式可描述几个不同的过程. $P_\nu|K_+^{(A)}(2,1)|^2$ 是下列过程的概率: (a) 在点 1 的一个电子散射到点 2 (在真空中没有形成其他正负电子对). (b) 在点 1 的电子与点 2 的正电子湮没, 而且什么也没有留下. (c) 从真空产生一对在点 1 和点 2 的正负电子. (d) 点 2 的正电子散射到点 1. [$K_+^{(A)}(2,1)$ 是所有级势散射效应的和. P_ν 是归一化常数.]

容易求出与 (2) 式相类似的公式[8]:

$$\psi(2) = \int K_+(2,1) \not{N}(1)\psi(1)\mathrm{d}^3V_1 \tag{18}$$

式中 d^3V_1 是包含点 2 的时空区域的封闭的 3 维表面的体积元, $\not{N}(1)$ 是 $N_\mu(1)\gamma_\mu, N_\mu(1)$ 是在点 1 处表面向里的单位法线. 这就是说, 只要波函数 $\psi(2)$(此种情况是自由粒子) 在一个四维区域表面上的值给定, 则它在此区域内任何一点的值都能确定.

为了解释这一点, 考虑下述情况, 即三维表面实质上由 t_2 之前的某时刻, (比如说 $t=0$) 的全部空间, 以及 $T > t_2$ 时刻的全部空间构成. 连接这些表面形成闭合面的柱面可以远离 $\boldsymbol{x}_2$, 因此, 它们没有什么明显的贡献 [因为 $K_+(2,1)$ 在类空方向指数式减少]. 因此, 若 $\gamma_4 = \beta$, 因内向法线 $\mathbf{N}$ 是 β 和 $-\beta$, 所以,

$$\psi(2) = \int K_+(2,1)\beta\psi(1)\mathrm{d}^3\boldsymbol{x}_1 - \int K_+(2,1')\beta\psi(1')\mathrm{d}^3\boldsymbol{x}_{1'}, \tag{19}$$

式中 $t_1 = 0, t_{1'} = T$. 只有 $\psi(1)$ 正能 (电子) 分量对头一个积分有贡献, 同时只有 $\psi(1')$ 负能 (正电子) 分量对第二个积分有贡献. 也就是说, 在点 2 找到电荷

[8] 将 (12) 式右乘 $(-\mathrm{i}\not{\nabla}_1 - m)$, 并注意到 $\not{\nabla}_1\delta(2,1) = -\not{\nabla}_2\delta(2,1)$, 可证明 $K_+(2,1)$ 也满足 $K_+(2,1)(-\mathrm{i}\not{\nabla}_1 - m) = \mathrm{i}\delta(2,1)$, 其中, $\not{\nabla}_1$ 作用于 $K_+(2,1)$ 的变量 1, 但它写在函数之后以保持 γ 矩阵的次序正确, 用 $\psi(1)$ 乘这个方程, 用 $K_+(2,1)$ 乘 (11) 式 ($A=0$, 令其变量是 1), 两式相减, 再对时空区域积分, 左边的积分可以变换为对区域表面的积分. 若点 2 在区域中, 则右边是 $\psi(2)$, 如果不在, 则为零. (当三维表面包含光线, 因而我们并不介意无唯一法线时发生的事, 因为可以使这些点远离点 2, 以致于其贡献为零.)

的振幅, 由找到测量前的电子的振幅和找到测量后的正电子的振幅共同来决定. 可以将其含义解释如下. 在某个问题中, 即使只包含一个电荷, 在点 2 发现它的振幅也不能只靠在一较早时间找到一个电子 (或一个正电子) 的振幅来决定. 初态可能不存在电子, 但是可以在测量中 (或由其他外场) 产生正负电子对. 这种可能性的振幅是由将来发现正电子的振幅来描述的.

我们也可以求得类似于 (5) 式的跃迁振幅的表达式. 例如, 在 $t=0$ 时有一电子处于正能态, 其波函数是 $f(\boldsymbol{x})$, 那么在 $t=T$ 时发现其 (正能) 波函数为 $g(\boldsymbol{x})$ 的振幅是什么? 在 $t=0$ 以后, 在任何地方发现电子的振幅是由 (19) 式给出的 [将 $f(\boldsymbol{x})$ 代替其中的 $\psi(1)$], 其中第二个积分为零. 因为 $g^*=\bar{g}\beta$, 所以, 与 (5) 式类似, 发现电子在 $g(\boldsymbol{x})$ 态的跃迁矩阵元 $(t_2=T, t_1=0)$ 是

$$\int \bar{g}(\boldsymbol{x}_2)\beta K_+(2,1)\beta f(\boldsymbol{x}_1)\mathrm{d}^3\boldsymbol{x}_1\mathrm{d}^3\boldsymbol{x}_2 \tag{20}$$

如果在 0 和 T 之间的间隔里, 某处有势作用, 则用 $K_+^{(A)}$ 代替 K_+. 因此, 由 (13) 式可知跃迁幅的一级效应是

$$-\mathrm{i}\int \bar{g}(x_2)\beta K_+(2,3)A\!\!\!/(3)K_+(3,1)\beta f(x_1)\mathrm{d}^3x_1\mathrm{d}^3x_2 \tag{21}$$

诸如此类的表达式可以简化, 并且用下述方法可以消除在相对论计算中很不方便的三维面积分. 代替在一给定时刻 $t_1=0$ 的波函数 $f(\boldsymbol{x})$, 我们用四个变量 $\boldsymbol{x}_1, t_1$ 的函数 $f(1)$ 来定义状态, 在所有时刻 $f(1)$ 都是自由粒子方程的解, 而且当 $t_1=0$ 时, 它就是 $f(\boldsymbol{x}_1)$. 同样, 用整个时空的函数 $g(2)$ 来定义末态. 于是由 $\int K_+(3,1)\beta f(\boldsymbol{x}_1)\mathrm{d}^3\boldsymbol{x}_1=f(3)$ 以及

$$\int \bar{g}(\boldsymbol{x}_2)\beta\mathrm{d}^3\boldsymbol{x}_2K_+(2,3)=\bar{g}(3)$$

便可完成表面积分. 其结果是

$$-\mathrm{i}\int \bar{g}(3)A\!\!\!/(3)f(3)\mathrm{d}\tau_3 \tag{22}$$

现在, 积分是对整个时空进行的. 下述过程的二级跃迁振幅 (由 (14) 式) 是

$$-\iint \bar{g}(2)A\!\!\!/(2)K_+(2,1)A\!\!\!/(1)f(1)\mathrm{d}\tau_1\mathrm{d}\tau_2 \tag{23}$$

在这个过程中, 处于态 $f(1)$ 的粒子先到达点 1, 在此散射 $[A\!\!\!/(1)]$ 之后, 行进至点 $2[K_+(2,1)]$, 再散射 $[A\!\!\!/(2,1)]$, 求其处于态 $g(2)$ 的幅. 若 $g(2)$ 是负能态, 则我们正在解的就是在 $f(1)$ 态的电子和在 $g(2)$ 态的正电子的湮没问题; 等等.

我们在此一直强调的是散射问题. 但是, 显然也可以处理电子在某一固定势 $\not{V}$(比如氢原子) 中的运动. 若先把它看成散射问题, 则我们可以求振幅 $\phi_k(1)$, 这是原来以自由波函数描述的电子在势 $\not{V}$ 中 (不管是顺时, 还是逆时) 散射 k 次到达点 1 的振幅. 然后, 再一次散射后的振幅是

$$\phi_{k+1}(2) = -\mathrm{i}\int K_+(2,1)\not{V}(1)\phi_k(1)\mathrm{d}\tau_1 \tag{24}$$

可以将 (24) 式对所有从 0 到 ∞ 的 k 求和, 得到无论是直接到达点 1, 还是经任意次散射之后到达点 1 的总振幅

$$\psi(1) = \sum_{k=0}^{\infty}\phi_k(1)$$

的方程

$$\psi(2) = \phi_0(2) - \mathrm{i}\int K_+(2,1)\not{V}(1)\psi(1)\mathrm{d}\tau_1 \tag{25}$$

对于定态问题, 我们希望找到能导致 ψ 的周期运动的初始条件 ϕ_0(或更好些, 就是 ψ). 当然最实际的作法是解 Dirac 方程

$$(\mathrm{i}\not{\nabla} - m)\psi(1) = \not{V}(1)\psi(1) \tag{26}$$

用 $(\mathrm{i}\not{\nabla}_2 - m)$ 作用于 (25) 式两边, 消去 ϕ_0, 并应用 (12) 式就可推出上式. 这说明了上述两种观点之间的联系.

在许多问题中, 可以方便地把总势 $\not{A} + \not{V}$ 分成一个固定的 $\not{V}$ 和另一个看作微扰的 $\not{A}$. 若像在 (16) 式中那样定义 $K_+^{(V)}$, 把 $\not{A}$ 换成 $\not{V}$, 并且用 $K_+^{(V)}$ 代替 K_+, 用势 $\not{V}$ 中 Dirac 方程 (26) 对于全部时空的解 (而不是自由粒子波函数) 代替函数 $f(1)$ 和 $g(2)$, 则诸如 (23) 式的表达式仍能成立.

4. 多电荷问题

下一步我们要分析有两个 (或多个) 分开的电荷 (也包括在虚态中产生的正负电子对) 的情况. 在后面的文章中将讨论这些电荷之间的相互作用. 在此, 先假定它们之间没有相互作用. 在这种情况下每个粒子互相独立. 可以预料, 若有两个粒子 a 和 b, 那么 a 粒子由 $\boldsymbol{x}_1, t_1$ 到 $\boldsymbol{x}_3, t_3$, 而 b 粒子由 $\boldsymbol{x}_2, t_2$ 到 $\boldsymbol{x}_4, t_4$ 的振幅是下面的乘积:

$$K(3,4;1,2) = K_{+a}(3,1)K_{+b}(4,2)$$

角标 a 与 b 只不过表明, 在 K_+ 中出现的矩阵分别作用于 a 粒子和 b 粒子的 Dirac 四分量旋量 (现在这个波函数有 16 个指标). 在位势中, K_{+a} 和 K_{+b} 变

成 $K_{+a}^{(A)}$ 和 $K_{+b}^{(A)}$. 此处 $K_{+a}^{(A)}$ 是对单粒子定义计算的. 它们之间互易. 以后可略去 a 和 b, 传播子中出现的时空变量足以决定它们所作用的对象.

然而, 粒子是全同的, 并且满足不相容原理. 这原理只要求计算 $K(3,4;1,2)-K(4,3;1,2)$, 以获得电荷达到 3, 4 点的净振幅. (假定是这样归一化的: 因为所代表的电子全同, 当对点 3 和点 4 完成积分 (比如说) 时, 结果要除以 2.) 这个表达式对正电子也是正确的 (图 4). 例如, 开始在 $\boldsymbol{x}_1$ 和 $\boldsymbol{x}_4$ (比如说 $t_1=t_4$) 发现电子和正电子, 而后在 $\boldsymbol{x}_3$ 和 $\boldsymbol{x}_2(t_2=t_3>t_1)$ 发现它们的振幅同样由下式给出:

$$K_{+}^{(A)}(3,1)K_{+}^{(A)}(4,2)-K_{+}^{(A)}(4,1)K_{+}^{(A)}(3,2) \tag{27}$$

头一项表示电子由点 1 前进到点 3, 正电子由点 4 前进到点 2 的振幅 [图 4(2)],

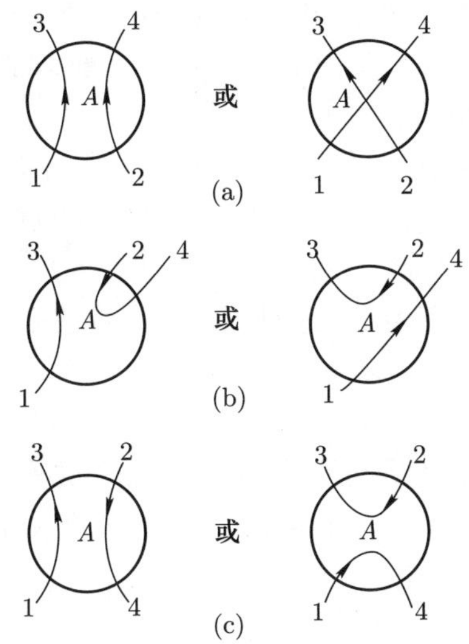

图 4 包含两个分开的电荷 (再加上可能产生的虚电子对) 的问题: 下述过程的概率是 $P_v|K_{+}^{(A)}(3,1)K_{+}^{(A)}(4,2)-K_{+}^{(A)}(4,1)K_{+}^{(A)}(3,2)|^2$. (a) 在点 1 和点 2 的电子散射到点 3 和点 4(没有正负电子对形成), (b) 开始一个电子在点 1, 以后形成一个正负电子对, 正电子在点 2, 电子在点 3 和点 4. (c) 在点 2 和点 3 找到起始于点 1 和点 4 的正负电子对, 等等. 不相容原理要求, 应当减去交换两个电子的过程的振幅.

而第二项表示正负电子对在点 1 和点 4 湮没, 并在势中点 2 与点 3 处又重新产生的振幅, 它与第一项相干. 显然可以推广到几个粒子的情况. 对每个粒子有一个附加因子 $K_{+}^{(A)}$, 并且总是取反对称组合.

在中间态, 不需要考虑不相容原理. 作为例子, 再来考虑表达式 (14), $t_2>t_1$ 时, 假设 $t_4<t_3$ 以致于代表的情况 (图 2(c)) 是在点 4 形成粒子对后, 电子行进到点 2, 正电子行进到点 3, 并在此与由点 1 到达的另一个电子湮没. 对于

此点可能有反对意见, 若在点 4 产生的电子处于和来自点 1 的电子一样的状态, 则由不相容原理可知, 不可能发生这种过程 (14) 式不应当包括此过程. 然而, 我们将看到, 不相容原理还要求有另一改变, 其总效果是不必考虑不相容原理.

正在计算的振幅是相对于 t_1 时刻的真空到 t_2 时刻仍是真空的振幅而言的. 我们对由于在点 1 存在一个电子引起的振幅的改变感兴趣. 现在, 可以想象在真空中所发生的一个过程: 在点 4 产生一个正负电子对, 接着这同一对正负电子在点 3 湮没 (这种过程称为闭合圈过程). 但若有一真实电子处于某一定的态 1, 则, 现在必须排除在真空中产生包括了处于状态 1 的电子的正负电子对. 因此, 必须从相对振幅中减去相应于这个过程的项. 但是, 这恰恰又恢复了刚才论证的不应包括在 (14) 式中的项. 由 K_+ 的定义, 自然而然地得出此项前有必需的负号. 所以, 更简单的办法是在中间态中完全不考虑不相容原理.

所有的振幅都是相对的, 它们的平方给出各种现象的相对概率. 若将每个概率乘以 P_v, 则得绝对概率, P_v 是初态不存在粒子而末态什么都没有的真实概率. 若使所有互相独立事件的概率之和为 1, 即可归一化相对概率, 从而算出 P_v. (例如, 若从真空开始, 则可以计算下列过程的相对概率: 真空保持为真空 (1), 产生一对正负电子, 产生两对正负电子, 等等, 它们的和是 P_v^{-1}.) 将理论纳入这种形式, 理论便完善了, 并且没有发散问题. 实际过程与真空中发生什么事件毫无关系.

然而, 当我们在下一篇文章中处理电荷之间的相互作用时, 情况并非如此简单. 存在着真空中的虚电子与真实电子之间电磁作用的概率. 因此, 在下一节要分析真空中发生的过程, 其中包括一个独立的求 P_v 的方法.

5. 真空问题

另一个获得绝对振幅的方法是将所有振幅乘以 C_v, 后者是由真空到真空的振幅, 即, 在初态和末态都没有粒子的绝对振幅. 若在此时间间隔内不存在外势, 则可以假设 $C_v = 1$; 否则, 我们将对它进行如下的运算. 它不等于 1, 其原因 (比如说) 是由于可以产生正负电子对, 最终它们又自行湮没. 这种过程的路径在时空图中表现为一个闭合圈. 所有这样的单个闭合圈产生的振幅的和记为 L. L 的一级近似是

$$L^{(1)} = -\frac{1}{2}\iint \mathrm{Sp}\,[K_+(2,1)A\!\!\!/(1)K_+(1,2)A\!\!\!/(2)]\mathrm{d}\tau_1\mathrm{d}\tau_2 \tag{28}$$

这是因为可以 (比如说) 在点 1 产生一对正负电子, 接着它们又都跑向点 2, 并在那里湮没. 式中求迹是因为要对正负电子对的所有可能的自旋求和. 1/2因子来源于同一个圈可以认为在任一势处开始, 负号对应每个相互作用的 $-iA\!\!\!/$

因子. 下一级近似是[9]

$$L^{(2)} = \frac{\mathrm{i}}{3} \iiint \mathrm{Sp}\,[K_+(2,1)A\!\!/(1)K_+(1,3)A\!\!/(3)K_+(3,2)A\!\!/(2) \times \mathrm{d}\tau_1\mathrm{d}\tau_2\mathrm{d}\tau_3, \qquad (29)$$

等等, 所有这些项之和给出 L[10].

除了这些单圈之外, 可能会产生两个独立的正负电子对, 并且每一对又自行湮没, 即在真空中可能形成二个封闭圈, 这种情况对振幅的贡献恰是单独考虑每一个圈的贡献的乘积. 所有这样的双圈的总贡献是 (对这些虚态仍旧不考虑不相容原理) $L^2/2$, 因为在 L^2 中将每对圈计算了二次, 故有 1/2 因子. 于是真空–真空幅是

$$C_v = 1 - L + \frac{L^2}{2} - \frac{L^3}{6} + \cdots = \exp(-L) \qquad (30)$$

各项分别表示没有圈、一个圈、二个圈等的振幅. 单圈对 C_v 的贡献是 $-L$, 这是 Pauli 原理的结果. 例如, 考虑两对粒子产生的情况, 然后, 这些对又自行湮没, 这样形成两个圈. 在一给定时间, 电子也可能互换而形成 8 字形图. 它是一个单圈. 而电子交换必然改变贡献的符号, 这就要求在 C_v 中的那些项有不同的符号 (以类似方式可以证明, 不相容原理也使得对产生振幅是 $-K_+$ 而不是 $+K_+$.) 对称统计会导致

$$C_v = 1 + L + L^2/2 + \cdots = \exp(+L)$$

L 有一无限大的虚部 (来自 $L^{(1)}$, 高阶项是有限的). 在下一篇文章中这点将与真空极化一起讨论. 它不影响归一化常数, 因为由 (30) 式, 真空保持真空的概率是

$$P_v = |C_v|^2 = \exp(-2L\ \text{的实部})$$

[9] 这一项实际上等于零. 证明如下: 在任何求迹运算中, 所有 γ 矩阵可以反号. 改变 $K_+(2,1)$ 中 γ 的符号会把它变成 $K_+(1,2)$ 的转置, 于是全部因子和变量的次序都反过来了. 因为是对全部 τ_1, τ_2 和 τ_3 积分, 所以不带来什么影响. 只是留下了由于 $\boldsymbol{A}$ 的变号给出的 $(-1)^3$. 因此这个求迹等于负的本身. 有奇数个势相互作用的圈的贡献为零. 物理上, 这是由于对于每个封闭圈, 电子既可以沿某个方向绕圈, 也可以沿其反向绕圈, 且我们必须将两振幅相加. 但电子的反向运动类似于正电荷, 这样每个势相互作用变号, 于是奇数个相互作用的和是零. 这就是 W. H. Furry 定理. *Phys.Rev* **51**, 125 (1937).

[10] 因为在第 n 项中有 $1/n$ 因子, 所以很难将 L 用 $K_+^{(A)}$ 完整地表示出来. 然而容易表示由势的微小变化 $\Delta\boldsymbol{A}$ 所引起的 L 的微扰 ΔL. 由于 $\Delta\boldsymbol{A}$ 可以在 n 个势的任何一个中出现, 因而不再出现 $1/n$. 用 (13), (14) 式对 n 求和后, 再利用 (16), 得

$$\Delta L = -\mathrm{i}\int \mathrm{Sp}\,[(K_+^{(A)}(1,1) - K_+(1,1))\Delta A\!\!/(1)]\mathrm{d}\tau_1 \qquad (29)$$

实际上 $K_+(1,1)$ 项的积分为零.

这个值与直接用重正化概率计算的相一致. 由 Dirac 方程以及 K_+ 的性质可知, L 的实部是正的, 所以 P_v 小于 1. Bose 统计给出 $C_v = \exp(+L)$, 结果 P_v 的值大于 1. 若像我们这里做的那样来解释这些量, 则是没有意义的. 我们对 K_+ 的选择明显地要求要有不相容原理.

可以用这里讨论 Dirac 电子的方法同样好地处理服从 Klein-Gordon 方程的电荷. 在下篇文章中将更详细地讨论如何做到这一点. 那时 L 的实部为负, 所以在这种情况下为了自洽, 看来需要 Bose 统计 [3].

6. 能量动量表象

在有些问题中, 不以空间和时间而以能量和动量为变量, 常常会简化矩阵元的实际计算. 其原因在于, 函数 $K_+(2,1)$ 是十分复杂的, 但是我们将会发现, 它的 Fourier 变换都很简单, 为 $\dfrac{\mathrm{i}}{4\pi}(\not{p}-m)^{-1}$, 即

$$K_+(2,1) = \frac{\mathrm{i}}{4\pi^2}\int(\not{p}-m)^{-1}\exp(-\mathrm{i}p\cdot x_{21})\mathrm{d}^4p \tag{31}$$

式中 $p\cdot x_{21} = p\cdot x_2 - p\cdot x_1 = p_\mu x_{2\mu} - p_\mu x_{1\mu}$, $\not{p} = p_\mu\gamma_\mu$, d^4p 等于 $(2\pi)^{-2}\mathrm{d}p_1\mathrm{d}p_2\mathrm{d}p_3\mathrm{d}p_4$, 积分遍及全部 p. 从 (12) 式也可以马上得出此结论. 在能量 (p_4) 和动量 ($p_{1,2,3}$) 空间中, 算符 $\mathrm{i}\not{\nabla}-m$ 的表示是 $\not{p}-m$, 而 $\delta(2,1)$ 变换成一个常数. 因 $p^2-m^2=(p-m)(p+m)$ 是不含 γ 矩阵的纯数, 故逆矩阵 $(\not{p}-m)^{-1}$ 可写为 $(\not{p}+m)(p^2-m^2)^{-1}$. 这样, 如果你想写就可以写出

$$K_+(2,1) = \mathrm{i}(\mathrm{i}\not{\nabla}_2+m)I_+(2,1)$$

式中

$$I_+(2,1) = (2\pi)^{-2}\int(p^2-m^2)^{-1}\exp(-\mathrm{i}p\cdot x_{21})\mathrm{d}^4p \tag{32}$$

它不是一个矩阵算符而是满足下式的函数:

$$\square_2^2 I_+(2,1) - m^2 I_+(2,1) = \delta(2,1) \tag{33}$$

式中 $-\square_2^2 = (\nabla_2)^2 = \dfrac{\partial}{\partial x_{2\mu}}\dfrac{\partial}{\partial x_{2\mu}}$.

因为当 $p^2-m^2=0$ 时, (31) 和 (32) 式的被积函数中出现极点, 所以 (31) 和 (32) 式中的积分还没有完全确定. 可以用下述规则定义如何计算这些极点, 即认为 m**有一无限小的负虚部**. 就是用 $m-\mathrm{i}\delta$ 代替 m, 再取 δ 从上面趋于零的极限. 设想计算 K_+ 时先对 p_4 积分即可看出这点. 若我们令 $E=(m^2+p_1^2+p_2^2+p_3^2)^{1/2}$, 则包含 p_4 的积分实质上如同 $\int\exp[-\mathrm{i}p_4(t_2-t_1)]\mathrm{d}p_4(p_4^2-E^2)^{-1}$, 它在 $p_4=E$ 和 $p_4=-E$ 有极点. 用 $m-\mathrm{i}\delta$ 代替 m 意味着 E 有一个小的负虚部; 第一个极

点在实轴之下, 第二个极点在实轴之上. 若 $t_2 - t_1 > 0$, 可以绕实轴下面的半圆完成围道积分, 于是, 从极点 $p_4 = +E$ 得到留数 $-(2E)^{-1}\exp[-\mathrm{i}E(t_2 - t_1)]$. 若 $t_2 - t_1 < 0$, 必须用上半圆, 在极点处 $p_4 = -E$, 所以在每种情况下, 函数都按另一定义 (17) 所要求的那样变化.

(12) 式的其他解来源于另外的规定. 例如, 若认为因子 $(p^2 - m^2)^{-1}$ 中的 p_4 有一正虚部, 则 K_+ 被 Dirac 单电子传播子 K_0 所取代. 当 $t_2 < t_1$ 时, 它是零. 显然函数是[11] $(\boldsymbol{x}, t = x_{21\mu})$

$$I_+(\boldsymbol{x}, t) = -(4\pi)^{-1}\delta(s^2) + \frac{m}{8\pi s}H_1^{(2)}(ms) \tag{34}$$

当 $t^2 > \boldsymbol{x}^2, s = (t^2 - x^2)^{1/2}$; 当 $t^2 < \boldsymbol{x}^2, s = -\mathrm{i}(\boldsymbol{x}^2 - t^2)^{1/2}$. $H_1^{(2)}$ 是 Hankel 函数, $\delta(s^2)$ 是 s^2 的 Dirac δ 函数. 此函数渐近行为为 $\exp(-\mathrm{i}ms)$, 在类空方向指数式衰减[12].

借助于这样的变换, 很容易算出 (22) 和 (23) 式那样的矩阵元. 动量为 p_1 的自由电子波函数是 $u_1\exp(-\mathrm{i}p_i x)$, 式中 u_1 是常旋量, 满足 Dirac 方程 $\not p_1 u_1 = m u_1$, 因而 $p_1^2 = m^2$. 由态 p_1, u_1 到动量为 p_2, 旋量为 u_2 的态的矩阵元 (22) 是 $-4\pi^2\mathrm{i}[\bar{u}_2\not A(q)u_1]$, 式中已经应用了 $\not A(1)$ 的 Fourier 积分展开式

$$\not A(1) = \int \not A(q)\exp(-\mathrm{i}q\cdot x_1)\mathrm{d}^4 q$$

并且已选择动量分量 $q = p_2 - p_1$.

二级项 (23) 是下式在 u_2 和 u_1 之间的矩阵元:

$$-4\pi^2\mathrm{i}\int[\not A(p_2 - p_1 - q)](\not p_1 + \not q - m)^{-1}\not A(q)\mathrm{d}^4 q \tag{35}$$

这是因为动量为 p_1 的电子可以从势 $\not A(q)$ 获得 q, 以动量 $(p_1 + q)$ 传播 [因子为 $(\not p_1 + \not q - m)^{-1}$], 直到被势 $\not A(p_2 - p_1 - q)$ 再次散射, 同时获得剩下的动量 $p_2 - p_1 - q$, 使总动量为 p_2. 由于任何 q 值都是可能的, 所以要对 q 积分.

同样这些矩阵可直接应用于正电子问题. 因为, 若 p_1 的时间分量为负, 则这个态表示四动量为 $-p_1$ 的正电子, 若 p_2 是电子 (即 p_2 的时间分量为正), 则描述的是电子对产生, 等等.

矩阵元是 $(\bar{u}_2 M u_1)$ 的事件的概率正比于其绝对值平方. 它可以写为 $(\bar{u}_1\overline{M}u_2)(\bar{u}_2 M u_1)$, 其中 $\overline{M}$ 是将 M 中全部算符的次序反过来, 并将其中明

[11] $I_+(x,t)$ 是 $(2\mathrm{i})^{-1}[D_1(\boldsymbol{x},t) - \mathrm{i}D(\boldsymbol{x},t)]$, 式中 D_1 和 D 是 W. Pauli 定义的函数. *Rev. Mod. Phys.* **13**, 203 (1941).

[12] 若这里 m 也带有 $-\mathrm{i}\delta$, 则对于无穷大的正负时间, 函数 I_+ 趋于零. 在一般性分析中, 为避免无穷远表面带来的复杂性, 这点或许是有用的.

显写出来的 i 换成 $-\mathrm{i}$ ($\overline{M}$ 是 β 乘 βM 的转置共轭). 对许多问题, 我们不关心末态自旋. 于是可将概率对于两个 u_2 (相应于两个自旋方向) 求和. 因为 p_2 还有另一本征值 $-m$, 所以这不是完备集. 为能够遍及全部态求和, 可以插入一投影算符 $(2m)^{-1}(\not{p}_2+m)$. 于是得到由 p_1u_1 到动量为 p_2, 自旋任意的态的跃迁概率为 $(2m)^{-1}(\bar{u}_1\overline{M}\times(\not{p}_2+m)Mu_1)$. 若入射态是非极化的, 则也可对其自旋求和, 并得到

$$(2m)^{-2}\mathrm{Sp}\,[(\not{p}_1+m)\overline{M}(\not{p}_2+m)M] \tag{36}$$

这是动量为 p_1, 自旋任意的电子跃迁到 p_2 的 (两倍) 概率. 这个表达式对正电子也成立, 只要对 p 引入负能本征值, 并且按照上面讨论的时间关系作解释. (我们所使用的函数的归一化是 $(\bar{u}u)=1$, 而不是通常的 $(\bar{u}\beta u)=(u^*u)=1$. 在此单位制下 $(\bar{u}\beta u)=$ 能量$/m$, 所以必须用适当的因子来修正概率.)

作者曾与许多人就此课题进行过富有成效的讨论, 其中特别是 H. A. Bethe 和 F. J. Dyson. 对此作者深表感谢.

附注

a. 由二次量子化出发的推导

在这一节里, 我们将证明这个理论与正电子空穴理论等价 [2]. 根据给定势中电子场二次量子化理论[13], 这个场在任意时间的状态能用满足方程

$$\mathrm{i}\frac{\partial\chi}{\partial t}=H\chi$$

的波函数 χ 来表示. 其中 $H=\displaystyle\int\psi^*(\boldsymbol{x})[\boldsymbol{\alpha}\cdot(-\mathrm{i}\nabla-\boldsymbol{A})+A_4+m\beta]\psi(\boldsymbol{x})\mathrm{d}^3\boldsymbol{x}$, $\psi(\boldsymbol{x})$ 是在 $\boldsymbol{x}$ 处消灭一个电子的算符, $\psi^*(\boldsymbol{x})$ 是相应的产生算符. 考虑下面情况, 当 $t=0$ 时, 有一些电子处于用普通的旋量函数 $f_1(x), f_2(x), \cdots$ 表示的状态, 假定这些函数是正交的. 还有一些正电子, 用负能海中的空穴来描述. 正常地, 填充这些空穴的电子具有波函数 $p_1(\boldsymbol{x}), p_2(\boldsymbol{x}), \cdots$. 我们要问, 在时间 T, 在态 $g_1(\boldsymbol{x}), g_2(\boldsymbol{x}), \cdots$ 中发现电子, 在 $q_1(\boldsymbol{x}), q_2(\boldsymbol{x}), \cdots$ 中发现空穴的振幅是什么. 若此种情况的初态及末态态矢分别为 χ_{i} 和 χ_{f}, 则我们要计算下面的矩阵元:

$$R=\left[\chi_{\mathrm{f}}^*\exp\left(-\mathrm{i}\int_0^T H\mathrm{d}t\right)\chi_{\mathrm{i}}\right]=(\chi_{\mathrm{f}}^*S\chi_{\mathrm{i}}) \tag{37}$$

假设, 仅在 0 到 T 之间的时间内, 势 A 才不为零, 于是, 可以在这些时间定义真空. 若 χ_0 表示真空态 (即所有负能海被填满, 所有正能态空着), 则在 $t=0$

[13] 例如, 看 G. Wentzel, *Einfuhrung in die quanten-theorie der Wellenfelder* (Franz Deuticke Leipzig, 1943), 第 V 章.

是真空而在时间 T 也是真空的振幅是

$$C_v = (\chi_0^* S \chi_0) \tag{38}$$

其中 S 代表 $\exp\left(-\mathrm{i}\int_0^T H\mathrm{d}t\right)$. 我们的问题是计算 R 并证明它就是 C_v 乘以一个简单因子, 并且这个因子以上节所阐述的方式包含了 $K_+^{(A)}$.

为此, 首先用 χ_0 来表示 χ_i. 算符

$$\varPhi^* = \int \psi^*(\boldsymbol{x})\phi(\boldsymbol{x})\mathrm{d}^3\boldsymbol{x} \tag{39}$$

产生一个波函数为 $\phi(\boldsymbol{x})$ 的电子, 与此类似, $\varPhi = \int \phi^*(\boldsymbol{x}) \times \psi(\boldsymbol{x})\mathrm{d}^3\boldsymbol{x}$ 消灭一个波函数为 $\phi(\boldsymbol{x})$ 的电子. 因此初态

$$\chi_\mathrm{i} = F_1^* F_2^* \cdots P_1 P_2 \cdots \chi_0$$

而末态是 $G_1^* G_2^* \cdots Q_1 Q_2 \cdots \chi_0$, 其中 F_i, G_i, P_i, Q_i 是类似于 (39) 式所定义的 $\varPhi$ 那样的算符, 不过是用 f_i, g_i, p_i, q_i 代替 ϕ; 若产生 $f_1, f_2, \cdots$ 态的电子, 消灭 $p_1, p_2, \cdots$ 态的电子, 我们便由真空得到初态. 于是, 必有

$$R = (\chi_0^* \cdots Q_2^* Q_1^* \cdots G_2 G_1 S F_1^* F_2^* \cdots P_1 P_2 \cdots \chi_0) \tag{40}$$

为了化简, 应使用 $\varPhi^*$ 算符与 S 之间的对易关系. 为此, 考虑 $\exp\left(-\mathrm{i}\int_0^t H\mathrm{d}t'\right)$ $\varPhi^* \exp\left(\mathrm{i}\int_0^t H\mathrm{d}t'\right)$, 并用 $\psi^*(x)$ 来展开这个量, 得到 $\int \psi^*(\boldsymbol{x})\phi(\boldsymbol{x},t)\mathrm{d}^3\boldsymbol{x}$[它定义了 $\phi(\boldsymbol{x},t)$]. 现在将此式乘以 $\exp\left(\mathrm{i}\int_0^t H\mathrm{d}t'\right)\cdots\exp\left(-\mathrm{i}\int_0^t H\mathrm{d}t'\right)$ 并发现

$$\int \psi^*(\boldsymbol{x})\phi(\boldsymbol{x})\mathrm{d}^3\boldsymbol{x} = \int \psi^*(\boldsymbol{x},t)\phi(\boldsymbol{x},t)\mathrm{d}^3\boldsymbol{x} \tag{41}$$

其中 $\psi(\boldsymbol{x},t)$ 的定义是 $\psi(\boldsymbol{x},t) = \exp\left(\mathrm{i}\int_0^t H\mathrm{d}t'\right)\psi(\boldsymbol{x})\exp\left(-\mathrm{i}\int_0^t H\mathrm{d}t'\right)$. 众所周知, $\psi(\boldsymbol{x},t)$ 满足 Dirac 方程, (将 $\psi(\boldsymbol{x},t)$ 对 t 微商, 再应用 H 与 ψ 的对易关系)

$$\mathrm{i}\frac{\partial\psi(\boldsymbol{x},t)}{\partial t} = [\boldsymbol{\alpha}\cdot(-\mathrm{i}\nabla - \boldsymbol{A}) + A_4 + m\beta]\psi(\boldsymbol{x},t) \tag{42}$$

从而 $\phi(\boldsymbol{x},t)$ 也必须满足 Dirac 方程 (将 (41) 式对 t 微商, 应用 (42) 式, 再分部积分).

这样, 若 $\phi(\boldsymbol{x},T)$ 是 Dirac 方程在时刻 T 的解 (它在 $t=0$ 时是 $\phi(\boldsymbol{x})$), 并且定义 $\phi^*=\int\psi^*(\boldsymbol{x})\phi(\boldsymbol{x})\mathrm{d}^3\boldsymbol{x}$ 以及 $\phi'^*=\int\psi^*(\boldsymbol{x})\phi(\boldsymbol{x},T)\mathrm{d}^3\boldsymbol{x}$, 则 $\phi'^*=S\phi^*S^{-1}$, 或

$$S\phi^*=\phi'^*S \tag{43}$$

可以用一个简单的例子说明证明所依据的原则. 假设初末态恰好只有一个电子, 求

$$r=(\chi_0^*GSF^*\chi_0) \tag{44}$$

可以应用 (43) 式 ($SF^*=F'^*S$), 使 F^* 与 S 交换, 在 $F'^*=\int\psi^*(\boldsymbol{x})f'(\boldsymbol{x})\mathrm{d}^3\boldsymbol{x}$ 中的 f' 是由 $t=0$ 时的 $f(\boldsymbol{x})$ 发展而来的 T 时刻的波函数. 于是

$$r=(\chi_0^*GF'^*S\chi_0)=\int g^*(\boldsymbol{x})f'(\boldsymbol{x})\mathrm{d}^3\boldsymbol{x}C_v-(\chi_0^*F'^*GS\chi_0) \tag{45}$$

其中, 第二个表达式利用了 C_v 的定义 (38) 式, 以及一般的对易关系

$$GF^*+F^*G=\int g^*(\boldsymbol{x})f(\boldsymbol{x})\mathrm{d}^3\boldsymbol{x}$$

它是 $\psi(\boldsymbol{x})$ 性质的一个推论 (另外还有 $FG=-GF$ 以及 $F^*G^*=-G^*F^*$). (45) 式中最后一项的 $\chi_0^*F'^*$ 是 $F'\chi_0$ 的复共轭. 这样, 若 f' 仅包含正能分量, $F'\chi_0$ 应等于零, 而将 r 化简为 C_v 乘一因子. 然而, 正如这里所算出的那样, F' 包含了在势 A 中产生的负能分量, 因之, 这方法必须稍加修正.

在让 F^* 与算符 S 交换之前, 应该加上起源于只含负能分量的函数 $f''(\boldsymbol{x})$ 的另一算符 F''^*, 而且选得使 f' 只含正能项, 即我们希望

$$S(F_{\text{正}}^*+F_{\text{负}}''^*)=F_{\text{正}}'^*S \tag{46}$$

式中 “正” 和 “负” 是算符中能量分量符号的标记. 于是可以使用

$$SF_{\text{正}}^*=F_{\text{正}}'^*S-SF_{\text{负}}''^* \tag{47}$$

在一个电子的问题中, 这个替换使 r 变成两项

$$r=(\chi_0^*GF_{\text{正}}'^*S\chi_0)-(\chi_0^*GSF_{\text{负}}''^*\chi_0)$$

其中的第一项化为

$$r=\int g^*(\boldsymbol{x})f_{\text{正}}'(\boldsymbol{x})\mathrm{d}^3\boldsymbol{x}C_v$$

如上所述, 现在 $F_{\text{正}}'\chi_0$ 是零. 由于产生算符 $F_{\text{负}}''^*$ 作用于负能海全部填满的真空态得零, 所以上面第二项为零. 这就是论证的核心思想.

(46) 式提出的问题是: 给定了零时刻的函数 $f_{\text{正}}(\boldsymbol{x})$ 后, 还要找一个负能分量, $f''_{\text{负}}$, 必须把它加上, 以使 T 时刻 Dirac 方程的解只有正能分量 $f'_{\text{正}}$. 这是一个传播子 K_+^A 的边值问题. 我们知道初始的正能分量 $f_{\text{正}}$ 和最终的负能分量 (零), 因此, 末态的正能分量 (用 (19) 式) 是

$$f'_{\text{正}}(\boldsymbol{x}_2) = \int K_+^{(A)}(2,1)\beta f_{\text{正}}(\boldsymbol{x}_1)\mathrm{d}^3\boldsymbol{x}_1 \tag{48}$$

其中 $t_2 = T, t_1 = 0$. 类似地, 初态的负能部分是

$$f''_{\text{负}}(\boldsymbol{x}_2) = \int K_+^{(A)}(2,1)\beta f_{\text{正}}(\boldsymbol{x}_1)\mathrm{d}^3\boldsymbol{x}_1 - f_{\text{正}}(\boldsymbol{x}_2) \tag{49}$$

其中 t_2 由正向趋于零, 而 $t_1 = 0$. 减去 $f_{\text{正}}(\boldsymbol{x}_2)$, 是为了当 $t_2 \to 0$ 时, 在 $f''_{\text{负}}(\boldsymbol{x}_2)$ 中只有从势返回的波而没有在 t_2 时刻从 $K_+^{(A)}(2,1)$ 的 $K_+(2,1)$ 部分中直接到达的波. 也可写为

$$f''_{\text{负}}(\boldsymbol{x}_2) = \int [K_+^{(A)}(2,1) - K_+(2,1)]\beta f_{\text{正}}(\boldsymbol{x}_1)\mathrm{d}^3\boldsymbol{x}_1 \tag{50}$$

因此, 在一个电子的问题中, $r = \int g^*(\boldsymbol{x}) f'_{\text{正}}(\boldsymbol{x})\mathrm{d}^3\boldsymbol{x} C_v$, 由 (48) 式得

$$r = C_v \int g^*(\boldsymbol{x}_2) K_+^{(A)}(2,1)\beta f(\boldsymbol{x}_1)\mathrm{d}^3\boldsymbol{x}_1\mathrm{d}^3\boldsymbol{x}_2$$

正如所预料的那样, 此点与第 3 节的推理是一致 (即在 (20) 式中用 $K_+^{(A)}$ 代换 K_+).

容易将这个证明推广到更一般的 R 的表达式, (40) 式, 它可以用归纳法来分析. 首先, 用 (47) 式那样的关系式来替代 F_1^*, 得到两项

$$\begin{aligned} R = &(\chi_0^* \cdots Q_2^* Q_1^* \cdots G_2 G_1 F'^*_{1\,\text{正}} S F_2^* \cdots P_1 P_2 \cdots \chi_0) \\ &-(\chi_0^* \cdots Q_2^* Q_1^* \cdots G_2 G_1 S F''^*_{1\,\text{负}} F_2^* \cdots P_1 P_2 \cdots \chi_0) \end{aligned}$$

然后, 在第一项中, 交换 $F'^*_{1\,\text{正}}$ 与 G_1 的次序, 产生一个附加项, 它是 $\int g_1^*(\boldsymbol{x}) f'_{1\,\text{正}}(\boldsymbol{x})\mathrm{d}^3\boldsymbol{x}$ 乘以在初末态中少一个电子的表达式. 下一步, 它再与 G_2 交换产生一个附加项为 $-\int g_2^*(\boldsymbol{x}) \times f'_{1\,\text{正}}(\boldsymbol{x})\mathrm{d}^3\boldsymbol{x}$ 乘以一个相类似的项, 等等. 最后到达 Q_1^*. 因与 Q_1^* 反对易, 所以可移至与 χ_0^* 并排, 而得到零值. 对第二项, 作类似地处理, 通过与 F_2^* 等反对易, 将 $F''^*_{1\,\text{负}}$ 移动直至到达 P_1. 然后与 P_1 交换, 产生一个较简单的附加项, 它有因子

$$\mp \int p_1^*(\boldsymbol{x}) f''_{1\,\text{负}}(\boldsymbol{x})\mathrm{d}^3\boldsymbol{x}$$

或由 (49) 式将其写为 $\mp \int p_1^*(\boldsymbol{x}_2)K_+^{(A)}(2,1)\beta f_1(\boldsymbol{x}_1)\mathrm{d}^3\boldsymbol{x}_1\mathrm{d}^3\boldsymbol{x}_2(t_1=t_2=0)$ ((49) 式中的 $f_1(\boldsymbol{x}_2)$ 因与 $p_1(x_2)$ 正交而没有贡献). 正如所期望的那样, 它描述了电子 f_1 与正电子 p_1 的对湮没. $F''^*_{1\,负}$ 以这种方式相继移过 P 直到作用于 χ_0, 给出零值. 这样, 带着所期望的因子 (由于不相容原理, 要求其符号正负相间), R 约化为少两个算符的较简单的项, 这些项还可以用 F_2^* 等以类似方式进一步约化. 所有的 F_2^* 用过之后, 还可以使用 Q^* 以类似方式进一步约化. 将它们反向移过 S, 应用类似于 (46)—(49) 的关系式, 产生在零时刻的纯负能算符. 这些全部做完之后, 就只剩下所期望的因子乘以 C_v (假设初末态的净电荷是相同的).

以这种方式, 可以写出普遍的电子在给定势中运动问题的解. 利用归一化求得 C_v. 但对光子场, 要求用势将 C_v 表达成明显的形式. 它由 (29) 和 (30) 式给出, 并且容易证实, 按照二次量子化理论, 它也是正确的.

b. 真空问题分析

我们将从二次量子化方法出发, 用归纳法计算 C_v. 考虑一系列问题, 在每一个问题中, 势分布越来越趋向于我们所希望的那样, 假定, 对一个问题, 我们知道它的 C_v, 并在某 t_0 和 T 之间的 t 有相同的势, 而在 0 到 t_0 势为 0. 称此时的 C_v 为 $C_v(t_0)$, 相应的 Hamilton 量为 H_{t_0}, 全部单圈图贡献之和为 $L(t_0)$. 若 $t_0=T$, 则在一切时刻势均为零, 不可能产生正负电子对, $L(T)=0, C_v(T)=1$. 当 $t_0=0$ 时, 就是我们的全部问题, $C_v(0)$ 正是 (38) 式定义的 C_v. 一般有

$$
\begin{aligned}
C_v(t_0) &= \left[\chi_0^* \exp\left(-\mathrm{i}\int_0^T H_{t_0}\mathrm{d}t\right)\chi_0\right] \\
&= \left[\chi_0^* \exp\left(-\mathrm{i}\int_{t_0}^T H_{t_0}\mathrm{d}t\right)\chi_0\right]
\end{aligned}
$$

这是因为当 $t<t_0$ 时, H_{t_0} 等于数值为常数的真空 Hamilton 量 H_T, χ_0 是 H_T 的本征函数, 其本征值 (真空能量) 可以取为零.

$C_v(t_0-\Delta t_0)$ 的值来源于 Hamilton 量 $H_{t_0-\Delta t_0}$. $H_{t_0-\Delta t_0}$ 与 H_{t_0} 的不同之处仅仅在于, 在一短时间间隔 Δt_0 内存在外部势. 因而近似到 Δt_0 的一阶, 有

$$
\begin{aligned}
C_v(t_0-\Delta t_0) &= \left(\chi_0^* \exp\left(-\mathrm{i}\int_{t_0-\Delta t_0}^T H_{t_0-\Delta t_0}\mathrm{d}t\right)\chi_0\right) \\
&= \left(\chi_0^* \exp\left(-\mathrm{i}\int_{t_0}^T H_{t_0}\mathrm{d}t\right)\left[1-\mathrm{i}\Delta t_0\int \psi^*(\boldsymbol{x})\right.\right. \\
&\quad \left.\left.\times\,(-\boldsymbol{\alpha}\cdot\boldsymbol{A}(\boldsymbol{x},t_0)+A_4(\boldsymbol{x},t_0))\psi(\boldsymbol{x})\mathrm{d}^3\boldsymbol{x}\right]\chi_0\right)
\end{aligned}
$$

因此, 得到 C_v 的微商表达式

$$-\frac{\mathrm{d}C_v(t_0)}{\mathrm{d}t_0}=-\mathrm{i}\left(\chi_0^*\exp\left(-\mathrm{i}\int_{t_0}^{T}H_{t_0}\mathrm{d}t\right)\right.\\ \left.\times\int\psi^*(\boldsymbol{x})\beta A(\boldsymbol{x},t_0)\psi(\boldsymbol{x})\mathrm{d}^3\boldsymbol{x}\chi_0\right) \tag{51}$$

使用简化 R 时用过的类似方法, 可将上式简化为一个简单因子乘 $C_v(t_0)$. 可以设想将算符 ψ 分成两个部分 $\psi_{\text{正}}$ 和 $\psi_{\text{负}}$, 它们分别作用于正、负能量状态. 因为 $\psi_{\text{正}}$ 作用于 χ_0 得零, 所以在流密度里只剩下两项, $\psi^*_{\text{正}}\beta A\psi_{\text{负}}$ 和 $\psi^*_{\text{负}}\beta A\psi_{\text{负}}$. 后一项 $\psi^*_{\text{负}}\times\beta A\psi_{\text{负}}$ 恰是 βA 在所有负能态中的期待值 (减 $\psi_{\text{负}}\beta A\psi^*_{\text{负}}$, 后者作用于 χ_0 得零). 这是在负能海中真空期望流的效应, 按传统的办法我们应当从原始 Hamilton 量中减去它.

剩下一项 $\psi^*_{\text{正}}\beta A\psi_{\text{负}}$, 或与其等价的 $\psi^*_{\text{正}}\beta A\psi$, 可以看成是 $\psi^*(\boldsymbol{x})f_{\text{正}}(\boldsymbol{x})$, 其中 $f_{\text{正}}(\boldsymbol{x})$ 是算符 $\beta A\psi(\boldsymbol{x})$ 的正能分量. 当 f 是函数时, 算符 $\psi^*(\boldsymbol{x})f_{\text{正}}(\boldsymbol{x})$, 说得更严格一点, 只是其 $\psi^*(\boldsymbol{x})$ 部分可以用与 (47) 式完全类似的方式移过

$$\exp\left(-\mathrm{i}\int_{t_0}^{T}H\mathrm{d}t\right)$$

(另一种推导方法来自下面的考虑, 满足 Dirac 方程的算符 $\psi(\boldsymbol{x},t)$ 也满足与其等价的线性积分方程.) 这样, 利用 (48) 和 (50) 式可将 (51) 式写成

$$\begin{aligned}-\frac{\mathrm{d}C_v(t_0)}{\mathrm{d}t_0}=&-\mathrm{i}\left(\chi_0^*\iint\psi^*(\boldsymbol{x}_2)K_+^{(A)}(2,1)\exp\left(-\mathrm{i}\int_{t_0}^{T}H\mathrm{d}t\right)\right.\\&\left.\times A(1)\psi(\boldsymbol{x}_1)\mathrm{d}^3\boldsymbol{x}_1\mathrm{d}^3\boldsymbol{x}_2\chi_0\right)\\&+\mathrm{i}\left(\chi_0^*\exp\left(-\mathrm{i}\int_{t_0}^{T}H\mathrm{d}t\right)\iint\psi^*(\boldsymbol{x}_2)\right.\\&\times[K_+^{(A)}(2,1)-K_+(2,1)]\\&\left.\times A(1)\psi(\boldsymbol{x}_1)\mathrm{d}^3\boldsymbol{x}_1\mathrm{d}^3\boldsymbol{x}_2\chi_0\right)\end{aligned}$$

上式中, 第一项中 $t_2=T$, 第二项中 $t_2\to t_0=t_1$. $K_+^{(A)}$ 中的 (A) 标明 t_0 以后与势 A 有关的部分. 由于第一项只包含 (由 $K_+^{(A)}(2,1)$)ψ^* 的正能分量 (它作用于 χ_0^* 得零), 所以它为零. 在第二项中只出现 $\psi^*(\boldsymbol{x}_2)$ 的负能项. 于是, 若 $\psi^*(\boldsymbol{x}_2)$ 与 $\psi(\boldsymbol{x}_1)$ 交换次序, 它作用于 χ_0 上会得零. 由通常的 ψ^* 与 ψ 的对易关系可知, 只剩下下面一项:

$$-\frac{\mathrm{d}C_v(t_0)}{\mathrm{d}t_0}=\mathrm{i}\int\mathrm{Sp}\,[(K_+^{(A)}(1,1)\\-K_+(1,1))A(1)]\mathrm{d}^3\boldsymbol{x}_1C_v(t_0) \tag{52}$$

按照 (29) 式 [参考文献 (10)], (52) 式中 $C_v(t_0)$ 的因子乘以 $-\Delta t_0$ 恰是 $L(t_0 - \Delta t_0) - L(t_0)$. 因为这个差来源于短时间间隔 Δt_0 之间的外势 $\Delta A = A$. 所以 $-\mathrm{d}C_v(t_0)/\mathrm{d}t_0 = [\mathrm{d}L(t_0)/\mathrm{d}t_0]C_v(t_0)$, 再由 $t_0 = T$ 到 $t_0 = 0$ 积分, 便证明了 (30) 式.

由二次量子化的电磁场理论出发, 应用非常类似的原理, 可以推出下篇文章中出现的量子电动力学方程. 应用与此处分析 Dirac 电子的方法实质上相同的方法, 显然可以分析 Klein-Gordon 方程的 Pauli-Weisskopf 理论.

A.3 量子电动力学的时空协变方法1)

内容提要: 这篇文章做了两件事. (1) 演示了电动力学中复杂过程矩阵元的书写过程可以极大地简化. 进而, 提出了一种有效的物理观点, 使我们可直接写出任何一个给定的问题的矩阵元. 不过, 它只是重述了传统的电动力学, 复杂过程的矩阵元是发散的. (2) 通过改变电子在短距离的相互作用来修改电动力学. 除了与真空极化有关的问题之外, 全部矩阵元现在都是有限的. 对于那些与真空极化有关的问题, 使用 Pauli 和 Bethe 的方法进行计算, 也得出有限的结果. 唯一对此修正敏感的效应是电子质量和电荷的改变. 这种改变不能直接观察. 直接可观察到的现象对所采用的修正的细节并不敏感 (除了在极高能量处). 对于这样的现象, 当修正区域趋向于零时, 可以取极限. 其结果与 Schwinger 的结果一致. 因此, 这个完整的、毫不含糊的、大概是自洽的方法可用来计算包含电子和光子的所有过程.

书写表达式的简化归因于强调整个时空的观点, 这一观点来源于对电动力学方程解的研究. 文中讨论了这种观点与通常的 Hamilton 观点的关系. 如果坚持使用 Hamilton 形式的方程, 则很难进行这种修正.

这个方法也适用于服从 Klein-Gordon 方程的电荷, 以及核力的各种介子理论. 文中给出了例证, 尽管对所有介子理论来说, 一种类似于在电动力学中使用的修正, 可以使所有矩阵元有限, 但是对其中的某些理论, 全部可直接观察的现象对所用修正的细节不再是都不敏感了.

应用附录中的方法, 在较为简单的情况下, 可以使矩阵元中出现的积分更容易进行实际的计算.

这篇文章是前一篇[1]文章 (I) 的继续. 在上一篇中, 通过直接处理 Hamilton 微分方程的解, 分析了无相互作用的电子运动. 本文将同样的技术使用于包含相互作用的问题, 并以这种方式, 用一些简单的项来表示量子电动力学问题的解.

对于大多数量子电动力学的实际计算来讲, 一般用矩阵元来表示解. 矩阵以 $\dfrac{e^2}{\hbar c}$ 的幂展开, 级数中越后面的项包含的虚量子的数目越多. 似乎在写下复杂问题的矩阵元时有可能得到极大的简化. 此外, 可写下展开式的每一项, 并运用物理的观点即类似于文章 (I) 中的时空观点直接理解每一项. 本文正是要描述如何做到这一点; 还要讨论处理矩阵元中出现的发散积分的方法.

之所以能简化公式, 主要是由于以前的方法毫无必要地将物理上密切相

1) *Phys. Rev.*, **76**, 769-789 (1949).

[1] R. P. Feynman, *Phys. Rev.*, **76**, 749 (1949). 此后称为 (I).

关的过程分成分开的项. 例如, 在两个电子间交换量子的问题中, 就有两项, 分别相应于发射或吸收量子. 然而, 在所考虑的虚态中, 时间关系是无关紧要的. 只有矩阵元中算符的次序必须保持. 此外, 在文章 (I) 中已经看到, 产生虚粒子对的过程可以与只包括正能电子的过程合起来. 进而, 纵波和横波的效应可以合在一起. 以前将它们分开是建立在非相对论基础之上的 (反映在中间态只有明显的动量守恒而没有能量守恒这一情况之中). 当这些项组合并简化后, 结果的相对论不变性是不言自明的.

我们首先讨论瞬时相互作用粒子的 Schrödinger 方程的时空解. 其结果可以直接推广到相对论电子的推迟相互作用, 并且, 我们将用此种方式来表示量子电动力学的定律. 然后, 可以看到如果直接写出任何过程的矩阵元, 特别是如何写出自能表达式.

至此, 除了用另一种语言重述传统的电动力学之外, 并没做什么事情. 因而自能仍旧发散. 下面要做的是修正电荷间的相互作用[2], 并证明自能是收敛的, 这相应于校正了电子质量. 质量校正之后, 其他真实过程是有限的, 并对相互作用的切断 “宽度” 不敏感[3].

不幸的是, 所提议的修正在理论上不能完全令人满意 (它导致了某些能量守恒方面的困难). 然而, 似乎自洽和令人满意的是定义了所有真实过程的矩阵元为切断宽度趋于零时, 计算结果的极限. 与 Pauli 和 Bethe 提出的技术相类似的方法可以用于真空极化问题 (结果是电荷重正化), 不过, 这个收敛规则的严格物理基础还不清楚.

在质量和电荷重正化之后, 对所有真实过程都可以取零切断宽度极限. 其结果与 Schwinger[4]的结果等价, 后者没有明显地使用收敛因子.Schwinger 的方法是, 认为相应于质量和电荷的校正项与其计算前的值恒等, 并从真实过程的表达式中将它们去掉. 其好处是表明了这些结果与特殊的切断方法毫无关系. 另一方面, 许多积分性质是用不变传播函数的形式的性质来分析的. 但是, 有一种性质是, 积分为无限大, 并且, 不清楚它使这些论证失效到什么程度. 现在这种方法实用上的好处是, 只要直接计算另一些发散积分, 就可以比较容易地解决这些含糊的问题. 尽管如此, 还是根本不清楚收敛因子是否会破坏理论的物理自洽性. 虽然两个方法在极限情况下是一致的, 但是看起来无论哪个方法在理论上都不是彻底令人满意的. 不过, 在量子电动力学中现在有了一种完

---

[2] 关于在经典物理中讨论这个修正, 参看 R. P. Feynman, *Phys. Rev.*, **74**, 939 (1948), 此后称其为 (A).

[3] 这个方法的简短小结及结果, 可在下文中找到: R. P. Feynman, *Phys. Rev.*, **74**, 1430 (1948). 此后称其为 (B).

[4] J. Schwinger, *Phys. Rev.*, **74**, 1439 (1948), *Phys. Rev.*, **75**, 651 (1949). 这等价性的证明由 F. J. Dyson 给出 *P. R.* **75**, 486 (1949).

整的和确定的方法可把物理过程计算到任意阶.

因为我们可以写出任何物理问题的解, 所以我们有一个能自立的完整理论. 然而, 理论在两方面尚不完整: 第一, 尽管可以写下 $\frac{e^2}{\hbar c}$ 阶次不断增加的每一项, 然而, 更吸引人的是找到某种方法能马上以有限的形式表示出 $\frac{e^2}{\hbar c}$ 的全部阶. 第二, 尽管从物理上看, 所得结果与传统的电动力学的结果相等价, 但是尚未对此进行数学证明. 我们将在下篇文章中 (也可看 Dyson[4]) 解决这两个问题.

这个理论的发展过程概述如下. 在现代物理评论的文章[5]中描述了用量子力学的 Lagrange 形式表述传统的电动力学. 谐振子场的运动可以积分积掉 (正像参考文献 [5] 第 13 节所描述的那样). 结果得到粒子推迟作用的表达式. 接下去, 可直接与经典情况 [2] 相对比, 求出 δ 函数相互作用的修正. 这样仍然不完全, 因为只有对服从非相对论 Schrödinger 方程的粒子才详细地给出了 Lagrange 方法. 于是, 要按照 Dirac 方程和对产生的要求将它加以修正. 重新解释空穴理论 (I), 已经使其变容易些. 最后为了实际计算, 导出了 $\frac{e^2}{\hbar c}$ 的幂级数表达式. 显然, 级数中每一项都有简单的物理意义. 因为结果比推导更容易理解. 因此, 在本文中最好先给出结果, 为使这头两篇文章尽可能地完备, 并在物理上似乎合理, 已经花费了大量的时间. 其中没有使用 Lagrange 方法, 因为一般人对它不太熟悉, 确实这种描述不可能使人确信其正确, 要使人确信, 应加以推导. 另一方面, 想使简单的东西保持简单, 所以推演留在另外的文章中进行.

本文还简单地讨论了这些方法对各种介子理论的应用; 也给出了按 Klein-Gordon 方程运动的零自旋带电粒子的公式. 附录给出了计算较简单过程矩阵元中出现积分的方法.

这里对电荷的相互作用所采用的观点, 不同于普通场论的观点. 因而, 必须把所熟悉的量子力学的 Hamilton 形式与这里使用的综观全时空观点相比较. 所以, 第一节集中讨论这些观点之间的关系.

1. 与 Hamilton 方法比较

可以用两种等价并且互相补充的观点来研究电动力学. 一种是描述场的性质 (Maxwell 方程); 另一种是描述相隔一定距离的两个电荷之间的直接相互

[5] R. P. Feynman, *Rev. Mod. Phys.*, **20**, 367 (1948). 对电动力学的应用是由 H. J. Groenewold 详细描述的. *Koninklijke Nederlandsche Akademia van Weteschappen. Proceedings* Vol. LII, **3** (226) 1949.

作用 (尽管时间推迟了) (Lienard 和 Wiechert 解). 后一观点把光看成光源中电荷与吸收体中电荷的相互作用. 这个观点不实用, 因为许多种光源都可产生同一种效应. 场的观点将这些过程分成两个比较简单的问题: 光产生和光吸收. 另一方面, 当处理粒子很靠近的碰撞时 (或者它们与自身作用), 场观点不大实用. 因为这里不易区分光源和吸收体, 但内部仍有量子交换. 场与粒子的运动是如此紧密相关, 以致最好不要把问题分成两个而是看成直接相互作用. 粗略地说, 分析包含真实量子的问题, 采用场观点更为实用, 而相互作用的观点对讨论虚光子的过程最好. 本文将强调相互作用观点, 首先是因为人们对它不够熟悉, 需要更多的讨论, 其次是因为在下面将要讨论的问题中, 重要的方面是虚量子效应.

Hamilton 方法不能很好地表示相隔一定距离的电荷之间的直接作用, 因为该作用是推迟作用. Hamilton 方法可以由一个体系的现状描述它的将来. 若已知某时刻力学量的完备集合的值, 则可以计算这些力学量在下一瞬时的值. 然而, 若粒子的相互作用是通过推迟相互作用来实现的, 则仅仅了解粒子运动的现状是不可能预言将来的. 人们还必须知道粒子过去的运动. 从相互作用看, 它可能作用于将来的运动. 当然在 Hamilton 电动力学中, 除了要求知道粒子现在的运动之外还要求详细说明许许多多新变量 (场振子的坐标) 的值, 以掌握粒子过去运动的情况, 从而决定粒子将来的行为. 应用 Hamilton 量迫使人们选用场观点而不是相互作用观点.

在许多问题中, 例如在粒子的近碰撞中, 我们并不关心各事件的确切先后顺序. 可以说不关心在碰撞期间的每一瞬时会看到什么情况, 以及过程如何从一个瞬时过渡到另一个瞬时. 这种思想只是对持续时间较长的事件有用, 对于这些事件, 我们可以很容易地得到在这段时间中的信息. 对于碰撞, 把过程当作一个整体处理要容易得多[6]. 两个电子碰撞的 Møller 相互作用矩阵实质上不比非相对论的 Rutherford 公式更复杂, 然而为从量子电动力学得到前者所用的数学工具要比为得到后者所需要的有 $\dfrac{e^2}{r_{12}}$ 相互作用的 Schrödinger 方程复杂得多. 差别仅在于, 后者的相互作用是瞬时的, 因而 Hamilton 方法不需要额外变量, 而在前者的相对论情况下, 相互作用是推迟的, 因而 Hamilton 方法相当麻烦.

我们将讨论方程的解, 而不是作为其来源的时间微分方程. 由于解允许综观全部时空, 我们会发现, 理解推迟相互作用的解跟理解瞬时相互作用的解一样容易.

进而, 相对论不变性是不言自明的. 方程的 Hamilton 形式可以从 "目前"

[6] 这是 Heisenberg S 矩阵理论的观点.

这一瞬时状态导出将来的状态. 但是对于相对运动的不同观察者来说, 目前这一瞬时的含意是不同的, 相应于时空中不同的三维切面. 这样, 不同观察者的时间分析是不一样的, 他们的 Hamilton 方程以不同的方式描述同一过程的演化. 然而, 由于解在任何时空坐标系中都相同, 这些差别是无关紧要的. 放弃 Hamilton 方法, 相对论和量子力学可以最自然地结合起来.

下节, 我们通过研究瞬时 Coulomb [(12) 式] 相互作用的非相对论粒子的 Schrödinger 方程的解来说明这些要点. 当我们修改这个解、包括进推迟相互作用效应和电子的相对论性质时, 便得到量子电动力学定律的一种表达式 [(4) 式].

2. 电荷之间的相互作用

我们使用文章 (I) 的方法和记号来研究两个粒子的相互作用. 首先考虑 Schrödinger 方程 (文章 I 中的 (1) 式) 所描述的非相对论情况. 给定时刻的波函数是每个粒子的坐标 $\boldsymbol{x}_a$ 和 $\boldsymbol{x}_b$ 的函数 $\psi(\boldsymbol{x}_a, \boldsymbol{x}_b, t)$. 于是. 令 $K(\boldsymbol{x}_a, \boldsymbol{x}_b, t; \boldsymbol{x}'_a, \boldsymbol{x}'_b, t')$ 表示 t' 时在 $\boldsymbol{x}'_a$ 的粒子 a, 在 t 时刻到达 $\boldsymbol{x}_a$, 而 t' 时在 $\boldsymbol{x}'_b$ 的粒子 b 在 t 时刻到达 $\boldsymbol{x}_b$ 的振幅. 若粒子是自由的, 没有相互作用, 则

$$K(\boldsymbol{x}_a, \boldsymbol{x}_b, t; \boldsymbol{x}'_a, \boldsymbol{x}'_b, t') = K_{0a}(\boldsymbol{x}_a, t; \boldsymbol{x}'_a, t')K_{0b}(\boldsymbol{x}_b, t; \boldsymbol{x}'_b, t')$$

式中 K_{0a} 是粒子 a 自由时的 K_0 函数. 在这种情况下, 显然我们可以定义一个类似于 K 的量, 对于它, 粒子 a 和 b 的时间 t 不需要相同. (t' 也是一样). 例如

$$K_0(3, 4; 1, 2) = K_{0a}(3, 1)K_{0b}(4, 2) \tag{1}$$

可认为是粒子 a 在 t_1 时刻位于 $\boldsymbol{x}_1$, 到 t_3 时刻跑到 $\boldsymbol{x}_3$ 处, 而粒子 b 由 t_2 时刻 $\boldsymbol{x}_2$ 处到 t_4 时刻跑到 $\boldsymbol{x}_4$ 处的振幅.

当粒子存在相互作用时, 只有在 t_1 与 t_2 之间以及 t_3 与 t_4 之间相互作用为零时, 才能够严格定义量 $K(3, 4; 1, 2)$. 在真实的物理系统中情况不是如此, 这个概念有非常大的好处, 所以我们将继续使用它. 为此, 设想在 t_1 与 t_2 以及 t_3 与 t_4 之间可以忽略相互作用效应. 对于实际问题, 这意味着, 选择如此之长的时间间隔 $t_3 - t_1$ 和 $t_4 - t_2$, 以致于在端点附近, 相互作用的效应相对很小. 例如, 在散射问题中, 在开始和终了各粒子分得如此之开, 以致在这些时候相互作用可以忽略. 此外, 能量值也可以由在足够长时间间隔内相位的平均变化率确定, 此时间间隔之长使开始和终了的误差可以忽略不计. 因为任何物理过程都可以用散射过程来定义, 所以就一般理论意义而言, 使用此种近似, 我们没有丢掉多少东西, 若不取这个近似, 则不易研究相对论性的有相互作用的粒子, 这是因为相距一定距离的事件的绝对同时性不可能以不变的方式定义, 所

以当 $\boldsymbol{x}_1 \neq \boldsymbol{x}_3$ 时, 选择 $t_1 = t_3$ 是没有意义的. 已经建立起来的老量子电动力学的复杂结构, 实质上是要避免这一近似的. 我们希望把电动力学描述为粒子间的推迟相互作用. 如果我们可以近似地假设 $K(3,4;1,2)$ 的意义, 则可以非常简单地表达这个相互作用的结果.

为了看清如何做到这点, 首先设想相互作用只是由 Coulomb 势 $\dfrac{e^2}{r}$ 给出的, 其中 r 是粒子间的距离. 如果这个相互作用只是在 t_0 时刻的一段很短的时间 Δt_0 内起作用, 则可以精确地算出 $K(3,4;1,2)$ 的一级修正, 即将文章 I 中的 (9) 式直接推广到两个粒子情形:

$$K^{(1)}(3,4;1,2) = -\mathrm{i}e^2 \iint K_{0a}(3,5)K_{0b}(4,6)r_{56}^{-1} \times K_{0a}(5,1)K_{0b}(6,2)\mathrm{d}^3\boldsymbol{x}_5\mathrm{d}^3\boldsymbol{x}_6\Delta t_0$$

其中 $t_5 = t_6 = t_0$. 如果势在全部时间起作用 (于是, 除非 $t_4 = t_3$ 以及 $t_1 = t_2$, 否则严格说来 K 没有定义), 其一级效应可以通过 t_0 的积分求得, 若包括进一个 δ 函数 $\delta(t_5 - t_6)$ 以确保仅当 $t_5 = t_6$ 才有贡献, 则也可以写成对 t_5 和 t_6 都积分. 因此, 相互作用的一级效应是 (将 $t_5 - t_6$ 记为 t_{56})

$$K^{(1)}(3,4;1,2) = -\mathrm{i}e^2 \iint K_{0a}(3,5)K_{0b}(4,6)r_{56}^{-1} \times \delta(t_{56})K_{0a}(5,1)K_{0b}(6,2)\mathrm{d}\tau_5\mathrm{d}\tau_6 \tag{2}$$

其中 $\mathrm{d}\tau = \mathrm{d}^3\boldsymbol{x}\mathrm{d}t$.

然而, 我们知道, 在经典电动力学中, Coulomb 势不是瞬时作用, 而是推迟一个时间 r_{56}, 这里已取光速为 1 的单位. 这提示我们, 在 (2) 式中用某种类似 $r_{56}^{-1}\delta(t_{56} - r_{56})$ 的因子来代替 $r_{56}^{-1}\delta(t_{56})$ 以表示 b 对 a 的作用的推迟效应.

上面的作法不是十分正确的[7], 因为, 当用光子表示相互作用时, 光子必定只有正能量, 而 $\delta(t_{56} - r_{56})$ 的 Fourier 变换包含两种符号的频率. 应该用 $\delta_+(t_{56} - r_{56})$ 去代替它. 这个符号的含义是

$$\delta_+(x) = \int_0^\infty \mathrm{e}^{-\mathrm{i}\omega x}\frac{\mathrm{d}\omega}{\pi} = \lim \frac{(\pi\mathrm{i})^{-1}}{x - \mathrm{i}\epsilon} = \delta(x) + \frac{1}{(\pi\mathrm{i}x)} \tag{3}$$

这要与 $r_{56}^{-1}\delta_+(-t_{56} - r_{56})$ 一起平均, 后者当 $t_5 < t_6$ 时出现, 并且相应于 a 发射量子, b 吸收量子. 因为

$$\frac{1}{2r}(\delta_+(t - r) + \delta_+(-t - r)) = \delta_+(t^2 - r^2)$$

[7] 它和表示 a 对 b 的影响的项一样, 在经典极限下会导致通过半超前和半推迟的势相互作用的理论. 在经典上, 它与没有光跑掉的封闭盒子中的纯推迟效应等价. (参看 A, 或 J. A. Wheeler 和 R. P. Feynman *Rev. Mod. Phys.* **17**, 157 (1945)), 在量子力学中也有类似的定理, 但是研究它会使我们远远偏离这里所讨论的课题.

这意味着 $r_{56}^{-1}\delta(t_{56})$ 被 $\delta_+(s_{56}^2)$ 所取代, 其中 $s_{56}^2=t_{56}^2-r_{56}^2$ 是点 5 和点 6 之间相对论不变间隔的平方. 因在经典电动力学中也有通过矢势的相互作用, 所以总相互作用应是 $[1-(\boldsymbol{v}_5\cdot\boldsymbol{v}_6)]\delta_+(s_{56}^2)$, 参看 A 中 (1) 式, 或者在相对论情况下,

$$(1-\boldsymbol{\alpha}_a\cdot\boldsymbol{\alpha}_b)\delta_+(s_{56}^2)=\beta_a\beta_b\gamma_{a\mu}\gamma_{b\mu}\delta_+(s_{56}^2)$$

因此电子服从 Dirac 方程

$$\begin{aligned}&K^{(1)}(3,4;1,2)\\&=-\mathrm{i}e^2\iint K_{+a}(3,5)K_{+b}(4,6)\gamma_{a\mu}\gamma_{b\mu}\times\delta_+(s_{56}^2)K_{+a}(5,1)K_{+b}(6,2)\mathrm{d}\tau_5\mathrm{d}\tau_6\end{aligned}\tag{4}$$

其中 Dirac 矩阵 $\gamma_{a\mu}$ 和 $\gamma_{b\mu}$ 分别作用在相应于 a 粒子和 b 粒子的旋量上 (已把因子 $\beta_a\beta_b$ 吸收进 K_+ 的定义中了, 参看 I 中 (17) 式).

这是我们的电动力学基本方程, 它描述了两个电子之间交换一个量子的效应 (因此是 e^2 的一级项). 它将作为一个范例使我们能够写出在两个电子之间交换两个或多个量子, 或电子与其自身相互作用时所相应的量. 这正是传统电动力学的结果, 相对论不变性是清楚的. 因为我们对 μ 求和, 所以纵波和横波二者的效应都以相对论对称的方式包括进来了.

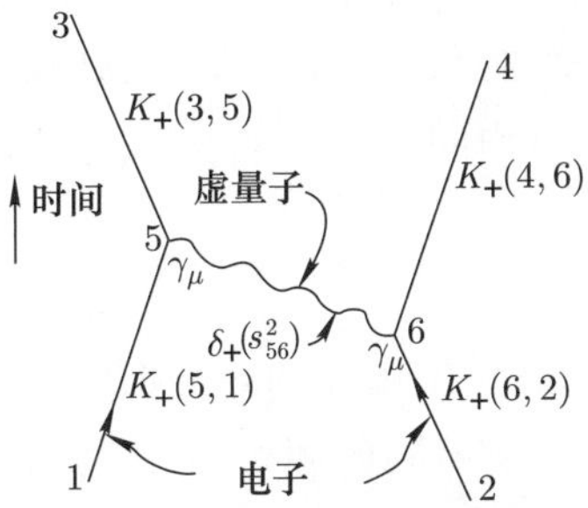

图 1 基本相互作用 (4) 式. 在两个电子之间交换一个量子

现在, 为使我们能写出高阶项的方式来解释式 (4). 它可以理解为 (参看图 1) a 粒子由点 1 跑到点 3, 而 b 粒子由点 2 跑到点 4 的一级振幅, 这是因为它们可以交换一个量子. 于是 a 粒子可以跑到点 5 (幅 $K_+(5,1)$) 发射一个量子 (纵的, 横的或标量的 $\gamma_{a\mu}$), 然后再前进到点 $3(K_+(3,5))$. 其间, b 粒子跑到点 $6(K_+(6,2))$, 吸收该量子 ($\gamma_{b\mu}$), 再到达点 $4(K_+(6,4))$. 而这时量子由点 5 到点 6 有振幅 $\delta_+(s_{56}^2)$. 必须对所有可能的量子极化 μ 以及发射 5 和吸收 6 的位置和时间求和. 实际上, 如果 $t_5>t_6$, 说 a 吸收而 b 发射更为恰当. 但是, 不必去注意这些事情, 因为所有这些交换都自动地包含在 (4) 式内.

根据同样的推理, 可以写出 e^2 的高阶修正项或包括更多电子 (自相互作用或粒子对之间作用) 的项. 后面, 我们将用例子来加以说明. 在后续的文章中, 将从通常的量子电动力学中把它们全部推导出来.

当考虑 Pauli 原理时, 用公式 (4) 计算自由电子正能态之间的跃迁矩阵元, 会得到两个电子的 Möler 散射.

电荷之间有相互作用时, 考虑如何满足不相容原理的方法与电荷无相互作用时的方法 (I) 是完全相同的. 例如, 对于两个电荷只要求计算 $K(3,4;1,2)-K(4,3;1,2)$, 得到电荷达到点 3 和点 4 的净幅. 在中间态中不必考虑不相容原理. Bhabha 所讨论的电子与正电子散射的干涉效应用这公式可直接求得的. 用文章 (I) 中所讨论的方式来解释这些公式, 就可以把它们应用于正电子.

因为我们主要涉及虚量子的过程, 所以我们不对始末态中包括真实量子的过程进行细致的分析, 只要陈述使用于这些过程的规则[8] 我们就满意了. 正如所料, 分析结果是, 讨论虚过程所使用的一系列推理, 同样也可说明实量子过程, 只要其中的量用通常方式归一化, 以代表一个量子即可. 例如, 一个电子由点 1 跑到点 2, 吸收一个矢势 (恰当地归一化) 为 $c_\mu \exp(-\mathrm{i}k\cdot x)=C_\mu(x)$ 的量子的振幅恰是用 $C(3)$ 代替 $A(3)$ 的势散射的表达式 (I 中 (13) 式). 每个量子只相互作用一次 (或发射或吸收). 仅当多于一个量子的时候, 才会出现像 I 中 (14) 式那样的项. 所有情况下都可以不考虑中间态中量子的 Bose 统计. 统计的唯一影响是改变初末态的权重. 如果在初态中有几个全同量子, 则这个态的权重是把这些量子当成不相同时的权重的 $1/n!$ 倍 (末态类似).

3. 自能问题

有了表示一对电荷的相互作用项, 我们还必须有类似的表示电荷自作用的项. 因为在某些情况下, 看来不同的两个电子也可以按照文章 I, 把它们看成

---

[8] 尽管由 (4) 式所推出的表达式中的量子都是虚的, 但实际上这并不是理论限制. 由 (4) 式推导实量子的正确规则的方法之一是, 注意, 在一个闭合系统中, 所有量子都可看成是虚的 (即, 它们有清楚的源, 并最终被吸收). 因此, 在这样的系统中, 这里的描述是完全的, 并与通常的描述是等价的. 特别是可以推出 Einstein 系数 A 与 B 之间的关系. 我们将在以后的文章中给出这个表达式的更实用的直接推导. 可以看到, 能够把 (4) 式重写为描述势 $A_\mu(5)=e^2\int K_+(4,6)\delta_+(s_{56}^2)\gamma_\mu K_+(6,2)\mathrm{d}\tau_6$ 对 a 的作用 $K^{(1)}(3,1)=\mathrm{i}\int K_+(3,5)A(5)K_+(5,1)\mathrm{d}\tau_5$, 而势 $A_\mu(5)$ 是 Maxwell 方程 $-\Box^2 A_\mu=4\pi j_\mu$ 的解, 其中流 $j_\mu(6)=e^2K_+(4,6)\gamma_\mu K_+(6,2)$ 是由点 2 跑到点 4 的 b 粒子产生的. 这是由于 δ_+ 满足下述方程:

$$-\Box_2^2\delta_+(s_{21}^2)=4\pi\delta(2,1) \tag{5}$$

是一个电子 (即在一个电子与一个注定要与另一个电子湮没的正电子一齐产生的情况). 于是, 这类电子之间的相互作用必然是与一个电子同自身作用的可能性相对应的[9].

这种相互作用是自能问题的核心. 在无其他力的区域, 考虑一个电子对自身的一级 e^2 作用. 单个粒子由点 1 到点 2 的振幅 $K(2,1)$ 与 $K_+(2,1)$ 的差近似到 e^2 的头一级是

$$K^{(1)}(2,1) = -\mathrm{i}e^2 \iint K_+(2,4)\gamma_\mu K_+(4,3)\gamma_\mu K_+(3,1)\mathrm{d}\tau_3\mathrm{d}\tau_4\delta_+(s_{43}^2) \tag{6}$$

它的出现是由于电子不是由点 1 直接跑到点 2, 而是 (见图 2) 先跑到点 $3(K_+(3,1))$, 发射一个量子 (γ_μ) 后, 前进到点 $4(K_+(4,3))$, 再吸收同一量子 (γ_μ), 最后达到点 $2(K_+(2,4))$. 这个量子必须从点 3 跑到点 $4(\delta_+(s_{43}^2))$.

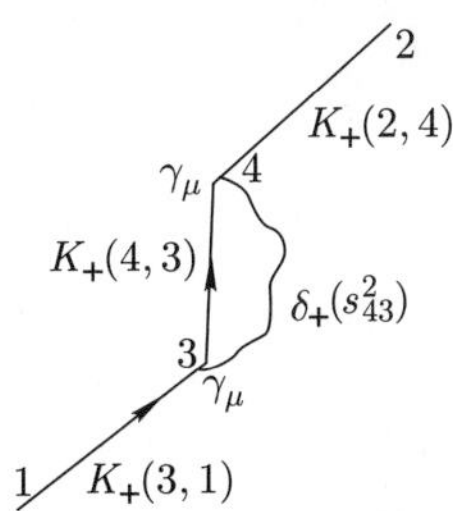

图 2 电子与自身的相互作用, 见 (6) 式

下面找出 $K^{(1)}(2,1)$ 与自由电子的自能的关系. 假设开始时刻 t_1, 有一电子处于态 $f(1)$, 并认为 $f(1)$ 是自由粒子 Dirac 方程的一个正能解. 经过一长时间 (t_2-t_1) 之后, 微扰改变了波函数, 此时可将波函数看成是自由粒子解的叠加 (实际上只包含 f), 像在文章 I 中 (21) 式那样计算包含 $g(2)$ 的振幅. 因此, 对角元 $(g=f)$ 是

$$\iint \bar{f}(2)\beta K^{(1)}(2,1)f(1)\mathrm{d}^3\boldsymbol{x}_1\mathrm{d}^3\boldsymbol{x}_2 \tag{7}$$

时间间隔 $T=(t_2-t_1)$(以及要积分的空间体积 V) 必须取得很大, 因为这些表达式仅仅是近似的. (类似于两个电荷相互作用的情况)[10]. 其原因是, 例如, 我们没有恰当地处理刚好在 t_2 之前发射的, 而又在 t_2 之后再正常地重新吸收的量子.

[9] 这些考虑使它看起来不像 J. A. Wheeler 和 R. P. Feynman (*Rev. Mod. Phys.* **17**, 157 (1945)) 关于电子不作用于自身的观点. 它们将是量子电动力学的成功的思想.

[10] 在文献 5 中已经进行了讨论. 它指出, 若有推迟自作用, 则波函数的概念会失去准确性.

若把 (6) 式中的 $K^{(1)}(2,1)$ 代入 (7) 式, 则像在文章 I 中得出 (22) 式时所做的那样, 可以进行表面积分. 得

$$-\mathrm{i}e^2\iint \bar{f}(4)\gamma_\mu K_+(4,3)\gamma_\mu f(3)\delta_+(s_{43}^2)\mathrm{d}\tau_3\mathrm{d}\tau_4 \tag{8}$$

令 $f(1)=u\exp(-\mathrm{i}p\cdot x)$ 为平面波, 其中 p_μ 是电子的能量 p_4 和动量 $(p^2=m^2)$, u 是一个 4 个指标的记号, 数值为常数, 则 (8) 式变成

$$-\mathrm{i}e^2\iint(\bar{u}\gamma_\mu K_+(4,3)\gamma_\mu u)\exp(\mathrm{i}p\cdot(x_4-x_3))\delta_+(s_{43}^2)\mathrm{d}\tau_3\mathrm{d}\tau_4$$

积分区间是体积 V 和时间间隔 T. 因为 $K_+(4,3)$ 只与点 4 和点 3 的坐标差 x_{43_μ} 有关, 所以对点 4 的积分结果 (除了在靠近区域表面处之外) 与点 3 无关. 因此, 对点 3 的积分结果是 VT 量级. 因为波函数已归一化为单位体积, 所以它与 V 成正比. 若波函数归一化为体积 V, 则结果只与 T 成正比. 这正如所预料的, 因为若这个效应与能量改变 ΔE 等价, 则 t_2 时到达 f 的振幅变化一因子 $\exp(-\mathrm{i}\Delta E(t_2-t_1))$, 近似到差 $-\mathrm{i}(\Delta E)T$ 的一级. 所以有

$$\Delta E=e^2\int(\bar{u}\gamma_\mu K_+(4,3)\gamma_\mu u)\exp(\mathrm{i}p\cdot x_{43})\delta_+(s_{43}^2)\mathrm{d}\tau_4 \tag{9}$$

积分遍及全部时空 $\mathrm{d}\tau_4$. 立刻可以将此式简化. 在解释 (9) 式时, 我们已不言而喻地假设波函数归一化为

$$(u^*u)=(\bar{u}\gamma_4 u)=1$$

因此, 可以将左边写为 $(\Delta E)(\bar{u}\gamma_4 u)$ 而使等式与归一化无关, 或者, 因为 $\bar{u}\gamma_4 u=\dfrac{E}{m}(\bar{u}u)$ 以及 $m\Delta m=E\Delta E$, 而将左边写成 $\Delta m(\bar{u}u)$, 其中 Δm 是等价的电子质量的改变. 在这个表示中, 相对论不变性是显然的.

同样, 也可以得到氢原子中电子能量移动的表达式. 在 (8) 式中, 我们直接用在原子的势 $V=\beta\dfrac{e^2}{r}$ 中电子的精确传播子 $K_+^{(V)}$ 代替了 K_+, 再用原子状态的时空波函数代替了 f. 结果 ΔE 一般不是实数, 其虚部是负的, 并在 $\exp(-\mathrm{i}\Delta ET)$ 中产生一个随时间指数式衰减的振幅. 这是由于我们要求的是, 在场中无光子的初态原子在时间 T 以后仍无光子的振幅. 如果原子所处的态可能辐射, 则此振幅必随时间衰减. 计算中, ΔE 的虚部确实会给出正确的由原子态辐射的概率. 对于基态以及对于自由电子, 它是零.

在非相对论区域, 能够算出 ΔE 的表达式, Bethe 已经做到了这一点[11]. 在相对论性区域, (点 4 和点 3 靠在一起, 至多相距一个 Compton 波长) 近似到 V 的头一级, 可以用 K_+ 加上在文章 I(13) 式中给出的 $K_+^{(1)}(2,1)$ 代替应在式 (8) 中出现的 $K_+^{(V)}$. 这样, 这个问题与下面将要讨论的无辐射散射非常相似.

[11] H. A. Bethe, *Phys. Rev.* **72**, 339 (1947).

4. 动量和能量空间中的表达式

(9) 式的计算, 以及在这些问题中出现的所有其他更复杂的表达式, 用动量能量变量计算要比用时空变量计算简化得多. 为此, 需要 $\delta_+(s_{21}^2)$ 的 Fourier 变换

$$-\delta_+(s_{21}^2)=\pi^{-1}\int\exp(-\mathrm{i}k\cdot x_{21})k^{-2}\mathrm{d}^4k \tag{10}$$

上式可由 (3) 式和 (5) 式推得, 也可由文章 I 中 (32) 式, 再注意到 $m^2=0$ 的 $I_+(2,1)$ 就是文章 I (34) 式中的 $\delta_+(s_{21}^2)$ 而得到. 其中 k^{-2} 的意思是 $(k\cdot k)^{-1}$, 或者更确切地说, 它是 $\epsilon\to 0$ 时 $(k\cdot k+\mathrm{i}\epsilon)^{-1}$ 的极限. d^4k 等于 $(2\pi)^{-2}\mathrm{d}k_1\mathrm{d}k_2\mathrm{d}k_3\mathrm{d}k_4$. 若量子是零质量的粒子, 则我们可以制定一个普遍的规则: 可以设想粒子和量子的质量都有一个无限小的负虚部来解决所有的极点问题.

应用这些结果, 自能 (9) 是矩阵

$$\frac{e^2}{\pi\mathrm{i}}\int\gamma_\mu(\not p-\not k-m)^{-1}\gamma_\mu k^{-2}\mathrm{d}^4k \tag{11}$$

在 $\bar{u}$ 和 u 之间的矩阵元, 上式已应用了 K_+ 的 Fourier 变换式 (I 中 (31) 式). 自能的这一形式比 (9) 式更易计算.

可以如下面所叙述的那样来理解此式. 想象 (图 3) 一个动量为 p 的电子辐射一个动量为 k 的量子 (γ_μ), 然后以动量 $(p-k)$ 前进 (因子 $(\not p-\not k-m)^{-1}$), 直到下一事件, 它又吸收了这个量子 (另一个 γ_μ). 量子的传播子是 k^{-2}. (每个虚

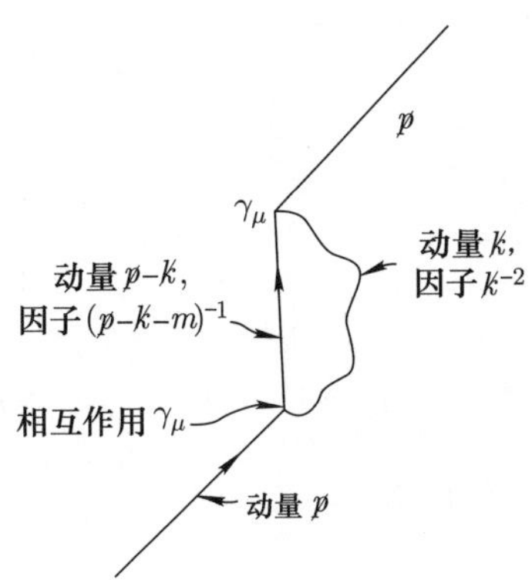

图 3 一个电子的自作用、动量空间, (11) 式

量子有一个因子 $\dfrac{e^2}{\pi\mathrm{i}}$.) 对所有量子积分. 动量为 p 的电子的传播子是 $1/(\not p-m)$, 其原因是, 这个算符是 Dirac 方程算符的逆算符, 我们正要解此方程. 同样光子的传播子是 $1/k^2$, 它是光的波动方程 d'Alembert 算符的逆算符. 头一个 γ_μ 代

表产生矢势的流, 而第二个 γ_μ 是速度算符, 当外场作用在电子上时, 在 Dirac 方程中矢势要与这个速度算符相乘.

由同样的理由, 也可以在动量空间直接解其他问题. 例如, 考虑在时空中像 $\not a\exp(-\mathrm{i}q\cdot x)$ 样变化的势 $\not A=A_\mu\gamma_\mu$ 中的散射. 动量为 $\not p_1=p_{1\mu}\gamma_\mu$ 的初态电子将偏转到 $\not p_2=\not p_1+\not q$ 的态. 零级答案就是 $\not a$ 在 1 态和 2 态之间的矩阵元. 下面我们要求由于辐射一个虚量子而带来的一级 (e^2 的) 辐射修正. 有几种可能的方式发生一级过程. 第一种如图 4(a) 所示. 矩阵为

$$\frac{e^2}{\pi\mathrm{i}}\int\gamma_\mu\frac{1}{(\not p_2-\not k-m)}\not a\frac{1}{(\not p-\not k-m)}\gamma_\mu\frac{1}{k^2}\mathrm{d}^4k \tag{12}$$

在这种情况下, 首先[12]电子发射了一个动量为 k 的量子 (γ_μ), 然后, 电子具有动量 $p-k$, 并以因子 $\dfrac{1}{\not p-\not k-m}$ 传播. 其次电子被势 ($\not a$ 矩阵) 散射后, 动量增加 q, 然后以因子 $\dfrac{1}{\not p_2-\not k-m}$ 传播, 直至吸收同一量子 (γ_μ). 这个量子从发射传播到吸收 (k^{-2}), 我们要对所有量子积分 (d^4k), 并对极化 μ 求和. 可以证明对 k_4 的积分结果准确地等于 B 中同一过程给出的 (16) 和 (17) 式, 其中各项来自被积函数 (12) 的极点的留数.

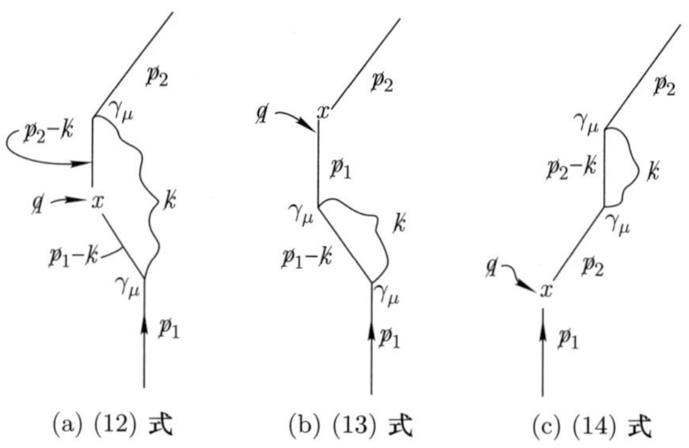

(a) (12) 式　　(b) (13) 式　　(c) (14) 式

图 4　散射的辐射修正, 动量空间

再一次, 若发射和再吸收量子都发生在散射之前, 则得到 (图 4(b))

$$\frac{e^2}{\pi\mathrm{i}}\int\not a\frac{1}{\not p_1-m}\gamma_\mu\frac{1}{\not p_1-\not k-m}\gamma_\mu\frac{1}{k^2}\mathrm{d}^4k \tag{13}$$

[12] 这里所说的 “首先”、“其次” 等等不是真正的时间次序, 而只是沿电子线事件的次序. 更准确地说, 是在表达式中矩阵出现的次序.

若发射和吸收发生在散射之后, 则有 (图 4(c))

$$\frac{e^2}{\pi \mathrm{i}} \int \gamma_\mu \frac{1}{\not p_2 - \not k - m} \gamma_\mu \frac{1}{\not p_2 - m} \not a \frac{1}{k^2} \mathrm{d}^4 k \tag{14}$$

下面要详细讨论这些项.

我们已经简化了虚过程的矩阵元. 初末态中有几个实量子的过程不会引起任何问题 (假设已经正确地归一化). 例如, 考虑 Compton 效应 (图 5(a)), 一个处于 p_1 态的电子吸收一个动量为 q_1, 极化为 $e_{1\mu}$ 的量子, 于是其相互作用是 $e_{1\mu}\gamma_\mu = \not e_1$, 然后又发射动量为 $-q_2$, 极化为 e_2 的第二个量子, 达到动量为 p_2 的末态. 这个过程的矩阵是 $\not e_2 \dfrac{1}{\not p_1 + \not q_1 - m} \not e_1$. 于是, Compton 效应的总矩阵是

$$\not e_2 \frac{1}{\not p_1 + \not q_1 - m} \not e_1 + \not e_1 \frac{1}{\not p_1 + \not q_2 - m} \not e_2 \tag{15}$$

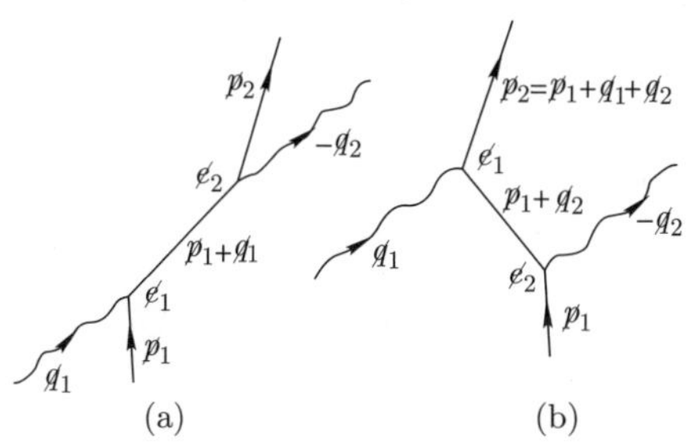

图 5 Compton 散射, (15) 式

第二项表示 $\not e_2$ 也可能在吸收 $\not e_1$ 之前发射 (图 5(b)). 取这个矩阵在初末电子态 $(p_1 + q_1 = p_2 - q_2)$ 之间的矩阵元, 便得到 Klein– 仁科公式. 此矩阵也能给出正负电子对湮没并发射两个量子等过程, 不过正电子态 p 的时间分量是负的. 量子是吸收还是发射, 这取决于 q 的时间分量是正还是负.

5. 虚量子过程的收敛性

正如已经指出过的, 这些表达式不过是传统量子电动力学的再现. 因此, 其中许多式子是没有意义的. 例如, 计算自能表达式 (9) 或 (11) 给出无限大的结果. 很明显, 这种无限大来源于 $K_+(4,3)$ 和 $\delta_+(s_{43}^2)$ 中 δ 函数奇异性相重合. 只是由于这点, 才确有必要离开传统电动力学, 而不是仅仅以较简单的形式重新写出表达式.

我们打算修改量子电动力学. 这类似于上篇文章 A 中对经典电动力学的修改. 在那里在相互作用作用量中出现的 $\delta(s_{12}^2)$ 要用 $f(s_{12}^2)$ 代替, 其中 $f(x)$ 是分布窄而又高的函数.

在量子理论中明显相对应的修正是用一个新函数 $f_+(s^2)$ 去代替在量子力学相互作用中出现的 $\delta_+(s^2)$. 我们可以假设, 如果经典 $f(s_{12}^2)$ 的 Fourier 变换是 $F(k^2)\exp(-\mathrm{i}k\cdot x_{12})\mathrm{d}^4k$ 对所有 k 的积分, 则 $f_+(s^2)$ 的 Fourier 变换是同样的函数在 $t_2>t_1$ 时只对正频 k_4 积分, 在 $t_2<t_1$ 时只对负频 k_4 积分, 这与 $\delta_+(s^2)$ 和 $\delta(s^2)$ 的关系相类似. 可以把函数 $f(s^2)=f(x\cdot x)$ 写为*

$$f(x\cdot x)=\frac{1}{(2\pi)^2}\int_{k_4=0}^{\infty}\int\sin(k_4|x_4|)\cdot\cos(\boldsymbol{K}\cdot\boldsymbol{x})\mathrm{d}k_4\mathrm{d}^3\boldsymbol{K}g(k\cdot k)$$

其中 $g(k\cdot k)$ 是 k_4^{-1} 乘以振子密度, 并且对于正 k_4 可以把它表示为 (A (16) 式)

$$g(k^2)=\int_0^{\infty}(\delta(k^2)-\delta(k^2-\lambda^2))G(\lambda)\mathrm{d}\lambda$$

其中 $\int_0^{\infty}G(\lambda)\mathrm{d}\lambda=1$, 并且 G 包含着与 m 相较是大的 λ 值, 这就意味着, 动量为 k 的量子的传播子是

$$-F_+(k^2)=\frac{1}{\pi}\int_0^{\infty}\left(\frac{1}{k^2}-\frac{1}{k^2-\lambda^2}\right)G(\lambda)\mathrm{d}\lambda$$

而不是 $1/k^2$. 亦即, 写成 $F_+(k^2)=-\frac{1}{\pi k^2}C(k^2)$, 便有

$$-f_+(s_{12}^2)=\frac{1}{\pi}\int\exp(-\mathrm{i}k\cdot x_{12})\frac{1}{k^2}C(k^2)\mathrm{d}^4k \tag{16}$$

现在, 每个对中间量子的积分 (它原先包含着因子 d^4k/k^2) 补上了一个收敛因子 $C(k^2)$.

$$C(k^2)=\int_0^{\infty}-\frac{\lambda^2}{k^2-\lambda^2}G(\lambda)\mathrm{d}\lambda \tag{17}$$

极点定义为用 $k^2+\mathrm{i}\delta$ 代替 k^2, 当 $\delta\to 0$ 时的极限. 即可以认为 λ^2 有一无限小的负虚部.

函数 $f_+(s_{12}^2)$ 在光锥上仍可以有不连续的值. 这不影响 Dirac 电子. 然而, 对于满足 Klein–Gordon 方程的粒子, 相互作用包括了势的梯度, 若 f 有不连续性, 则这个势会再次给出 δ 函数. f 在光锥上的值没有不连续性的条件隐含着当 k^2 趋于无限大时 $k^2C(k^2)$ 趋于零. 用 $G(\lambda)$ 表示这个条件是

$$\int_0^{\infty}\lambda^2G(\lambda)\mathrm{d}\lambda=0 \tag{18}$$

在讨论真空极化积分的收敛性时, 还会应用这一条件.

* 在 A 中 (16) 式前的式子给出的这个关系是不正确的.

现在, 自能矩阵的表达式是

$$\frac{e^2}{\pi \mathrm{i}}\int \gamma_\mu \frac{1}{\not p-\not k-m}\gamma_\mu \frac{1}{k^2}\mathrm{d}^4 k C(k^2) \tag{19}$$

因为 $C(k^2)$ 至少与 $1/k^2$ 下降得一样快, 所以上述积分收敛. 为了实用, 以后我们假设 $C(k^2)$ 就是 $-\lambda^2/(k^2-\lambda^2)$, 这意味着, 以后可以取某些对 λ 的平均 (带有权重 $G(\lambda)\mathrm{d}\lambda$). 因为在所有过程里, 至少在代表电子传播的形为 $\dfrac{1}{\not p-\not k-m}$ 的因子中, 包含着场中量子的动量, 所以, 可以期望所有带有收敛因子的这类积分都收敛. 而且, 所有这些过程的结果都将是有限的并且是确定的 (除了下面讨论的带有圈图的过程, 在这种过程中, 是电子动量的积分而不是量子动量的积分发散).

在积分 (19) 中, 代入 $C(k^2)=-\lambda^2/(k^2-\lambda^2)$, 并注意 $p^2=m^2, \lambda\gg m$, 再舍去 m/λ 量级的项, 得到 (参看附录 A)

$$\frac{e^2}{2\pi}\left[4m\left(\ln\frac{\lambda}{m}+\frac{1}{2}\right)-\not p\left(\ln\frac{\lambda}{m}+\frac{5}{4}\right)\right] \tag{20}$$

当应用于动量为 p, 满足 $\not p u=mu$ 的电子态时, 上式给出质量的改变 (见 $B(9)$ 式) 为

$$\Delta m=m\frac{e^2}{2\pi}\left(3\ln\frac{\lambda}{m}+\frac{3}{4}\right) \tag{21}$$

6. 散射的辐射修正

现在可以完成关于散射辐射修正的讨论. 积分中放进了收敛因子 $C(k^2)$, 因而积分对于大的 k 收敛. 但由于著名的红外灾难, 积分 (12) 仍不收敛. 因此, (正如在 B 中讨论的那样) 我们计算这个积分值时, 假设光子具有小质量 $\lambda_{\min}\ll m\ll\lambda$. 于是积分 (12) 变成

$$\frac{e^2}{\pi \mathrm{i}}\int \gamma_\mu \frac{1}{\not p_2-\not k-m}\not a\frac{1}{\not p_1-\not k-m}\gamma_\mu\frac{1}{k^2-\lambda_{\min}^2}\cdot \mathrm{d}^4 k C(k^2-\lambda_{\min}^2)$$

积分之后得 (参看附录 B) $\dfrac{e^2}{2\pi}$ 乘以

$$\left[2\left(\ln\frac{m}{\lambda_{\min}}-1\right)\left(1-\frac{2\theta}{\tan^2\theta}\right)+\theta\tan\theta+\frac{4}{\tan^2\theta}\int_0^\theta \alpha\tan\alpha \mathrm{d}\alpha\right]\not a$$
$$+\frac{1}{4m}(\not q\not a-\not a\not q)\frac{2\theta}{\sin^2\theta}+r\not a \tag{22}$$

其中 $(q^2)^{1/2}=2m\sin\theta$, 我们已经假设矩阵是作用在动量为 p_1 和 $p_2=p_1+q$ 的状态之间, 并忽略 $\dfrac{\lambda_{\min}}{m}, \dfrac{m}{\lambda}$ 以及 $\dfrac{q^2}{\lambda^2}$ 量级的项. 其中与收敛因子有关的项是

$r\not{a}$,

$$r = \ln\frac{\lambda}{m} + \frac{9}{4} - 2\ln\frac{m}{\lambda_{\min}} \tag{23}$$

我们马上会看到, 另一些项 (13) 和 (14) 会给出一些贡献, 恰能与 $r\not{a}$ 项相消. 剩下的项 (对于小 $\not{q}$) 是

$$\frac{e^2}{4\pi}\left(\frac{1}{2m}(\not{q}\not{a} - \not{a}\not{q}) + \frac{4q^2}{3m^2}\not{a}\left(\ln\frac{m}{\lambda_{\min}} - \frac{3}{8}\right)\right) \tag{24}$$

它指出了磁矩的改变和 Lamb 位移, 对此, B 中有更详细地解释[13].

现在, 我们必须研究剩下的项 (13) 和 (14). 可以完成 (13) 式对 k 的积分 (在乘以 $C(k^2)$ 之后), 因为它只包含自能积分 (19), 并且结果可作用于初态 u_1 (于是 $\not{p}_1 u_1 = m u_1$). 因此, 紧接着 $\not{a}\dfrac{1}{\not{p}_1 - m}$ 的因子恰是 Δm. 但是如果试图展开 $\dfrac{1}{\not{p}_1 - m} = \dfrac{\not{p}_1 + m}{p_1^2 - m^2}$, 就会得到无限大的结果 (因为 $p_1^2 = m^2$). 然而, 这正是物理上所预料到的. 因为在散射前任意时刻都可以发射和吸收量子, 所以这种过程使态 1 中的电子质量发生变化. 因此, 它改变能量 ΔE, 改变振幅 (到 ΔE 的一级) $-\mathrm{i}\Delta Et$, 其中 t 是作用时间, 它是无限的. 即这项的主要影响会被质量改变 Δm 的影响抵消.

此情况可以用下述方式分析, 我们假设, 电子在趋近散射势 a 之前不会是无限长地处于自由状态, 而是在某个遥远的过去就已被势 b 所散射. 如果我们只限于讨论 Δm 的效应和在两次这样的散射之间虚辐射一个量子的效应, 则每一个效应尽管很大但都是有限的, 且它们的差是确定的. 由 b 到 a 的传播用矩阵表示是

$$\not{a}(\not{p}' - m)^{-1}\not{b} \tag{25}$$

其中, 可能要对 p' 积分 (取决于此情况的细节). 若 $\not{b}$ 与 $\not{a}$ 之间的时间长, 能量几乎可以固定, 则 p'^2 很接近 m^2.

我们将比较虚量子和质量改变 Δm 对矩阵 (25) 的效应. 虚量子的效应是

$$\frac{e^2}{\pi\mathrm{i}}\int \not{a}(\not{p}' - m)^{-1}\gamma_\mu(\not{p}' - \not{k} - m)^{-1}\cdot\gamma_\mu(\not{p}' - m)^{-1} b k^{-2}\mathrm{d}^4 k C(k^2) \tag{26}$$

[13] B 中 (19) 式的结果是错误的, V. F. Weisskopf 和 J. B. French 曾在私人通信中反复向作者指出过这点. 早在 1948 年, 他们与作者同时完成的计算结果与此不同, French 最后指出, 尽管无辐射散射的表达式 B (18) 或 (24) 以上是正确的, 但关于它与 Bethe 非相对论结果的关系式是不对的. 他证明了, 作者所使用的关系 $\ln 2k_{\max} - 1 = \ln\lambda_{\min}$ 应该是 $\ln 2k_{\max} - \dfrac{5}{6} = \ln\lambda_{\min}$. 这造成在 B(19) 式的对数中要加一项 $-\dfrac{1}{6}$, 于是结果与 J. B. French 和 V. F. Weisskopf 的相一致, *Phys. Rev.* **75**, 1240 (1949) 以及 N. H. Kroll 和 W. E. Lamb, *Phys. Rev.* **75**, 3881 (1949). 作者遗憾地感到, 作者应对由于这个错误而非常明显地大大推迟发表 French 的结果一事负责. 这个注解是一个适当的说明.

而质量变化效应可写为

$$\not{a}(\not{p}'-m)^{-1}\Delta m(\not{p}'-m)^{-1}\not{b} \tag{27}$$

我们对差 (26)—(27) 感兴趣. 进行这个比较的一个简捷的方法是将 (26) 式对 k 求积分再减去 (27) 式, 其中 Δm 由 (21) 式给出. 剩下的可以表示为 $-r(p')^2$ 乘以无微扰幅 (25)

$$-r(p'^2)\not{a}(\not{p}'-m)\not{b} \tag{28}$$

在 (25) 式中用 $\left(1-\dfrac{1}{2}r(p'^2)\right)\not{a}$ 和 $\left(1-\dfrac{1}{2}r(p'^2)\right)\not{b}$ 代替 $\not{a}$ 与 $\not{b}$ 会得到同样的结果 (到这一级). 于是, 在此极限下, 当 $p'^2\to m^2$ 时对散射的净效应是 $\dfrac{1}{2}ra$, 其中 r 是 $p'^2\to m^2$ 时 $r(p'^2)$ 的极限 (假设积分已取红外切断), 恰与 (23) 式中给出的结果相等. 相等的项 $-\dfrac{1}{2}r\not{a}$ 来源于散射 (14) 以后的虚跃迁, 于是, (22) 式中整个 $r\not{a}$ 项被抵消了.

不用直接计算, 也可以由下面看出当 $q^2=0$ 时, (12) 式的值恰是 r 的原因: 我们令 p 是 p' 方向上长度为 m 的矢量, 因此, 若 $p'^2=m^2(1+\epsilon)^2$, 则有 $p'=(1+\epsilon)p$, 我们取 ϵ 很小, 大约是 T^{-1} 量级, 这里 T 是散射 a 和 b 之间的时间. 因为 $(\not{p}'-m)^{-1}=(\not{p}'+m)/(p'^2-m^2)\approx(\not{p}+m)/2m^2\epsilon$, 所以 (25) 式是 ϵ^{-1} 或 T 的量级, 我们将计算当 $\epsilon\to 0$ 时, 仅仅到其自身的量级 ϵ^{-1} 的修正. 使用 Δm 的表达式 (19), (27) 项可以近似写作[14]

$$\frac{e^2}{\pi\mathrm{i}}\int\not{a}\frac{1}{\not{p}'-m}\gamma_\mu\frac{1}{\not{p}-\not{k}-m}\gamma_\mu\frac{1}{\not{p}'-m}\not{b}\frac{1}{k^2}\mathrm{d}^4kC(k^2)$$

[14] 这个表达式不是精确的, 因为仅当 $\not{p}$ 作用于可以用 m 代替 $\not{p}$ 的态时, 用 (19) 式中的积分来代替 Δm 才能成立. 然而误差是

$$\not{a}\frac{1}{\not{p}'-m}(\not{p}-m)\frac{1}{p'-m}\not{b}$$

量级, 它等于 $\not{a}[(1+\epsilon)\not{p}+m](\not{p}-m)[(1+\epsilon)\not{p}+m]\not{p}(2\epsilon+\epsilon^2)^{-2}\cdot m^{-4}$. 但因 $p^2=m^2$, 有 $\not{p}(\not{p}-m)=-m(\not{p}-m)=(\not{p}-m)\not{p}$, 于是净效应近似为 $\not{a}(\not{p}-m)\not{b}/4m^2$, 不是 $1/\epsilon$ 量级而是更小, 所以在这一极限下忽略其效应.

因此, 两个效应的净结果近似是[15]

$$-\frac{e^2}{\pi \mathrm{i}}\int \not{a}\frac{1}{\not{p}'-m}\gamma_\mu\frac{1}{\not{p}-\not{k}-m}\epsilon\not{p}\frac{1}{\not{p}-\not{k}-m}\cdot\gamma_\mu\frac{1}{\not{p}'-m}\not{b}\frac{1}{k^2}\mathrm{d}^4kC(k^2)$$

现在这项是 $1/\epsilon$ 量级 (因为 $1/(\not{p}'-m)\approx(\not{p}+m)/2m^2\epsilon$), 因此, 这是在此极限下所要求的项. 与 (28) 式相比较, 给出 r 的表达式

$$\frac{\not{p}_1+m}{2m}\int\gamma_\mu\frac{1}{\not{p}_1-\not{k}-m}\frac{\not{p}_1}{m}\frac{1}{\not{p}_1-\not{k}-m}\gamma_\mu\frac{1}{k^2}\mathrm{d}^4kC(k^2) \tag{29}$$

这个积分可以直接计算, 因为它与积分 (12) 基本相同, 只不过 $q=0$ 且用 $\not{p}_1/m$ 代替了 $\not{a}$. 因此, 它的结果为 $r\cdot(\not{p}_1/m)$. 当它作用于态 u_1 时恰得 r (因为 $\not{p}_1u_1=mu_1$). 出于同样理由, (29) 式中 $(\not{p}_1+m)/2m$ 项等价于 1, 于是, 只剩下了 (23) 式的 $-r$ 项[16].

在从一个自由电子出发的更复杂问题中, 有同样类型的项来自先于其他过程的虚发射和虚吸收效应. 因此, 它们只是直接导致同样的因子 r, 所以可以直接应用表达式 (23), 并且不需要对每个问题都重新计算这些重正化积分.

在这个对散射的辐射修正问题中, 净结果对截断是不敏感的. 这意味着, 在积分前将各项简单地重新加以排列, 便可以完全避免使用收敛因子 (例如, 参看 Levis[17]). 用此处的方式解问题, 是为了演示如何使用收敛因子, 即使实际上这些收敛因子并不必要, 收敛因子也能使得分析稍稍方便一些, 去掉了由于力图重排其他发散项所带来的麻烦和含混.

通过与经典问题类比无法决定可否用 (16) 和 (17) 中给出的 f_+ 去代替 δ_+. 在经典极限下, 只有 δ_+ 的实部 (即 δ) 容易解释. 但是, 该用什么来代替 δ_+ 的虚部 $1/\pi\mathrm{i}s^2$? 在这里, 我们所做的选择 (在确定 (17) 式极点的位置时) 是任

---

[15] 我们已经使用了下面的普遍展开式 (对任意算符 A、B 成立), 到第一级:

$$\frac{1}{A+B}=\frac{1}{A}-\frac{1}{A}B\frac{1}{A}+\frac{1}{A}B\frac{1}{A}B\frac{1}{A}+\cdots\cdots$$

令 $A=\not{p}-\not{k}-m, B=\not{p}'-\not{p}=\epsilon\not{p}$ 以展开 $\dfrac{1}{\not{p}'-\not{k}-m}$ 和

$$\frac{1}{\not{p}-\not{k}-m}$$

的差.

[16] 当直接变换到目前的记号时, B 中的重正化项 (14) 与 (15) 式不是 (29) 的两倍, 而是在这个表达式中, 将中间因子 $\not{p}_1/m$ 换成 $m\gamma_4/E_1$, 其中 $E_1=p_{1\mu}(\mu=4)$. 因此, 积分后得

$$r\not{a}\frac{(\not{p}_1+m)}{2m}\frac{m\gamma_4}{E_1}\quad 或 \quad r\not{a}-r\not{a}\frac{m\gamma_4}{E_1}\cdot\frac{(\not{p}_1-m)}{2m}$$

(由于 $\not{p}_1\gamma_4+\gamma_4\not{p}_1=2E_1$) 因为 $\not{p}_1u_1=mu_1$, 它恰是 $r\not{a}$.

[17] H. W. Lewis, *Phys. Rev.*, **73**, 173 (1948).

意的, 而且几乎肯定是不正确的. 若计算原子的辐射阻尼, 像 (8) 的虚部, 则结果与 f_+ 的数有一点关系. 另一方面, 距离源很远辐射的光与 f_+ 无关, 所以, 远距离吸收体所吸收的总能量不能决定源的能量损失. 这里的情况类似于在经典理论中设法使整个 f 函数只包含推迟贡献 (参看附录 A). 人们要求的不是 A 的类似于 $\langle F\rangle_{\rm ret}$ 的部分. 这个问题正处于研究之中.

因此, 我们可以说, 力图寻找对量子电动力学自洽的修正的工作还是不完善的. (也参看下面的封闭圈问题). 可以证明, 保证能量守恒的 f_+ 的任何正确形式或许不能使自能积分有限. 为使这一简化量子电动力学过程的计算方法有更广泛的应用的希望, 促使我们在分析 f_+ 的正确形式完成之前就发表了此文. 因为在 $\lambda\to\infty$ 极限时, 所讨论的能量差为零, 所以人们或许可以采用下面的观点, 即认为在质量重正化之后, 再令 $\lambda\to\infty$, 才能得到正确的物理结果. 我们没有证明这个过程的数学自洽性, 但说它令人满意的根据是很强的 (猜测能够找到满意的 f_+ 的形式的根据也是强的).

7. 真空极化问题

在分析散射的辐射修正时, 有一项还没有考虑. 我们可以假设势变化如 $a_\mu\exp(-{\rm i}q\cdot x)$, 它产生一对动量为 p_a 和 $-p_b$ 的电子 (参看图 6). 然后这对电

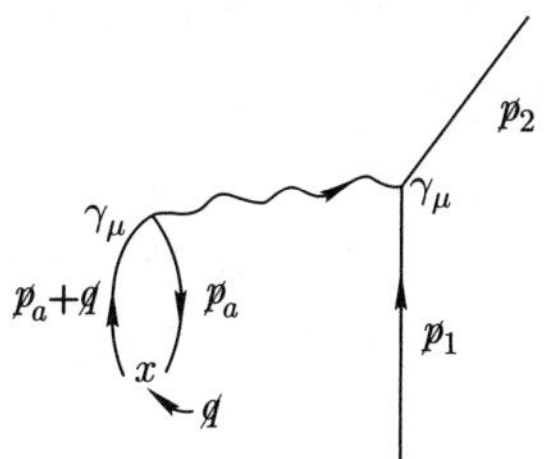

图 6 真空极化对散射的影响, (30) 式

子再湮没, 放出动量为 $q=p_b-p_a$ 的量子, 这个量子将处于态 1 的电子散射到态 2. 这个过程 (以及通过重新排列各个事件的时间顺序所可能得到的另外一些过程) 的矩阵元是

$$-\frac{e^2}{\pi{\rm i}}\bar{u}_2\gamma_\mu u_1\int{\rm Sp}\left(\frac{1}{p\!\!\!/_a+q\!\!\!/-m}\gamma_\nu\frac{1}{p\!\!\!/_a-m}\gamma_\mu\right)\cdot{\rm d}^4p_a\frac{1}{q^2}C(q^2)a_\nu \tag{30}$$

这是因为, 势产生此对电子的振幅正比于 $a_\nu\gamma_\nu$, 动量为 p_a 和 $-p_a+q$ 的电子前进到湮没处, 产生一量子 (因子 γ_μ), 它传播 $\left(\text{因子 }\dfrac{1}{q^2}C(q^2)\right)$ 到另一电子处并被后者吸收 (γ_μ 在原先电子态 1 和态 2 之间的矩阵元 $(\bar{u}_2\gamma_\mu u_1)$). 虚电子的所有动量和自旋态都是允许的, 这意味着, 要计算迹并对 ${\rm d}^4p_a$ 积分.

可以想象, 闭合正负电子圈产生一个流

$$4\pi j_\mu = J_{\mu\nu} a_\nu \tag{31}$$

它就是与第二个电子作用的量子的源, 而量

$$J_{\mu\nu} = \frac{-e^2}{\pi \mathrm{i}} \int \mathrm{Sp}\left(\frac{1}{\not p + \not q - m}\gamma_\nu \frac{1}{\not p - m}\gamma_\mu\right) \mathrm{d}^4 p \tag{32}$$

则是表示这个真空极化问题特点的量.

一眼便可看出, $J_{\mu\nu}$ 发散得很厉害. 将 δ 换成 f, 会改变这个流对散射电子作用的振幅, 但是无法阻止积分 (32) (以及它带来的效应) 发散.

有一个显而易见的方法, 可以避开这个困难. 按着这个方法, 我们可以考虑一个给定的电子由一个时空区域跑到另一个区域, 即由电子源到测量它们的仪器的全部路径. 根据这个观点, 导致 (32) 式的闭合圈路径是不自然的. 可以假定, 只有从源出发连续地 (可以包括许多次反射) 运动到检测器的路径才是有意义的. 应把闭合圈排除. 我们已经发现, 对于在固定势中运动的电子来说, 可以做到这一点.

然而, 这种意见必然会碰到一些问题. 闭合圈是通常电动力学中的空穴理论造成的. 在另一些过程中, 为了保持概率守恒, 要求有这些闭合圈, 势不产生正负电子对的概率不是 1, 它与 1 的偏离来源于 $J_{\mu\nu}$ 的虚部. 而且, 如果不允许存在闭合圈, 一旦产生一对正负电子就不可能再与另外的电子湮没, 光与光的散射就会是零, 等等. 尽管我们没有从实验上肯定有这些现象, 但看来这还是暗示着闭合圈是必要的. 固然, 相互作用粒子的概率守恒等问题总有可能像固定势中的情况一样自动解决. 由于缺乏这样的证据, 可以推断, 真空极化的困难不是那么容易解决的[18].

B 中讨论的另一个程序是假设上面所使用的函数 $K_+(2,1)$ 是不正确的, 而要代之以在光锥上没有奇异性的修正函数 K_+. 这样做的效果是为每个电子动量的积分提供了一个收敛因子[19]. 这将使 (32) 的被积函数乘上 $C(p^2 - m^2)C((p+q)^2 - m^2)$, 因为原来积分是 $\delta(p_a - p_b + q)\mathrm{d}^4 p_a \mathrm{d}^4 p_b$, p_a 和 p_b 都有收敛因子. 现在积分是收敛了, 但结果却仍然不能令人满意[20].

---

[18] 非常有意思的是 Lamb 移动的计算已精确得足以肯定, 期望有 20 兆周来自真空极化. 实验上, 它确实存在.

[19] 即使对于辐射 δ_+ 没有修正到 f_+ (因而没有对于量子的收敛因子 $C(k^2)$), 这个技术也使自能和无辐射散射积分有限. 参看 B.

[20] 除 (33) 式下面给出的一项外, 对 $C(k^2) = -\dfrac{\lambda^2}{k^2 - \lambda^2}$ 加上了一项

$$\frac{1}{4}\left(\lambda^3 - 2\mu^2 + \frac{1}{3}q^2\right)\delta_{\mu\nu},$$

它不是规范不变的. (另外, 电荷重正化将 $-\dfrac{7}{6}$ 加到对数上.)

人们希望流 (31) 守恒, 即 $q_\mu j_\mu = 0$ 或 $q_\mu J_{\mu\nu} = 0$. 人们也希望, 若 a_ν 是一个梯度或是 $a_\nu = q_\nu$ 再乘上一个常数, 则没有流. 这导致条件 $J_{\mu\nu}q_\nu = 0$. 由于 $J_{\mu\nu}$ 是对称的, 这条件与 $q_\mu J_{\mu\nu} = 0$ 等价. 但是当表达式 (32) 带着这样的收敛因子积分时, 它不满足这个条件. 若把传播子 K 变成不满足 Dirac 方程的另一传播子 K' 时, 则我们会失去规范不变性, 因而也会失去流守恒和理论的普遍自洽性.

可以看到, 最好直接由 (32) 式计算 $J_{\mu\nu}q_\nu$. 把迹中的表达式变成 $\dfrac{1}{\not p + \not q - m} \cdot \not q \dfrac{1}{\not p - m}\gamma_\mu$, 进而可以把它写成二项之差: $\dfrac{1}{\not p - m}\gamma_\mu - \dfrac{1}{\not p + \not q - m}\gamma_\mu$. 若没有收敛因子而对 d^4p 积分, 则这两项会给出同一结果, 这是因为可以移动 p 的原点 (即 $p' = p + q$) 而把头一项变成第二项. 然而, 这不会导致它们在 (32) 式中相消, 因为代换时, 收敛因子也随之改变.

Bethe 和 Pauli 已经找到了不破坏规范不变性而使 (32) 式收敛的方法. 光的收敛因子可以看做是各种质量 (某些的贡献是负的) 的量子效应叠加的结果. 同样, 若我们取因子

$$C(p^2 - m^2) = -\frac{\lambda^2}{p^2 - m^2 - \lambda^2}$$

于是

$$(p^2 - m^2)^{-1}C(p^2 - m^2) = \frac{1}{p^2 - m^2} - \frac{1}{p^2 - m^2 - \lambda^2}$$

这相当于取电子质量为 m 和质量为 $(\lambda^2 + m^2)^{1/2}$ 的结果之差. 但是, 我们对它们与光子的相互作用之间的每个传播子已经取了这个差. 代替这种看法, 他们提出, 一旦电子以一定质量产生之后, 应当以这个质量继续传播, 通过所有势相互作用, 直到闭合了它的圈. 即, 若用 $J_{\mu\nu}(m^2)$ 表示对某个一定的 p 区域积分 (32) 所得的量, 而用 $J_{\mu\nu}(m^2 + \lambda^2)$ 代表相应的对同一 p 区域积分, 但用 $(m^2 + \lambda^2)^{1/2}$ 代替 m 所得之量, 则我们应计算

$$J^p_{\mu\nu} = \int_0^\infty [J_{\nu\mu}(m^2) - J_{\nu\mu}(m^2 + \lambda^2)]G(\lambda)\mathrm{d}\lambda \tag{32$'$}$$

其中函数 $G(\lambda)$ 满足 $\int_0^\infty G(\lambda)\mathrm{d}\lambda = 1$ 及 $\int_0^\infty G(\lambda)\lambda^2\mathrm{d}\lambda = 0$, 于是在 $J^p_{\mu\nu}$ 的表达式中, p 的积分区域可以延伸至无限, 因为现在这个积分收敛, 应用这个方法, 积分的结果是下式乘以 $G(\lambda)$ 再对 $\mathrm{d}\lambda$ 的积分 (参看附注 C):

$$J^p_{\mu\nu} = -\frac{e^2}{\pi}(q_\mu q_\nu - \delta_{\mu\nu}q^2)\left(-\frac{1}{3}\ln\frac{\lambda^2}{m^2} - \left[\frac{4m^2 + 2q^2}{3q^2}\left(1 - \frac{\theta}{\tan\theta}\right) - \frac{1}{9}\right]\right) \tag{33}$$

其中 $q^2 = 4m^2 \sin^2\theta$.

因为 $q_\mu(q_\mu q_\nu - q^2\delta_{\mu\nu}) = 0$, 所以规范不变性是显然的. 它作用 (正像它经常要作用的那样) 于无散度势 $(q_\mu q_\nu - \delta_{\mu\nu}q^2)a_\nu$ 便得 $-q^2 a_\mu$ (势的 d′Alembertian), 即, 流产生势. 因此, $-\dfrac{1}{3}\left(\ln\dfrac{\lambda^2}{m^2}\right)(q_\mu q_\nu - q^2\delta_{\mu\nu})$ 这项给出了一个流, 它正比于产生势的流. 当电荷有一变化时应有同样的效应, 于是在 e^2 和实验观察到的电荷 $e^2 + \Delta(e^2)$ 之间, 会有差 $\Delta(e^2)$, 这类似于在 m 和观察质量之间的差. 这个电荷与切断点有对数关系 $\dfrac{\Delta(e^2)}{e^2} = -\dfrac{2e^2}{3\pi}\ln\dfrac{\lambda}{m}$. 在电荷重正化之后, 再无对切断敏感的效应了.

在完成这些手续之后, 最后留在 (33) 式中的项包含了通常的真空极化效应[21]. 对自由光量子, 它是零 $(q^2 = 0)$. 对小的 q^2, 它像 $\dfrac{2}{15}q^2$ 那样变化 $\left(\text{将 } -\dfrac{1}{5}\right.$ 加到 Lamb 效应的对数项里 $\left.\right)$. 对于 $q^2 > (2m)^2$, 它是复的, 虚部表示由下述事实所要求的振幅的衰减: 能产生粒子对的势不产生量子的概率 $((q^2)^{1/2} > 2m)$ 随时间减少, [为了作必要的解析延拓, 想象 m 有一小的负虚部, 于是, 当 q^2 从小于 $4m^2$ 变到大于 $4m^2$ 时, $\left(1 - \dfrac{q^2}{4m^2}\right)^{1/2}$ 变成 $-\mathrm{i}\left(\dfrac{q^2}{4m^2} - 1\right)^{1/2}$. $\theta = \dfrac{\pi}{2} + \mathrm{i}u$, 其中

$$\sinh u = \left(\frac{q^2}{4m^2} - 1\right)^{1/2}$$

以及

$$-\mathrm{ctg}\,\theta = \mathrm{i}\tanh u = \mathrm{i}\left(1 - \frac{4m^2}{q^2}\right)^{1/2}$$

包括的量子 (或势相互作用) 的数目大于 2 的闭合圈不会带来麻烦, 任何有奇数个相互作用的圈的贡献是零 (文章 1 中文献 9). 已清楚了解到, 甚至没有收敛因子时, 四次或更多次势相互作用的积分收敛. 这种情况类似于自能的情况. 一旦单闭合圈的简单问题解决以后, 对更复杂的过程, 没有进一步的发散困难[22].

8. 纵波

在通常形式的量子电动力学中, 纵波和横波是分别处理的, 另外把 $\dfrac{\partial A_\mu}{\partial x_\mu}\psi = 0$ 作为补充条件. 在目前这种形式中, 我们处理方程 $-\Box^2 A_\mu = 4\pi j_\mu$ 的解时, 这

[21] E. A. Uehling, *Phys. Rev.*, **48**, 55 (1935). R. Serber, *Phys. Rev.* **48**, 49 (1935).

[22] 有完全无外相互作用的圈, 例如, 一正负电子对与光子同时虚产生, 接着又湮没, 并吸收这个光子. 这样的圈不予考虑. 理由是, 它不与任何事物相互作用, 因此完全不可观察. 它们通过不相容原理可能造成的任何间接效应都已经包括进去了.

样的特殊条件就不必要了, 因为其中 j_μ 是守恒的 $\dfrac{\partial j_\mu}{\partial x_\mu}=0$. 这意味着至少 $\square^2\left(\dfrac{\partial A_\mu}{\partial x_\mu}\right)=0$, 事实上, 我们的解也满足 $\dfrac{\partial A_\mu}{\partial x_\mu}=0$.

为了证明这点, 我们考虑 (实或虚) 发射光子的振幅, 并证明此振幅的散度为零. 发射在 μ 方向上极化的光子的振幅包含 γ_μ 的矩阵元, 因此, 我们必须证明的是, 对应的 $q_\mu\gamma_\mu=\not{q}$ 的矩阵元等于零. 例如对于一级效应, 我们应求 $\not{q}$ 在态 p_1 和态 $p_2=p_1+q$ 之间的矩阵元. 但是, 因为 $\not{q}=\not{p}_2-\not{p}_1$ 以及 $\bar{u}_2\not{p}_1u_1=m\bar{u}_2u_1=\bar{u}_2\not{p}_2u_1$, 这矩阵元等于零. 这正是在此情况下所要证明的. 在更复杂的情况下, 它也等于零 (实质上是由于下面的关系式 (34) 式) (例如, 对于 Compton 效应, 可以在矩阵 (15) 中试设 $e_2=q_2$).

为了普遍地证明这点, 设 $\not{a}_i(i=1$ 到 $N)$ 是平面波扰动势的集合, 它们带有动量 q_i (例如, 可以发射或吸收相同或不同的量子), 考虑由动量 p_0 的态跃迁到动量 p_N 态的矩阵, 诸如 $\not{a}_N\prod\limits_{i=1}^{N-1}(\not{p}_i-m)\not{a}_i$, 其中 $p_i=p_{i-1}+q$ (在此乘积中 i 大的项写在左边). 最一般的矩阵元就是它们的线性组合. 下面, 考虑在下列情况下态 p_0 和 p_N+q 之间的矩阵元: 其中不仅有 a_i 作用, 而且还有另一个势 $a\exp(-\mathrm{i}q\cdot x)$ 作用, 这里 $a=q$. 此势可以比所有的 $\not{a}_i$ 先作用, 在这种情况下给出 $\not{a}_N\Pi(\not{p}_i+\not{q}-m)^{-1}\not{a}_i(\not{p}_0+\not{q}-m)^{-1}\not{q}$, 它等价于 $(\not{a}_N\Pi\not{p}_i+\not{q}-m)^{-1}\not{a}_i$, 这是因为当作用于初态时, $\not{p}_0$ 等价于 m, 所以 $(\not{p}_0+\not{q}-m)^{-1}\not{q}$ 等价于 $(\not{p}_0+\not{q}-m)^{-1}(\not{p}_0+\not{q}-m)$. 同样, 若它在所有势之后作用, 则给出

$$\not{q}(\not{p}_N-m)^{-1}\not{a}_N\Pi(\not{p}_i-m)^{-1}\not{a}_i$$

因为 $\not{p}_N+\not{q}-m$ 作用于末态得零, 所以前式等价于 $-\not{a}_N\Pi(\not{p}_i-m)^{-1}\not{a}_i$. 或者, 对于每一个 k, 它还可以在势 a_k 和 a_{k+1} 之间作用. 这给出

$$\sum_{k=1}^{N-1}\not{a}_N\prod_{i=k+1}^{N-1}(\not{p}_i+\not{q}-m)^{-1}\not{a}_i(\not{p}_k+\not{q}-m)\not{q}(\not{p}_k-m)^{-1}\not{a}_k\times\prod_{j=1}^{k-1}(\not{p}_i-m)^{-1}\not{a}_j$$

然而,

$$(\not{p}_k+\not{q}-m)^{-1}\not{q}(\not{p}_k-m)^{-1}=(\not{p}_k-m)^{-1}-(\not{p}_k+\not{q}-m)^{-1}\tag{34}$$

所以上面求和可以分成两个求和式之差, 其中头一个可通过代换 $k\to k-1$ 变到另一个, 因此, 只剩下求和区域两头的项

$$\not{a}_N\sum_{i=1}^{N-1}\frac{1}{\not{p}_i-m}\not{a}_i-\not{a}_N\prod_{i=1}^{N-1}\frac{1}{\not{p}_i+\not{q}-m}\not{a}_i$$

它们抵消了原来讨论的两项, 于是净效应是零. 因此, 任何发射的波均满足 $\dfrac{\partial A_\mu}{\partial x_\mu}=0$. 同样, 因为发射和吸收的矩阵元是相似的, 所以, 纵波 $\left(\text{即 } A_\mu=\dfrac{\partial\phi}{\partial x_\mu}\right.$ 或 $a=q$ 的波$\left.\right)$ 不可能被吸收, 它将没有作用. $\left(\text{我们曾提到过, 势 } A_\mu=\dfrac{\partial\phi}{\partial x_\mu}\right.$ 不会影响 Dirac 电子, 因为变换 $\psi'=\exp(-\mathrm{i}\phi)\psi$ 时可以将它去掉. 在坐标表象中应用分部积分也容易看出这一点.$\left.\right)$

这点有一个很实用的推论, 在计算非极化光的跃迁概率时, 人们可以将矩阵平方对所有四个极化方向 (而不只是两个特殊方向) 求和. 这样, 假设对于 e_μ 方向上极化的光的某过程, 其矩阵元是 $e_\mu M_\mu$, 若此光波矢为 q_μ, 则由上面论述知道 $q_\mu M_\mu=0$. 对于在 z 方向上行进的极化光, 一般应计算 $M_x^2+M_y^2$. 但是现在我们可以取和 $M_x^2+M_y^2+M_z^2-M_t^2$, 这是因为对于自由量子 $q_t=q_z$, $q_\mu M_\mu$ 暗示 $M_t=M_z$. 这表明非极化光是一个相对论不变的概念, 并在计算这种光的截面时允许某种简化.

另外, 虚量子通过像 $\gamma_\mu\cdots\gamma_\mu k^{-2}\mathrm{d}^4k$ 这样的项相互作用, 实过程对应虚过程公式中的极点. 当 $k^2=0$ 时, 出现极点. 但是 $\gamma_\mu\cdots\gamma_\mu$ 是对 μ 的所有四个值求和的, 它最初一看好像有四类极化而不是两类. 现在清楚了, 只有垂直于 k 的两类极化才是有效的.

当然也可以像通常那样, 消去纵向虚光子和标量虚光子 (它导致瞬时 Coulomb 势) (虽然这不特别有用). 虚跃迁中一典型项是 $\gamma_\mu\cdots\gamma_\mu k^{-2}\mathrm{d}^4k$, 其中 $\cdots$ 表示某些中间矩阵. 让我们选择 μ 的值为时间 t, k 的矢量部分——$\boldsymbol{K}$ 的方向和两个垂直方向 1, 2. 以后将不改变对于这两个 1, 2 的式子, 因为它们表示横量子. 但我们必须找出 $(\gamma_t\cdots\gamma_t)-(\gamma_K\cdots\gamma_K)$. 现在 $k=k_4\gamma_t-K\gamma_K$, 其中 $K=(\boldsymbol{K}\cdot\boldsymbol{K})^{1/2}$. 上面我们已证明, k 代替 γ_μ 得零[23]. 所以 $K\gamma_K$ 等价于 $k_4\gamma_t$, 并且

$$(\gamma_t\cdots\gamma_t)-(\gamma_K\cdots\gamma_K)=\left(\frac{K^2-k_4^2}{K^2}\right)(\gamma_t\cdots\gamma_t)$$

所以乘以 $k^{-2}\mathrm{d}^4k=\mathrm{d}^4k(k_4^2-K^2)^{-1}$ 的净效应是

$$-(\gamma_t\cdots\gamma_t)\frac{\mathrm{d}^4k}{K^2}$$

[23] 当两个 γ_μ 作用于同一粒子时要稍微细致一些. 定 $\not{x}=k_4\gamma_t+K\gamma_K$ 并考虑 $(\not{k}\cdots\not{x})+(\not{x}\cdots\not{k})$. 确实, 若一个动量为 $-k$ 的势 x 作用的系统, 被另一动量 k 的势干扰时, 这项会出现 (在第二项 $x\cdots k$ 中间因子中, 动量反号没有影响, 因为我们将对所有 k 积分). 于是, 正如上面表明的, 结果是零, 但又因 $(k\cdots x)+(x\cdots k)=k_4^2(\gamma_t\cdots\gamma_t)-K^2(\gamma_K\cdots\gamma_K)$, 我们可得出结论 $(\gamma_K\cdots\gamma_K)=\dfrac{k_4^2}{K^2}(\gamma_t\cdots\gamma_t)$.

γ_t 恰恰意味着标量波, 即由电荷密度所产生的势. $\dfrac{1}{K^2}$ 不包含 k_4 这一事实意味着, 可以首先积分 k_4, 导致一瞬时相互作用, 而 $\dfrac{\mathrm{d}^3K}{K^2}$ 恰是 Coulomb 势 $\dfrac{1}{r}$ 的动量表象表达式.

9. Klein-Gordon 方程

这些方法容易推广到满足 Klein-Gordon 方程的零自旋粒子[24]

$$\Box^2\psi - m^2\psi = \mathrm{i}\frac{\partial(A_\mu\psi)}{\partial x_\mu} + \mathrm{i}A_\mu\frac{\partial\psi}{\partial x_\mu} - A_\mu A_\mu\psi \tag{35}$$

重要的传播子现在是 $I_+(2,1)$, 它是在文章 I 中 (32) 式所定义的. 对自由粒子, 波函数 $\psi(2)$ 满足 $\Box^2\psi - m^2\psi = 0$. 在时空区域内的点 2, 波函数是

$$\psi(2) = \int\left[\psi(1)\frac{\partial I_+(2,1)}{\partial x_{1\mu}} - \frac{\partial\psi}{\partial x_{1\mu}}I_+(2,1)\right]N_\mu(1)\mathrm{d}^3V_1$$

(使用通常证明 Green 定理的方法即可证明) 积分遍及整个区域的三维边界面 (其法向矢量为 N_μ). ψ 的正频分量只来自 (相对于点 2 来说是) 时间超前的表面, 而负频分量只来自将来的表面. 可以直接与 Dirac 情况相比较, 将它们解释为电子和正电子*.

可以把 (35) 的右边看成是新的波源, 再写出一系列项以表示高阶过程的矩阵元. 这里只有一点是新的, 通过 $A_\mu A_\mu$ 的项, 两个量子可以同时作用. 例如, 设三个量子或势 $a_\mu\exp(-\mathrm{i}q_a\cdot x), b_\mu\exp(-\mathrm{i}q_b\cdot x)$ 和 $c_\mu\exp(-\mathrm{i}q_c\cdot x)$ 依次作用于动量为 $p_{0\mu}$ 的粒子上, 于是 $p_a = p_0 + q_a, p_b = p_a + q_b$, 最后的动量是 $p_c = p_b + q_c$.

---

[24] 这节所讨论的方程是从文献 5 第 14 节 Klein-Gordon 方程的公式体系推导出来的. 本节中的函数 ψ 只有一个分量, 它不是旋量. 另一种使方程对零自旋和 1 自旋都成立的形式方法是应用满足对易关系

$$\beta_\mu\beta_\nu\beta_\sigma + \beta_\sigma\beta_\nu\beta_\mu = \delta_{\mu\nu}\beta_\sigma + \delta_{\sigma\nu}\beta_\mu$$

的 Kemmer-Duffin 矩阵 β_μ. 若对任何 a_μ, 我们把 $\not{a}$ 看成是 $a_\mu\beta_\mu$ 而不是 $a_\mu\gamma_\mu$, 则所有动量空间的公式将与自旋 1/2 的公式在形式上保持一样; 其中例外的是因为 $\not{p}^2$ 不再等于数 $p\cdot p$, 分母 $\dfrac{1}{\not{p}-m}$ 应化为 $\dfrac{\not{p}+m}{\not{p}^2-m^2}$. 但是 $\not{p}^3$ 等于 $(p\cdot p)\not{p}$, 所以 $\dfrac{1}{\not{p}-m}$ 可以解释为 $(m\not{p}+m^2+\not{p}^2-p\cdot p)(p\cdot p-m^2)^{-1}m^{-1}$, 这意味着函数 $K_+(2,1)$ 在坐标空间中满足的方程是 $K_+(2,1) = [(\mathrm{i}\nabla_2+m) - m^{-1}(\nabla_2^2+\Box_2^2)]\mathrm{i}I_+(2,1)$, 其中 $\nabla_i = \beta_\mu\dfrac{\partial}{\partial x_{2\mu}}$. 这完全是由于多分量波函数 ψ (对零自旋是 5 分量, 对 1 自旋是 10 分量) 满足 $(\mathrm{i}\nabla - m)\psi = A\psi$, 它在形式上与 Dirac 方程相同. 参看 W. Pauli, *Rev. Mod. Phys.*, **13**, 203 (1940).

* 本节中所说电子及正电子, 均是指标量带电粒子及其反粒子. —— 译者注

矩阵元是三项之和 ($p^2 = p_\mu p_\mu$) (如图 7 所示)

$$
\begin{aligned}
&(p_c \cdot c + p_b \cdot c)(p_b^2 - m^2)^{-1}(p_b \cdot b + p_a \cdot b)(p_b^2 - m^2)^{-1}(p_a \cdot a + p_0 \cdot a) \\
&-(p_c \cdot c + p_b \cdot c)(p_b^2 - m^2)^{-1}(b \cdot a) - (c \cdot b)(p_a^2 - m^2)^{-1}(p_a \cdot a + p_0 \cdot a)
\end{aligned} \tag{36}
$$

当每个势通过微扰 $\mathrm{i}\dfrac{\partial(A_\mu\psi)}{\partial x_\mu} + \mathrm{i}A_\mu\dfrac{\partial\psi}{\partial x_\mu}$ 作用时, 得到上式第一项. 在动量空间中, 这些梯度算符分别意味着在势 A_μ 之前或之后作用的动量. 上式第二项来自 b_μ 和 a_μ 在同一时刻的作用, 来源于 (a) 中 $A_\mu A_\mu$ 项. b_μ 和 a_μ 一起携带动量 $q_{b\mu} + q_{a\mu}$, 这样在 $b \cdot a$ 作用后, 动量是 $p_0 + q_a + q_b$ 即 p_b. 最后一项来自于以类似方式一起作用的 c_μ 和 b_μ. 于是项 $A_\mu A_\mu$ 允许新的一类过程, 在这种过程中可以同时发射两个量子 (或同时吸收两个量子, 或同时发射一个, 吸收一个). 对于我们假设的次序 a、b、c, 没有 $a \cdot c$ 的项. 在实际问题中, 还会有另外一些项, 它们像 (36), 但却交换了 a、b、c 的作用次序. 在这些项中, $a \cdot c$ 项会出现.

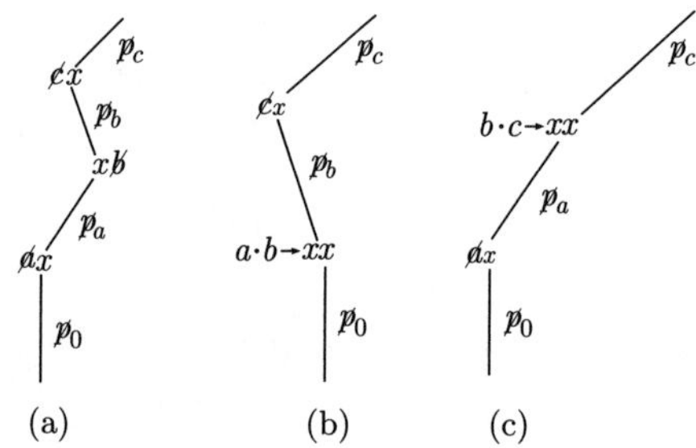

图 7 三个势中的 Klein-Gordon 粒子, (36) 式. 现在与电磁场的耦合是 (例如) $p_0 \cdot a + p_a \cdot a$, 并出现了同时有两个量子的 $a \cdot b$ 相互作用的新的可能性 (b). 现在动量为 p_μ 的粒子的传播子是 $(p \cdot p - m^2)^{-1}$

作为下一个例子, 动量为 p_μ 的粒子自能为

$$
\frac{e^2}{2\pi \mathrm{i} m}\int[(2p-k)_\mu((p-k)^2-m^2)^{-1}(2p-k)_\mu - \delta_{\mu\nu}] \times \mathrm{d}^4 k k^{-2} C(k^2)
$$

其中 $\delta_{\mu\nu} = 4$ 来自 $A_\mu A_\mu$ 项, 它表示同时发射和吸收同一个虚量子的可能性. 若没有 $C(k^2)$, 这个积分二次发散, 若

$$
C(k^2) = -\frac{\lambda^2}{k^2 - \lambda^2}
$$

这积分也不会收敛. 因为相互作用是通过势的梯度进行的, 所以我们必须使用更强的收敛因子, 例如

$$
C(k^2) = \frac{\lambda^4}{(k^2 - \lambda^2)^2}
$$

或一般地, 用 (17) 式及 $\int_0^\infty \lambda^2 G(\lambda)\mathrm{d}\lambda = 0$. 在这种情况下, 自能收敛, 但是依赖于切断点值 λ 的平方, 并且, 不一定比 m 小. 在质量重正化之后, 散射的辐射修正对切断点不敏感, 就像 Dirac 方程一样.

当有几个粒子时, 可以通过下述规则得到 Bose 统计, 即, 若两个过程会导致同一个态, 但其中两个电子交换, 则它们的振幅相加 (而不是 Fermi 统计时的相减). 在这种情况下, 可应用与附录 I 中 Dirac 电子非常相似的方式来论证它与 Pauli 和 Weisskopf 的二次量子化处理等价. Bose 统计意味着闭合圈对真空极化贡献的符号与 Fermi 情况的相反 (参看 I), 它是 $(p_b = p_a + q)$

$$J_{\mu\nu} = \frac{e^2}{2\pi \mathrm{i} m}\int \left[(p_{b\mu} + p_{a\mu})(p_{b\nu} + p_{a\nu})\frac{1}{p_a^2 - m^2}\frac{1}{p_b^2 - m^2} - \frac{\delta_{\mu\nu}}{p_a^2 - m^2} - \frac{\delta_{\mu\nu}}{p_b^2 - m^2}\right]\mathrm{d}^4 p_a$$

得

$$J_{\mu\nu}^p = \frac{e^2}{\pi}(q_\mu q_\nu - \delta_{\mu\nu}q^2)\left[\frac{1}{6}\ln\frac{\lambda^2}{m^2} + \frac{1}{9} - \frac{4m^2 - q^2}{3q^2}\left(1 - \frac{\theta}{\tan\theta}\right)\right]$$

此式的符号与 (33) 式的相同. $(q^2)^{1/2} > 2m$ 时, 虚部再次为正, 表示发现末态是真空的概率减少, 这与粒子对产生的可能性有关. Fermi 统计应给出概率增益 (正如所料, 电荷重正化也与 Fermi 情形反号).

10. 应用于介子理论

为了描述介子及核子的相互作用所发展起来的理论, 容易用这里所使用的语言来描述. 对于各种理论, 很容易近似计算到相互作用的最低一级. 但是没有得到与实验符合的结果, 大概我们现有的公式体系定量上都是不满意的. 因此, 只要能简短地综述可用的方法我们也就满足了.

通常假定核子服从 Dirac 方程, 于是动量为 p 的核子的传播子是 $\dfrac{1}{\not p - M}$, 其中 M 是核子的质量 (这意味着, 核子可以成对产生). 然后再假设核子与介子相互作用, 各种不同的理论, 对于相互作用形式的假设也不相同.

首先我们考虑中性介子的情况, 与电动力学最接近的是矢量耦合的矢量介子理论. 这里, 发射或吸收 μ 方向极化介子的因子是 $g\gamma_\mu$. (“介子荷”) 因子 g 代替了电荷 e. 动量为 q 的中间态介子的传播子是 $(q^2 - \mu^2)^{-1}$ (而不是光子的 q^{-2}), 其中 μ 是介子质量. 像在电动力学中那样, 也是用收敛因子 $C(q^2 - \mu^2)$ 来使得必要的积分收敛. 对于具有标量耦合的标量介子, 只要在发射和吸收因子中用 1 代替 γ_μ. 不再有极化方向 μ 以及对极化的求和. 对于赝标介子, 赝标

耦合是用 $\gamma_5 = \mathrm{i}\gamma_x\gamma_y\gamma_z r_t$ 代替 γ_μ. 例如, 在这个理论中, 动量为 p 的核子的自能矩阵是

$$\frac{g^2}{\pi \mathrm{i}}\int \gamma_5(\not{p}-\not{k}-M)^{-1}r_5\mathrm{d}^4k(k^2-\mu^2)^{-1}C(k^2-\mu^2)$$

其他类型的介子理论来源于用其他表达式 (例如用

$$\frac{1}{2}(\gamma_\mu\gamma_\nu-\gamma_\nu\gamma_\mu)$$

再对所有虚介子的 μ 和 ν 求和) 来代替 γ_μ. 用 $\mu^{+}\not{q}$ 代替 γ_μ 则得到标量介子矢量耦合, 其中 q 是核子的末动量减去它的初动量, 即被吸收介子的动量或负的发射介子动量. 众所周知, 正如在电动力学中讨论纵波时所证明的那样, 这个包括中性介子的理论对所有过程给出的均是零. 赝标量介子赝矢耦合相应于用 $\mu^{-1}\gamma_5\not{q}$ 代替 γ_μ, 而矢量介子张量耦合相当于用 $(2\mu)^{-1}(\gamma_\mu\not{q}-\not{q}\gamma_\mu)$ 代替 γ_μ. 这些额外的梯度包含了对实过程产生更高级发散的危险. 例如, $\gamma_5\not{q}$ 导致中子和电子的相互作用对数发散[25]. 尽管这些发散可以用足够强的收敛因子来处理, 结果会使得, 对所使用的收敛方法以及 λ 的切断值很敏感. 对低阶过程, $\mu^{-1}\gamma_5\not{q}$ 与赝标相互作用 $2M\mu^{-1}\gamma_5$ 等价, 因为若矩阵取在动量为 p_1 和 $p_2=p_1+q$ 的自由粒子波函数之间, 则有

$$\begin{aligned}(\bar{u}_2\gamma_5\not{q}u_1) &= (\bar{u}_2\gamma_5(\not{p}_2-\not{p}_1)u_1)\\ &= -(\bar{u}_2\not{p}_2\gamma_5u_1)-(\bar{u}_2\gamma_5\not{p}_1u_1) = -2M(\bar{u}_2\gamma_5u_1)\end{aligned}$$

这里因为 γ_5 与 $\not{p}_2$ 反对易, $\not{p}_2$ 作用在态 2 上等价于乘以 $M, \not{p}_1$ 作用在态 1 上也等价于乘以 M. 这表明, γ_5 相互作用在非相对极限下异常地弱 (例如, γ_5 对自由核子的期待值是零), 但因 $\gamma_5^2=1$ 并不小, 所以赝标理论二级相互作用比其一级效应更重要. 于是, 选择赝标耦合常数与核力拟合时应包括这个重要的二级过程[26]. 对于低级过程, 赝标耦合与赝矢耦合等价, 但当赝标理论给出它最重要效应时, 它不再跟赝矢耦合等价. 因此, 对于主要的实际问题, 这些理论将给出十分不同的结果.

在计算由虚介子效应引起的中性矢量介子场 (γ_μ) 对核子的散射过程的修正时 (这种情况与电动力学中的情况十分相似), 不用切断结果就收敛, 并且结果只与介子势的梯度有关. 对于标量 (1) 或赝标量 (γ_5) 中性介子, 结果对数发散, 因此必须要切断. 然而, 对切断点值敏感的部分直接正比于介子势, 所以可以通过介子荷 g 重正化而将它除掉. 在这种重正化之后, 结果只与介子势的梯度有关, 并实质上与切断点值无关. 这个附加的介子荷重正化来源于

[25] M. Slotnick 和 W. Heitler, *Phys. Rev.*, **75**, 1645 (1949).

[26] H. A. Bethe, *Bull. Am. Phys. Soc.*, **24**, 3, Z 3 (Washington, 1949).

介子产生虚核子对, 类似于电动力学中的真空极化. 但是, 标量介子或赝标介子理论与电动力学的进一步的区别在于这两种介子理论中, 极化在感应流中给出正比于介子势的项, 因此它表示介子质量的又一种重正化, 并且通常以二次方的形式依赖于切断点值. 下面考虑没有电磁场时的带电介子. 我们可以明显地引入同位旋算符.(例如, 用 $\tau_i\gamma_5$ 代替中性的 γ_5 并对 $i=1,2$ 求和, 其中 $\tau_1=\tau_++\tau_-, \tau_2=\mathrm{i}(\tau_+-\tau_-)$. 而 τ_+ 把中子变为质子, 作用于质子得到零, τ_- 把质子变成中子.) 对于实际问题, 下面的作法是比较容易的. 在为帮助写出矩阵元画的图上, 沿着粒子线走, 不管它是质子还是中子. 这就排除了某些过程. 例如, 在一个中子把一个负介子从 q_1 散射到 q_2 过程中, 由于中子不变成质子是不能吸收负介子 q_1 的, 因此中子必须先发射一个负介子 q_2 (这里的先后不是指时间次序, 而是指算符次序). 即, 与 Klein–Nishina 公式 (15) 相比较, 只有与第二项 (参看图 5(b)) 相类似的项会出现在中子对负介子的散射中, 而与第一项 (参看图 5(a)) 相类似的项只会出现在中子散射正介子的过程中.

一给定荷的介子源不守恒, 因为中子能发射负介子 (比如说发射一个) 而变成质子但质子不能再发射负介子. 对于纵电磁波已讨论过, 微扰给出零结果, 但它的证明在这里不成立. 这有一个推论, 若矢量介子相互作用表示为 γ_μ, 那么它不满足势的散度为零的条件. 如要避免发射真实介子的势散度不为零, 可以取发射的相互作用为[27]. $\gamma_\mu-\mu^{-2}q_\mu \not{q}$, 吸收的相互作用为 γ_μ. (在中性情况下修正项 $\mu^{-2}q_\mu \not{q}$ 给出零.) 在发射和吸收中的不对称只是表面的, 很清楚, 这与从原来的 $\gamma_\mu\cdots\gamma_\mu$ 中减去一项 $\mu^{-2}\not{q}\cdots\not{q}$ 是同样的事. 也就是说, 若去掉 $-\mu^{-2}q_\mu\not{q}$ 项, 理论描述的是零自旋介子和 1 自旋介子的组合. 减去 $\mu^{-2}\not{q}\cdots\not{q}$

---

[27] 矢量介子场势 φ_μ 满足: $-\dfrac{\partial}{\partial x_\nu}\left(\dfrac{\partial\varphi_\mu}{\partial x_\nu}-\dfrac{\partial\varphi_\nu}{\partial x_\mu}\right)-\mu^2\varphi_\mu=-4\pi s_\mu$, 其中此介子的源 s_μ 是 γ_μ 在中子和质子之间的矩阵元. 两边取散度 $\dfrac{\partial}{\partial x_\nu}$, 得 $\dfrac{\partial\varphi_\nu}{\partial x_\nu}=4\pi\mu^{-2}\dfrac{\partial s_\nu}{\partial x_\nu}$, 于是可将原方程写为

$$\Box^2\varphi_\mu-\mu^2\varphi_\mu=-4\pi\left(s_\mu+\mu^{-2}\frac{\partial}{\partial x_\mu}\left(\frac{\partial s_\nu}{\partial x_\nu}\right)\right)$$

在动量表象中上式右边给出 $\gamma_\mu-\mu^{-2}q_\mu q_\nu$, 左边导致 $(q^2-\mu^2)^{-1}$, 最后对于吸收, Lagrange 量中相互作用项 $s_\mu\varphi_\mu$ 给出 γ_μ.

按这个方法继续做下去, 发现自旋为 1 的粒子一般可用四矢 u_μ 表示.(动量为 q 的自由粒子满足 $q\cdot u=0$). 动量为 q、由 ν 态到 μ 态的虚粒子的传播子是由 4 乘 4 的矩阵 (张量)$P_{\mu\nu}=(\delta_{\mu\nu}-\mu^{-2}q_\mu q_\nu)(q^2-\mu^2)^{-1}$ 表示. 电磁势为 $a\exp(-\mathrm{i}k\cdot x)$ 的一级相互作用 (由 Proca 方程) 相当于乘以矩阵 $E_{\mu\nu}=(q_2\cdot a+q_1\cdot a)\delta_{\mu\nu}-q_{2\nu}a_\mu-q_{1\mu}a_\nu$, 其中 q_1 和 $q_2=q_1+k$ 是相互作用前、后的动量. 最后, 两个势 a,b 可能同时起作用, 其相应矩阵是

$$E'_{\mu\nu}=-(a\cdot b)\delta_{\mu\nu}+a_\mu b_\nu$$

项就去掉了以矢量 $\not{q}$ 耦合的零自旋介子.

两个额外的梯度 $\not{q}\cdots\not{q}$ 使积分发散得更为严重. (例如, 若直接计算, 两个质子间相应于交换两个带电矢量介子的相互作用, 以二次方形式依赖于切断点值.) 人们倾向于在这个公式体系中只选择 $\gamma_\mu\cdots\gamma_\mu$ 并接受零自旋介子的混合. 但是, 看来这要在习惯的公式中导致零自旋部分有负能. 这显示了介子场的二次量子化方法比现在的公式体系优越的地方之一. 在二次量子化方法中符号的这种错误是很明显的, 而这里我们似乎可以写出表面上没问题的表达式, 它却给出不合理的结果. 赝矢介子赝矢耦合相应于对吸收带电和中性介子, 都用 $\gamma_5(\gamma_\mu - \mu^{-2}q_\mu\not{q})$, 对发射带电和中性介子则用 $\gamma_5\gamma_\mu$.

存在电磁场的情况, 每当核子是质子时, 它与场相互作用的方式就是电子所描述的方式. 标量或赝标介子的相互作用则与服从 Klein-Gordon 方程的粒子一样. 在这里, 重要的是要应用 Bethe 和 Pauli 的计算方法, 也就是说, 假设在虚介子与电磁场的整个相互作用中, 虚介子有同样的 "质量". 将对应于质量为 μ 和 $(\mu^2+\lambda^2)^{1/2}$ 的结果相减, 其差再对函数 $G(\lambda)\mathrm{d}\lambda$ 积分. 对于在电磁相互作用之间的每个介子传播子, 不分别提供收敛因子, 否则, 规范不变性就没有保证. 当耦合包含如 $\gamma_5\not{q}$ 这样的梯度时 (其中 q 是粒子末态动量与其初态动量之差), 必须从质子动量中减去矢势 A. 即, 另有一个耦合 $\pm\gamma_5\not{A}$ (其中当由质子跑到中子时取正号, 对于相反的情况取负号) 表示新的同时发射 (或吸收) 介子和光子的可能性.

用同一项表示发射正的虚介子或吸收负的虚介子. 其电荷符号就像电子和正电子的情况一样由瞬时关系决定.

用这种方法容易计算各种理论到 g^2 的最低阶: 核子间的相互作用、核子对介子的散射, 介子由核碰撞产生或由 γ 射线产生, 核磁矩, 中子电子散射, 等等. 但是, 没有得到与实验测量 (当它们是可用的时候) 良好符合的结果. 几乎所有的都不对, 有一种不可靠性来源于这些计算只是近似到 g^2 的头一级, 当 $g^2/\hbar c$ 大时, 这是不对的.

作者特别感谢 H. A. Bethe 教授关于获得真空极化问题的有限而且规范不变结果的方法的解释. 也感谢 Bethe 教授对手稿的批评, 以及在这项工作进展的过程中所进行的无数次讨论. 作者也感谢 J. Ashkin 教授细致地阅读手稿.

附注

在这个附录中, 我们将演示直接计算电动力学问题中较为简单的积分的方法. 来自更复杂过程的积分导致相当复杂的函数, 但运用这里给出的方法可能便于研究一个积分与另一个积分的关系, 以及它们用较简单的积分来表达的式子.

作为一个典型的问题, 让我们考虑在一级无辐射散射问题中出现的积分 (12)

$$\int \gamma_\mu(\not{p}_2 - \not{k} - m)^{-1}\not{a}(\not{p}_1 - \not{k} - m)^{-1}\gamma_\mu k^{-2}\mathrm{d}^4kC(k^2) \tag{1a}$$

其中我们将 $C(k^2)$ 取为典型的 $-\lambda^2(k^2-\lambda^2)^{-1}$ 形式, 而 d^4k 的意思是 $(2\pi)^{-2}\mathrm{d}k_1\mathrm{d}k_2\mathrm{d}k_3\mathrm{d}k_4$. 首先由 $(\not{p}-\not{k}-m)^{-1}=(\not{p}-\not{k}+m)((\not{p}-\not{k})^2-m^2)^{-1}$ 得到

$$\begin{aligned}\int &\gamma_\mu(\not{p}_2 - \not{k} + m)\not{a}(\not{p}_1 - \not{k} + m)\gamma_\mu k^{-2}\mathrm{d}^4kC(k^2)\\ &\times((p_1-k)^2-m^2)^{-1}((p_2-k)^2-m^2)^{-1}\end{aligned} \tag{2a}$$

这个矩阵表达式可以简化. 看来在完成积分之后再这样做最好. 因为 $\not{A}\not{B} = 2A\cdot B - \not{B}\not{A}$, 其中 $A\cdot B = A_\mu B_\mu$ 是一个与所有矩阵均对易的数, 所以发现, 若 R 是任一表达式, $\not{A}$ 是矢量, 则由于 $\gamma_\mu\not{A} = -\not{A}\gamma_\mu + 2A_\mu$, 可得

$$\gamma_\mu\not{A}R\gamma_\mu = -\not{A}\gamma_\mu R\gamma_\mu + 2R\not{A} \tag{3a}$$

因此, 夹在两个 γ_μ 之间的式子可用归纳法化简. 特别有用的是

$$\begin{aligned}&\gamma_\mu\gamma_\mu = 4 \quad \gamma_\mu\not{A}\gamma_\mu = -2\not{A}\\ &\gamma_\mu\not{A}\not{B}\gamma_\mu = 2(\not{A}\not{B}+\not{B}\not{A}) = 4A\cdot B\\ &\gamma_\mu\not{A}\not{B}\not{C}\gamma_\mu = -2\not{C}\not{B}\not{A}\end{aligned} \tag{4a}$$

其中 $\not{A},\not{B},\not{C}$ 是任意三个矢量矩阵 (即 4 个 γ 矩阵的线性组合).

为计算 (2a) 中的积分, 可以将其写为下面三项之和 (因 $\not{k} = \gamma_\sigma k_\sigma$):

$$\begin{aligned}&\gamma_\mu(\not{p}_2+m)\not{a}(\not{p}_1+m)\gamma_\mu J_1 - [\gamma_\mu\gamma_\sigma\not{a}(\not{p}_1+m)\gamma_\mu\\ &+\gamma_\mu(\not{p}_2+m)\not{a}\gamma_\sigma\gamma_\mu]J_2 + \gamma_\mu\gamma_\sigma\not{a}\gamma_\tau\gamma_\mu J_3\end{aligned} \tag{5a}$$

其中

$$\begin{aligned}J_{(1,2,3)} = \int &(1;k_\sigma;k_\sigma k_\tau)k^{-2}\mathrm{d}^4kC(k^2)((p_2-k)^2-m^2)^{-1}\\ &\cdot((p_1-k)^2-m^2)^{-1}\end{aligned} \tag{6a}$$

这里, $(1;k_\sigma;k_\sigma k_\tau)$ 中对应 J_1 的是 1, 对应 J_2 的是 k_σ, 对应 J_3 的是 $k_\sigma k_\tau$.

更复杂的一级过程包括更多的像 $((p_3-k)^2-m^2)^{-1}$ 那样的因子, 以及与此相应的更多的 k, 后者可以 $k_\sigma k_\tau k_\nu\cdots$ 形式出现在分子中. 含两个或更多虚量子的高级过程包括类似的积分, 但其因子可能含有 $k+k'$ 而不只是 k, 并且积分对 $k^{-2}\mathrm{d}^4kC(k^2)k'^{-2}\mathrm{d}^4k'C(k'^2)$ 进行. 可以用类似于一级积分用过的方法来简化它们.

因子 $(p-k)^2-m^2$ 可以写为

$$(p-k)^2-m^2=k^2-2p\cdot k-\Delta \tag{7a}$$

其中 $\Delta=m^2-p^2, \Delta_1=m_1^2-p_1^2$ 等, 我们可以考虑处理更一般的情况, 其中不同的分母不需要有相同的质量值 m. 在我们的特殊问题 (6a) 中, $p_1^2=m^2$, 于是 $\Delta_1=0$, 但我们将考虑更一般性的问题.

现在, 对因子 $C(k^2)/k^2$, 我们将用 $-\lambda^2(k^2-\lambda^2)^{-1}k^{-2}$. 可以把它写为

$$-\frac{\lambda^2}{(k^2-\lambda^2)k^2}=k^{-2}C(k^2)=-\int_0^{\lambda^2}\mathrm{d}L(k^2-L)^{-2} \tag{8a}$$

因此, 我们可以用 $(k^2-L)^{-2}$ 来代替 $k^{-2}C(k^2)$, 最后再将结果对 L 从零到 λ^2 积分. 对于许多实际问题, 我们可以认为 λ^2 比 m^2 或 p^2 大得多. 当原积分甚至没有收敛因子也收敛时, 这点是显然成立的, 因为 L 积分到无穷大时积分将收敛. 若在积分中存在红外灾难, 则人们可以直接假设量子有一小质量 $\lambda_{\min}$, 对 L 的积分从 $\lambda_{\min}^2$ 积到 λ^2, 而不是从零到 λ^2.

于是我们必须计算下述形式的积分:

$$\int(1;k_\sigma;k_\sigma k_\tau)\mathrm{d}^4k(k^2-L)^{-2}(k^2-2p_1\cdot k-\Delta_1)^{-1}(k^2-2p_2\cdot k-\Delta_2)^{-1} \tag{9a}$$

其中 $(1;k_\sigma;k_\sigma k_\tau)$ 表示在不同情况下, 这个符号的位置可以分别是 $1, k_\sigma$ 或 $k_\sigma k_\tau$. 在更复杂的问题中, 可能有更多的因子 $(k^2-2p_i\cdot k-\Delta_i)^{-1}$ 或这些因子的其他幂次 (可以认为 $(k^2-L)^{-2}$ 是这个因子中的 $p_i=0, \Delta_i=L$ 的特殊情况), 进一步在分子中可有像 $k_\tau k_\rho\cdots$ 的因子. 在所有这些因子中的极点通过下述假定而确定, 即假定 L 和 Δ 都有无限小负虚部.

我们将用归纳法做这些逐次复杂的积分. 从最简单的收敛积分开始, 证明

$$\int\mathrm{d}^4k(k^2-L)^{-3}=(8\mathrm{i}L)^{-1} \tag{10a}$$

因为这个积分是 $\int(2\pi)^{-2}\mathrm{d}k_4\mathrm{d}^3\boldsymbol{K}(k_4^2-\boldsymbol{K}\cdot\boldsymbol{K}-L)^{-3}$, 其中大小为 $K=(\boldsymbol{K}\cdot\boldsymbol{K})^{1/2}$ 的矢量 $\boldsymbol{K}$ 的分量是 k_1, k_2, k_3. 对 k_4 的积分在 $k_4=(K^2+L)^{1/2}$ 和 $k_4=-(K^2+L)^{1/2}$ 处有两个三级极点. 按照我们的定义, 想象 L 有一小的负虚部, 故只有第一个极点在实轴之下. 在实轴下面的无限大半圆闭合围道, 因为半圆的贡献在极限下为零, 所以这样做并没有改变积分的值. 这样围道可以收缩到包围着极点 $k_4=(K^2+L)^{1/2}$, k_4 积分结果是 $-2\pi\mathrm{i}$ 乘以这个极点的留数. 写出 $k_4=(K^2+L)^{1/2}+\epsilon$, 按 ϵ 的幂展开 $(k_4^2-K^2-L)^{-3}=\epsilon^{-3}(\epsilon+2(K^2+L)^{1/2})^{-3}$,

留数是 ϵ^{-1} 的系数, 看得出它是 $6(2(K^2+L)^{1/2})^{-5}$, 所以我们的积分是

$$-\frac{3\mathrm{i}}{32\pi}\int_0^\infty 4\pi K^2\mathrm{d}K(K^2+L)^{-\frac{5}{2}}=\frac{3}{8\mathrm{i}}\frac{1}{3L}$$

(10a) 式得证.

由 k 空间的对称性, 我们还有 $\int k_\sigma \mathrm{d}^4k(k^2-L)^{-3}=0$. 把这些结果写为

$$8\mathrm{i}\int(1;k_\sigma)\mathrm{d}^4k(k^2-L)^{-3}=(1;0)L^{-1} \tag{11a}$$

其中括号 $(1;k_\sigma)$ 和 $(1;0)$ 对应着使用.

以 $k=k'-p$ 代入 (11a), 并令 $L-p^2=\Delta$ 可证明

$$(8\mathrm{i})\int(1;k_\sigma)\mathrm{d}^4k(k^2-2p\cdot k-\Delta)^{-3}=(1,p_\sigma)(p^2+\Delta)^{-1} \tag{12a}$$

将 (12a) 式两边对 Δ 微商或对 p_τ 微商, 直接得

$$\begin{aligned}&(24\mathrm{i})\int(1;k_\sigma;k_\sigma k_\tau)\mathrm{d}^4k(k^2-2p\cdot k-\Delta)^{-4}\\&=-\left(1;p_\sigma;p_\sigma p_\tau-\frac{1}{2}\delta_{\sigma\tau}(p^2+\Delta)\right)(p^2+\Delta)^{-2}\end{aligned} \tag{13a}$$

进一步微商直接给出一系列在分子中包括更多 k 因子, 在分母中包括 $(k^2-2p\cdot k-\Delta)$ 的更高次幂的积分.

至此, 积分只包含一个分母因子. 为了得到两个因子的结果, 我们使用恒等式

$$a^{-1}b^{-1}=\int_0^1\mathrm{d}x(ax+b(1-x))^{-2} \tag{14a}$$

(这是 Schwinger 在某些包括 Gauss 积分的工作中建议的), 它将两个倒数的乘积表示为积分区域长度为 1 的参数积分, 因此将允许把两个因子的积分用一个因子来表示. 对于 a,b 的其他次幂, 我们可以使用下面类似的恒等式, 诸如

$$a^{-2}b^{-1}=\int_0^1 2x\mathrm{d}x(ax+b(1-x))^{-3} \tag{15a}$$

它们是由 (14a) 式通过相继对 a 或 b 微商来得到的.

为完成下面类型的积分

$$(8\mathrm{i})\int(1;k_\sigma)\mathrm{d}^4k(k^2-2p_1\cdot k-\Delta_1)^{-2}(k^2-2p_2\cdot k-\Delta_2)^{-1} \tag{16a}$$

我们应用 (15a) 式写下

$$(k^2-2p_1\cdot k-\Delta_1)^{-2}(k^2-2p_2\cdot k-\Delta_2)^{-1}$$

$$= \int_0^1 2x\mathrm{d}x(k^2 - 2p_x \cdot k - \Delta_x)^{-3} \tag{17a}$$

其中

$$p_x = xp_1 + (1-x)p_2 \quad \Delta_x = x\Delta_1 + (1-x)\Delta_2$$

(注意 Δ_x 不等于 $m^2 - p_x^2$), 所以 (16a) 式是

$$(8\mathrm{i})\int_0^1 2x\mathrm{d}x \int (1; k_\sigma)\mathrm{d}^4k(k^2 - 2p_x \cdot k - \Delta_x)^{-3}$$

现在可以用 (12a) 式来计算, 得

$$(16\mathrm{a}) = \int_0^1 (1; p_{x\sigma})2x\mathrm{d}x(p_x^2 + \Delta_x)^{-1} \tag{18a}$$

其中 p_x, Δ_x 在 (17a) 式中给出. (18a) 式的积分是基本积分, 是多项式比的积分, 分母是 x 的二级. 尽管容易得到它的一般表达式, 但它是相当复杂的根式与对数的组合.

再用参数微商可以得到其他积分. 例如, 将 (16a) 或 (18a) 对 Δ_2 或 $p_{2\tau}$ 微商给出

$$(8\mathrm{i})\int (1; k_\sigma; k_\sigma k_\tau)\mathrm{d}^4k(k^2 - 2p_1 \cdot k - \Delta_1)^{-2}(k^2 - 2p_2 \cdot k - \Delta_2)^{-2}$$

$$= -\int_0^1 \left(1; p_{x\sigma}; p_{x\sigma}p_{x\tau} - \frac{1}{2}\delta_{\sigma\tau}(p_x^2 + \Delta_x)\right) \times 2x(1-x)\mathrm{d}x(p_x^2 + \Delta_x)^{-2} \tag{19a}$$

我们又得到了一个基本积分.

作为一个例子, 考虑第二个因子恰是 $(k^2 - L)^{-2}$, 而第一个因子中, 令 $p_1 = p, \Delta_1 = \Delta$ 的情况. 然后取 $p_x = xp, \Delta_x = x\Delta + (1-x)L$. 结果是

$$8\mathrm{i}\int (1; k_\sigma; k_\sigma k_\tau)\mathrm{d}^4k(k^2 - L)^{-2}(k^2 - 2p \cdot k - \Delta)^{-2}$$

$$= -\int_0^1 \left(1; xp_\sigma; x^2p_\sigma p_\tau - \frac{1}{2}\delta_{\sigma\tau}(x^2p^2 + \Delta_x)\right)$$

$$\cdot 2x(1-x)\mathrm{d}x(x^2p^2 + \Delta_x)^{-2} \tag{20a}$$

有三个因子的积分也可以再用 (14a) 式约化为包含两个因子的积分. 因此, 它们导致有两个参数的积分 (参看下面对散射的辐射修正的应用).

当用于较低级过程时, 本文给出的计算方法暂时是简单的. 但对于级次不断增加的高级过程, 困难和复杂性都迅速增加, 并且用目前形式的这些方法很快变得不适用.

a. 自能

自能积分 (19) 是

$$\frac{e^2}{\pi \mathrm{i}}\int \gamma_\mu(\not p-\not k-m)^{-1}\gamma_\mu k^{-2}\mathrm{d}^4kC(k^2) \tag{19}$$

所以它要求我们找到 (用 (8a) 式的原理)L 从 0 到 x^2 的积分

$$\int \gamma_\mu(\not p-\not k+m)\gamma_\mu \mathrm{d}^4k(k^2-L)^{-2}(k^2-2p\cdot k)^{-1}$$

因为当 $p^2=m^2$ 时, $(p-k)^2-m^2=k^2-2p\cdot k$. 这就是 $\Delta_1=L,p_1=0,\Delta_2=0,p_2=p$ 时的 (16a) 式, 所以 (18a) 给出 (因 $p_x=(1-x)p,\Delta_x=xL$)

$$\begin{aligned}&(8\mathrm{i})\int(1;k_\sigma)\mathrm{d}^4k(k^2-L)^{-2}(k^2-2p\cdot k)^{-1}\\&=\int_0^1(1;(1-x)p_\sigma)2x\mathrm{d}x((1-x)^2m^2+xL)^{-1}\end{aligned}$$

或像在 (8) 式中那样完成 L 的积分

$$\begin{aligned}&(8\mathrm{i})\int(1;k_\sigma)\mathrm{d}^4kk^{-2}C(k^2)(k^2-2p\cdot k)^{-1}\\&=\int_0^1(1;(1-x)p_\sigma)2\mathrm{d}x\ln\frac{x\lambda^2+(1-x^2)m^2}{(1-x)^2m^2}\end{aligned}$$

现在假设 $\lambda^2\gg m^2$, 在对数的变量中, 相对于 $x\lambda^2$ 略去 $(1-x)^2m^2$, 则它变成 $\dfrac{\lambda^2}{m^2}\dfrac{x}{(1-x)^2}$. 又因为 $\displaystyle\int_0^1\mathrm{d}x\ln\frac{x}{(1-x)^2}=1$ 以及 $\displaystyle\int_0^1(1-x)\mathrm{d}x\ln\frac{x}{(1-x)^2}=-\frac{1}{4}$, 得

$$\begin{aligned}&(8\mathrm{i})\int(1;k_\sigma)k^{-2}C(k^2)\mathrm{d}^4k(k^2-2p\cdot k)^{-1}\\&=\left(2\ln\frac{\lambda^2}{m^2}+2;p_\sigma\left(\ln\frac{\lambda^2}{m^2}-\frac{1}{2}\right)\right)\end{aligned}$$

所以代入 (19) 式 (在把 (19) 式中的 $(\not p-\not k-m)^{-1}$ 换成 $(\not p-\not k+m)(k^2-2p\cdot k)^{-1}$ 之后) 用 (4a) 式去掉 γ_μ 给出

$$\begin{aligned}(19)&=\frac{e^2}{8\pi}\gamma_\mu\left[(\not p+m)\left(2\ln\frac{\lambda^2}{m^2}+2\right)-\not p\left(\ln\frac{\lambda^2}{m^2}-\frac{1}{2}\right)\right]\gamma_\mu\\&=\frac{e^2}{8\pi}\left[8m\left(\ln\frac{\lambda^2}{m^2}+1\right)-\not p\left(2\ln\frac{\lambda^2}{m^2}+5\right)\right]\end{aligned}\tag{20}$$

这与正文中 (20) 式一致, 当用 m 代替 $\not p$ 时便给出自能 (21).

b. 对散射的修正

无辐射散射中的项 (12), 正像我们已讨论过的, 在化掉矩阵分母和应用 $p_1^2=p_2^2=m^2$ 之后, 需要求积分 (9a). 这是一个有三个分母因子的积分, 我们分两步来进行. 首先用参数 y 把因子 $(k^2-2p_1\cdot k)$ 和 $(k^2-2p_2\cdot k)$ 组合在一起, 由 (14a) 式

$$(k^2-2p_1\cdot k)^{-1}(k^2-2p_2\cdot k)^{-1}=\int_0^1 \mathrm{d}y(k^2-2p_y\cdot k)^{-2}$$

其中

$$p_y=yp_1+(1-y)p_2 \tag{21a}$$

因此, 我们需要积分

$$(8\mathrm{i})\int(1;k_\sigma;k_\sigma k_\tau)\mathrm{d}^4k(k^2-L)^{-2}(k^2-2p_y\cdot k)^{-2} \tag{22a}$$

然后我们要将它对 y 从 0 到 1 积分. 下一步直接由 (20a) 式令 $p=p_y,\Delta=0$ 来计算积分 (22a)

$$\begin{aligned}(22\mathrm{a})=&-\int_0^1\int_0^1\left(1;xp_{y\sigma};x^2p_{y\sigma}p_{y\tau}-\frac{1}{2}\delta_{\sigma\tau}(x^2p_y^2+(1-x)L)\right)\\&\times 2x(1-x)\mathrm{d}x(x^2p_y^2+L(1-x))^{-2}\mathrm{d}y\end{aligned}$$

现在, 按 (8a) 式的要求, 转向对 L 的积分. $(1;k_\sigma;k_\sigma k_\tau)$ 中的第一项 1, 当 L 大时不会有麻烦, 但若 L 取为零则会有结果 $x^{-2}p_y^{-2}$, 它当 $x\to 0$ 时导致对 x 的积分发散. 这个红外灾难可用 L 的积分下限 $\lambda_{\min}^2$ 来分析. 对于最后一项, L 的上限必须取为 λ^2. 假设 $\lambda_{\min}^2\ll p_y^2\ll\lambda^2$. 正如自能情况一样, x 积分仍是没有困难的. 人们发现

$$\begin{aligned}&(-8\mathrm{i})\int(k^2-\lambda_{\min}^2)^{-1}\mathrm{d}^4kC(k^2-\lambda_{\min}^2)(k^2-2p_1\cdot k)^{-1}\\&\cdot(k^2-2p_2\cdot k)^{-1}=\int_0^1 p_y^{-2}\mathrm{d}y\ln\frac{p_y^2}{\lambda_{\min}^2}\end{aligned} \tag{23a}$$

$$(-8\mathrm{i})\int k_\sigma k^{-2}\mathrm{d}^4kC(k^2)(k^2-2p_1\cdot k)^{-1}(k^2-2p_2\cdot k)^{-1}=2\int_0^1 p_{y\sigma}p_y^{-2}\mathrm{d}y \tag{24a}$$

$$\begin{aligned}&(-8\mathrm{i})\int k_\sigma k_\tau k^{-2}\mathrm{d}^4kC(k^2)(k^2-2p_1\cdot k)^{-1}(k^2-2p_2\cdot k)^{-1}\\&=\int_0^1 p_{y_\sigma}p_{y\tau}p_y^{-2}\mathrm{d}y-\frac{1}{2}\delta_{\sigma\tau}\int_0^1\mathrm{d}y\ln\frac{\lambda^2}{p_y^2}+\frac{1}{4}\delta_{\sigma\tau}\end{aligned} \tag{25a}$$

对 y 的积分给出

$$\int_0^1 p_y^{-2}\mathrm{d}y\ln(p_y^2\lambda_{\min}^{-2}) = 4(m^2\sin 2\theta)^{-1}\left[\theta\ln\frac{m}{\lambda_{\min}} - \int_0^\theta \alpha\tan\alpha\mathrm{d}\alpha\right] \tag{26a}$$

$$\int_0^1 p_{y\sigma}p_y^{-2}\mathrm{d}y = \theta(m^2\sin 2\theta)^{-1}(p_{1\sigma}+p_{2\sigma}) \tag{27a}$$

$$\int_0^1 p_{y\sigma}p_{y\tau}p_y^{-2}\mathrm{d}y = \theta(2m^2\sin 2\theta)^{-1}(p_{1\sigma}+p_{1\tau})(p_{2\sigma}+p_{2\tau}) + q^{-2}q_\sigma q_\tau(1-\theta\operatorname{ctn}\theta) \tag{28a}$$

$$\int_0^1 \mathrm{d}y\ln(\lambda^2 p_y^{-2}) = \ln\frac{\lambda^2}{m^2} + 2(1-\theta\operatorname{ctn}\theta) \tag{29a}$$

这些关于 y 的积分的积分步骤如下. 因为 $p_2 = p_1 + q$ (其中 q 为势携带的动量) 由 $p_2^2 = p_1^2 = m^2$ 得 $2p_1\cdot q = -q^2$, 于是由 $p_y = p_1 + q(1-y)$ 得到 $p_y^2 = m^2 - q^2y(1-y)$. 代换 $2y-1 = \tan\alpha/\tan\theta$ (其中 θ 是由 $4m^2\sin^2\theta = q^2$ 定义的, 是很有用的, 这是因为 $p_y^2 = m^2\sec^2\alpha/\sec^2\theta$ 以及 $p_y^{-2}\mathrm{d}y = (m^2\sin 2\theta)^{-1}\mathrm{d}\alpha$, 其中 α 由 $-\theta$ 变到 θ.

将这个结果代入原始散射公式 (2a) 便给出 (22) 式. 经常应用下述事实将其简化: 即 $\not{p}_1$ 作用在初态上得 m, 同样当 $\not{p}_2$ 出现在左边时也可用 m 代替. [这样, 简化为

$$\begin{aligned}\gamma_\mu\not{p}_2\not{a}\not{p}_1\gamma_\mu &= -2\not{p}_1\not{a}\not{p}_2 = -2(\not{p}_2-\not{q})\not{a}(\not{p}_1+\not{q})\\ &= -2(m-\not{q})\not{a}(m+\not{q})\end{aligned}$$

(其中的头一个等式根据 (4a) 式), 因为 $\not{q} = \not{p}_2 - \not{p}_1 = m - m$ 有零矩阵元, 所以 $\not{q}\not{a}\not{q} = -q^2\not{a} + 2(a\cdot q)\not{q}$ 的一项就等价于 $-q^2\not{a}$.] 重正化项要求计算对应于特殊情况 $q=0$ 的积分.

c. 真空极化

真空极化问题中, $J_{\mu\nu}$ 的表达式 (32) 和 (32)′ 要求计算积分

$$J_{\mu\nu}(m^2) = -\frac{e^2}{\pi\mathrm{i}}\int \mathrm{Sp}\left[\gamma_\mu\left(\not{p}-\frac{1}{2}\not{q}+m\right)\cdot\gamma_\mu\left(\not{p}+\frac{1}{2}\not{q}+m\right)\right]\mathrm{d}^4p$$
$$\left(\left(p-\frac{1}{2}q\right)^2-m^2\right)^{-1}\left(\left(p+\frac{1}{2}q\right)^2-m^2\right)^{-1} \tag{32}$$

其中为稍微简化一下计算, 我们已用 $p-\dfrac{1}{2}q$ 代换了 p. 我们将通过研究下述积分来演示计算方法

$$I(m^2) = \int p_\sigma p_\tau\mathrm{d}^4p\left(\left(p-\frac{1}{2}q\right)^2-m^2\right)^{-1}\cdot\left(\left(p+\frac{1}{2}q\right)^2-m^2\right)^{-1}$$

分母中的因子, $p^2-p\cdot q-m^2+\frac{1}{4}q^2$ 和 $p^2+p\cdot q-m^2+\frac{1}{4}q^2$ 与通常一样用 (8a) 组合在一起, 但为了对称, 我们作代换 $x=\frac{1}{2}(1+\eta)$, $(1-x)=\frac{1}{2}(1-\eta)$, 并对 η 由 -1 到 $+1$ 积分

$$I(m^2)=\int_{-1}^{+1}p_\sigma p_\tau \mathrm{d}^4p\left(p^2-\eta p\cdot q-m^2+\frac{1}{4}q^2\right)^{-2}\frac{\mathrm{d}\eta}{2} \tag{30a}$$

但对 p 的积分, 因其严重地发散, 没有排在我们的积分表里. 然而, 正如在第七节 (32)′ 式中所讨论过的那样, 我们不需要求 $I(m^2)$ 而是要求 $\int_0^\infty[I(m^2)-I(m^2+\lambda^2)]G(\lambda)\mathrm{d}\lambda$. 我们可以这样来计算差 $I(m^2)-I(m^2+\lambda^2)$, 即先算 I 在 m^2+L 点对 m^2 的微商 $I'(m^2+L)$, 然后再对 L 从 0 到 λ^2 积分. 将 (30a) 式相对 m^2 微分得

$$I'(m^2+L)=\int_{-1}^{+1}p_\sigma p_\tau \mathrm{d}^4p\left(p^2-\eta p\cdot q-m^2-L+\frac{1}{4}q^2\right)^{-3}\mathrm{d}\eta$$

这仍然发散, 但是, 我们可以再微商一次得到

$$\begin{aligned}I''(m^2+L)&=3\int_{-1}^{1}p_\sigma p_\tau \mathrm{d}^4p\left(p^2-\eta p\cdot q-m^2-L+\frac{1}{4}q^2\right)^{-4}\mathrm{d}\eta\\&=-\frac{1}{8\mathrm{i}}\int_{-1}^{+1}\left(\frac{1}{4}\eta^2q_\sigma q_\tau D^{-2}-\frac{1}{2}\delta_{\sigma\tau}D^{-1}\right)\mathrm{d}\eta\end{aligned} \tag{31a}$$

$\left(\text{其中 } D=\frac{1}{4}(\eta^2-1)q^2+m^2+L\right)$ 现在它收敛了, 并可用 (13a) 式以及 $p=\frac{1}{2}\eta q$ 和 $\Delta=m^2+L-\frac{1}{4}q^2$ 将其求出来. 为了得到 I', 可以把 I'' 当成一个不定积分来对 L 积分. 并且我们可以选择任何方便的任意常数. 这是因为 I' 中的常数 C 意味着在 $I(m^2)-I(m^2+\lambda^2)$ 中有一项 $-C\lambda^2$, 因为我们要将结果乘以 $G(\lambda)\mathrm{d}\lambda$ 后积分, 而 $\int_0^\infty\lambda^2G(\lambda)\mathrm{d}\lambda=0$, 所以它将消失. 这表明, (31a) 式对 L 积分中出现的对数不会有问题. 我们可取

$$I'(m^2+L)=\frac{1}{8\mathrm{i}}\int_{-1}^{1}\left[\frac{1}{4}\eta^2q_\sigma q_\tau D^{-1}+\frac{1}{2}\delta_{\sigma\tau}\ln D\right]\mathrm{d}\eta+C\delta_{\sigma\tau}$$

继续对 L 积分, 最后再对 η 积分都没有新的问题, 结果是

$$\begin{aligned}&-\frac{1}{8\mathrm{i}}\int p_\sigma p_\tau \mathrm{d}^4p\left(\left(p+\frac{q}{2}\right)^2-m^2\right)^{-1}\left(\left(p-\frac{q}{2}\right)^2-m^2\right)^{-1}\\&=(q_\sigma q_\tau-\delta_{\sigma\tau}q^2)\left[\frac{1}{9}-\frac{4m^2-q^2}{3q^2}\left(1-\frac{\theta}{\tan\theta}\right)+\frac{1}{6}\ln\frac{\lambda^2}{m^2}\right]\end{aligned}$$

$$+\delta_{\sigma\tau}\left[(\lambda^2+m^2)\ln\left(\frac{\lambda^2}{m^2}+1\right)-C'\lambda^2\right] \tag{32a}$$

其中我们已假定 $\lambda^2 \gg m^2$, 并且把某些项归入了与 λ^2 无关的任意常数 C'. (不过原则上它可能与 q^2 有关), 在对 $G(\lambda)\mathrm{d}\lambda$ 积分后它就消失了. 我们已经设 $q^2 = 4m^2\sin^2\theta$.

以非常类似的方式可以计算分子中有 m^2 的积分. 当然在计算 I' 和 I'' 时必须也对这个 m^2 微商. 结果是

$$\begin{aligned}&-8\mathrm{i}\int m^2\mathrm{d}^4p\left(\left(p-\frac{q}{2}\right)^2-m^2\right)^{-1}\left(\left(p+\frac{q}{2}\right)^2-m^2\right)^{-1}\\&=4m^2(1-\theta\operatorname{ctn}\theta)-\frac{q^2}{3}+2(\lambda^2+m^2)\ln\left(\frac{\lambda^2}{m^2}+1\right)-C''(\lambda^2)\end{aligned} \tag{33a}$$

它带有另一个不重要的常数 C''. 完整的问题要求进一步积分

$$\begin{aligned}&-8\mathrm{i}\int(1;p_\sigma)\mathrm{d}^4p\left(\left(p-\frac{q}{2}\right)^2-m^2\right)^{-1}\left(\left(p+\frac{q}{2}\right)^2-m^2\right)^{-1}\\&=(1;0)\left(4(1-\theta\operatorname{ctn}\theta)+2\ln\frac{\lambda^2}{m^2}\right)\end{aligned} \tag{34a}$$

当然, 积分 (34a) 乘以 m^2 的值不同于 (33a), 因为右边的结果实际上不是左边的积分, 而是等于其真实值减去其

$$m^2 = m^2 + \lambda^2$$

时的值.

正如 (32) 式所要求的, 将这些量综合在一起, 略去常数 C', C'', 再求迹便给出 (33) 式. 这里迹是用通常的办法来求的. 注意, 任何奇数个 γ 矩阵的迹等于零, 而对于任意 A 与 B 都有 $\mathrm{Sp}\,(AB) = \mathrm{Sp}\,(BA), \mathrm{Sp}\,(1) = 4$, 还有

$$\frac{1}{4}\mathrm{Sp}\,[(\not p_1+m_1)(\not p_2-m_2)] = p_1\cdot p_2 - m_1m_2 \tag{35a}$$

$$\begin{aligned}&\frac{1}{4}\mathrm{Sp}\,[(\not p_1+m_1)(\not p_2-m_2)(\not p_3+m_3)(\not p_4-m_4)]\\&=(p_1\cdot p_2-m_1m_2)(p_3\cdot p_4-m_3m_4)\\&\quad-(p_1\cdot p_3-m_1m_3)(p_2\cdot p_4-m_2m_4)\\&\quad+(p_1\cdot p_4-m_1m_4)(p_2\cdot p_3-m_2m_3)\end{aligned} \tag{36a}$$

其中 p_i, m_i 是任意四矢和常数.

有意思的是 $\lambda^2\ln\lambda^2$ 量级的项没有了, 所以电荷重正化只是对数式的依赖于 λ^2. 对于某些介子理论, 此点不成立. 电动力学也许是唯一的发散性较缓和的理论.

d. 更复杂的问题

可用类似于在比较简单的问题中使用过的方法来计算复杂问题的矩阵元. 我们给出 3 个例子, 即对 Møller 散射, Compton 散射, 以及中子与电磁场的相互作用的高级修正.

对于 Møller 散射, 考虑两个电子, 一个处于动量为 p_1 的态 u_1 中, 另一个处于动量为 p_2 的态 u_2 中. 稍后在 p_3, u_3 和 p_4, u_4 态中发现了它们. 这是可能发生的 $\left(\text{在 } \dfrac{e^2}{\hbar c} \text{ 的一级}\right)$, 因为它们可以 (4) 式和图 1 的方式交换一动量为 $q = p_1 - p_3 = p_4 - p_2$ 的量子. 这个过程的矩阵元正比于 (将 (4) 式变到动量空间)

$$(\bar{u}_4\gamma_\mu u_2)(\bar{u}_3\gamma_\mu u_1)q^{-2} \tag{37a}$$

我们讨论将 (37a) 式修正到 $\dfrac{e^2}{\hbar c}$ 的下一级. (也有可能, 在点 2 的电子最终到达点 3, 在点 1 的电子跑到点 4, 中途它们交换了动量为 $p_3 - p_2$ 的量子. 按照不相容原理, 必须从 (37a) 中减去这个过程的振幅, $(\bar{u}_4\gamma_\mu u_1)(\bar{u}_3\gamma_\mu u_2)(p_3 - p_2)^{-2}$. 类似的情况对每一级都存在, 所以我们只需要详细考虑对 (37a) 的修正, 保留到最后再减去交换 3, 4 的同样的项.)

修正 (37a) 的原因之一是, 可能以图 8a 的方式交换两个量子. 所有这类交换的总的矩阵元是

$$\frac{e^2}{\pi\mathrm{i}}\int(\bar{u}_3\gamma_\nu(\not{p}_1-\not{k}-m)^{-1}\gamma_\mu u_1)(\bar{u}_4\gamma_\nu(\not{p}_2+\not{k}-m)^{-1}\cdot\gamma_\mu u_2)k^{-2}(q-k)^{-2}\mathrm{d}^4k \tag{38a}$$

根据图和普遍规则, 很清楚: 在相互作用 γ_μ 之间, 动量为 p 的电子在振幅中贡献 $(\not{p} - m)^{-1}$, 而动量为 k 的量子贡献 k^{-2}, 对 d^4k 积分并对 μ 及 ν 求和, 我们就把全部图 8a 类型的图的贡献加了起来. 如果电子 2 吸收动量为 k 的量子 γ_μ 的时间晚于吸收动量为 $q - k$ 的量子 γ_ν, 则相应于虚态 $p_2 + k$ 的是正电子. (所以 (38a) 式包括了传统的分析方法的三十多项.)

在对所有这些可能进行积分时, 我们已经考虑了图 8a 的沿轨迹保持事件的次序的全部可能的变形图. 然而我们没有包括相应图 8b 的可能性, 它们的贡献是

$$\frac{e^2}{\pi\mathrm{i}}\int(\bar{u}_3\gamma_\nu(\not{p}_1-\not{k}-m)^{-1}\gamma_\nu u_1)(\bar{u}_4\gamma_\mu(\not{p}_2+\not{q}-\not{k}-m)^{-1}\gamma_\nu u_2)k^{-2}\cdot(q-k)^{-2}\mathrm{d}^4k \tag{39a}$$

这正如由带标记的图所容易证实的那样. 事件可能发生的所有方式的贡献都加上了. 这意味着, 等权重地把每个拓扑不同图所相应的积分相加.

到同一级近似还有图 8d 的可能, 它给出

$$\frac{e^2}{\pi\mathrm{i}}\int(\bar{u}_3\gamma_\nu(\not{p}_3-\not{k}-m)^{-1}\gamma_\mu(\not{p}_1-\not{k}-m)^{-1}\gamma_\nu u_1)\cdot(\bar{u}_4\gamma_\mu u_2)k^{-2}q^{-2}\mathrm{d}^4k$$

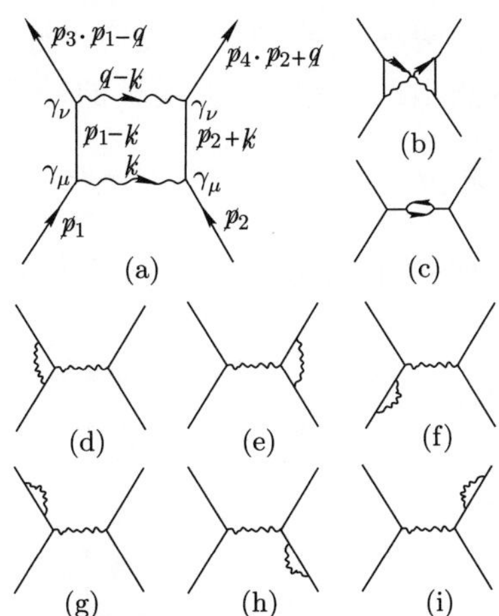

(b) (c) (d) (e) (f) (g) (h) (i)

图 8 两个电子之间近似到 $(e^2/\hbar c)^2$ 级的相互作用, 把每个包括两个虚量子的图的贡献相加, 附录 D

很快会看到, 这个对 k 的积分正好是散射的辐射修正的积分 (12), 后者我们已经算出来了. 这项可与重正化项组合, 后者来源于质量改变效应与图 8f 和图 8g 所对应项之差. 对图 8e, 图 8h 和图 8i 也可作类似的分析.

最后, 图 8c 这项显然与真空极化问题有关, 并且, 完成积分后得到正比于 $(\bar{u}_4\gamma_\mu u_2)(\bar{u}_3\gamma_\nu u_1)J_{\mu\nu}q^{-4}$ 的项. 若电荷是重正化的, 在 (33) 式中 $J_{\mu\nu}$ 的 $\ln\left(\dfrac{\lambda}{m}\right)$ 项可忽略不计, 则再也没有什么与切断有关了.

唯一的需要我们求的新积分是收敛积分 (38a) 式和 (39a) 式, 把各个分母中的矩阵化掉, 再用 (14a) 式将其组合起来, 可以简化这两个积分. 例如, (38a) 式包含着因子

$$(k^2-2p_1\cdot k)^{-1}(k^2+2p_2\cdot k)^{-1}k^{-2}(q^2+k^2-2q\cdot k)^{-2}.$$

头两个因子可以用 (14a) 式以参数 x 组合, 而后一对用 (15a) 式对 b 微商得到的表达式组合, 称其参数为 y. 结果得到因子 $(k^2-2p_x\cdot k)^{-2}(k^2+yq^2-2yq\cdot k)^{-4}$, 于是对 d^4k 的积分现在包含两个因子, 而且可用前面附录中给出的方法来计算, 接下去的对参数 x 和 y 的积分是复杂的, 还没有详细地算出来.

对带电介子情况, 常常可大大减少项数. 例如, 对于由交换两个介子而产生的质子之间的相互作用, 只有相应于图 8b 的项保留下来. 譬如说, 图 8a 是不可能的, 因为如果第一个质子辐射正介子, 第二个质子不可能吸收它. 因为只有中子才能吸收正介子.

作为第二个例子, 考虑对 Compton 散射的辐射修正. 正如从 (15) 式和图

5 看到的那样, 这个散射用两项表示, 因此, 我们可以分别考虑对每项的修正. 图 9 画出了对图 5a 的修正项的类型. 把虚量子的动量记作 k, 图 9a 给出积分

$$\int \gamma_\mu(\not{p}_2 - \not{k} - m)^{-1}\not{e}_2(\not{p}_1 + \not{q}_1 - \not{k} - m)^{-1}\not{e}_1(\not{p}_1 - \not{k} - m)^{-1}\gamma_\mu k^{-2}\mathrm{d}^4k$$

不用切断, 它就收敛, 并可用本附录所描述的方法化简.

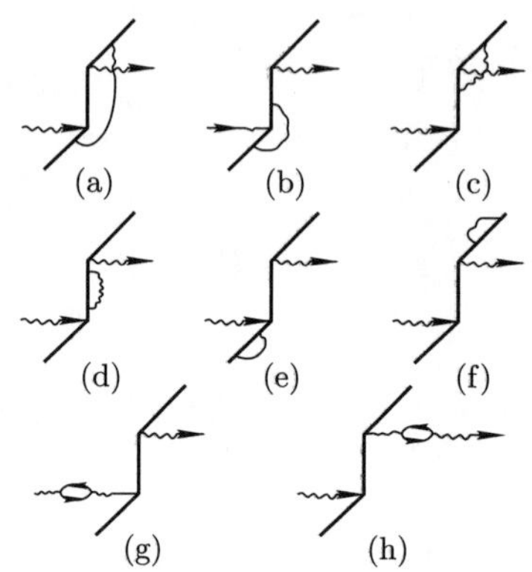

图 9 对附注 D 中图 5 的 Compton 散射项 (a) 的辐射修正

其余的项, 相对来讲是容易计算的. 图 9 的 b 和 c 项与辐射修正密切相关 (尽管因为其中一个态不是自由电子态, $(p_1+q)^2 \neq m^2$, 以致更难算一点). 图 9 的 e 和 f 项是重正化项. 图 9 的 d 项必须减去质量 Δm 的效应, 正像由 (26) 式和 (27) 式导致 (28) 式所进行的分析那样, 只是其中 $p' = p_1 + q, a = e_2, b = e_1$. 因为对自由光量子 $q_1^2 = 0, q_2^2 = 0$, 真空极化效应是零, 所以图 9 的 g 和 h 项的贡献为零. 总的结果对切断的值 λ 不敏感.

结果表明, 红外灾难是修正效应的最大部分. 当在 $\lambda_{\min}$ 处切断时, 正比于 $\ln\dfrac{m}{\lambda_{\min}}$ 的效应是

$$\frac{e^2}{\pi}\ln\frac{m}{\lambda_{\min}}(1 - 2\theta\operatorname{ctn}2\theta) \tag{40a}$$

乘以未修正的振幅, 其中 $(p_2 - p_1)^2 = 4m^2\sin^2\theta$. 这与偏转 $p_2 - p_1$ 的散射的辐射修正结果相同. 在物理上这是很清楚的, 因为短寿命的中间态不能影响长波量子. 红外效应来自[28], 要根据下列渐近库仑场来精细调整场, 该渐近库仑场的特征是, 碰撞前电子的动量为 p_1, 碰撞后电子在新方向 p_2 上运动.

总修正式是一个包含超越积分的非常复杂的表达式.

我们考虑的最后一个例子是, 由于中子可以发射虚的负介子, 所以中子可以与电磁场相互作用. 选赝矢耦合的赝标介子作为例子. 电磁场 $\not{A} =$

[28] F. Bloch 和 A. Nordsieck, *Phys. Rev.*, **52**, 54 (1937).

$\not{a}\exp(-\mathrm{i}q\cdot x)$ 引起的振幅的变化决定了这个场对中子的散射. 在小 q 极限下, 它将像有磁矩的粒子的相互作用 $\not{q}\not{a}-\not{a}\not{q}$ 一样变化. 考虑电子与核子间交换一个量子, 同样的计算给出电子与中子的一级相互作用. 在此情况下 a_μ 是 q^{-2} 乘以 γ_μ 在电子初末态之间的矩阵元, 这两个态的动量之差是 q.

中子的电磁相互作用可以通过下述方式发生: 动量为 p_1 的中子发射一个负介子而变成质子, 这个质子与场相互作用之后再吸收那个介子 (参看图 10a). 这个过程的矩阵是 $(p_2=p_1+q)$

$$\int\gamma_5\not{k}(\not{p}_2-\not{k}-M)^{-1}\not{a}(\not{p}_1-\not{k}-M)(\gamma_5\not{k})(k^2-\mu^2)^{-1}\mathrm{d}^4k \tag{41a}$$

另外也可能是介子与场相互作用. 我们假设介子以服从 Klein-Gordon 方程 (35) 的标量势与场作用 (参看图 10b),

$$-\int\gamma_5\not{k}_2(\not{p}_1-\not{k}_1-M)^{-1}(\gamma_5\not{k}_1)(k_2^2-\mu^2)^{-1}(k_2\cdot a-k_1\cdot a)(k_1^2-\mu^2)^{-1}\mathrm{d}^4k_1 \tag{42a}$$

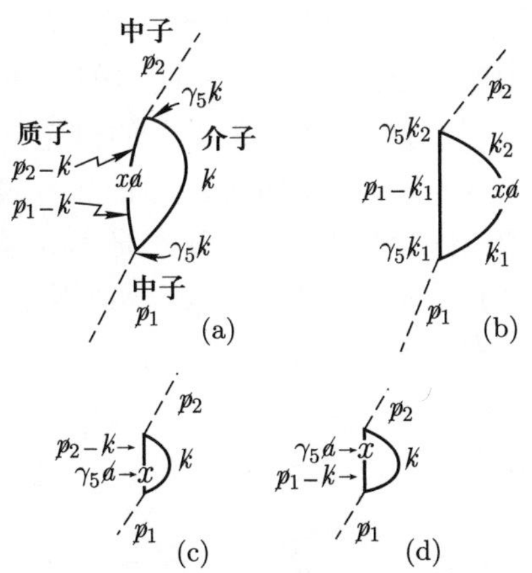

图 10 按照介子理论, 中子可以通过发射虚的带电介子而与电磁势 a 相互作用. 此图画出了具有赝矢耦合的赝标介子的情况, 附注 D

其中我们已经令 $k_2=k_1+q$. 符号的改变来源于虚介子是负的, 最后还有来自赝矢耦合 $\gamma_5\not{a}$ 部分的两项 (参看图 10c,10d)

$$\int(\gamma_5\not{k})(\not{p}_2-\not{k}-M)^{-1}(\gamma_5\not{a})(k^2-\mu^2)^{-1}\mathrm{d}^4k \tag{43a}$$

和

$$\int(\gamma_5\not{a})(\not{p}_1-\not{k}-M)^{-1}(\gamma_5\not{k})(k^2-\mu^2)^{-1}\mathrm{d}^4k \tag{44a}$$

按照介子理论那节所讨论过的方式使用收敛因子, 我们就可以计算每个积分并把结果合并. 按 q 的幂展开, 头一项是中子磁矩, 它对切断不敏感, 第二项是中子对慢电子的散射振幅, 它对数式地依赖于切断点值.

在积分之前就可以对这些表达式进行某些简化和合并, 这样使积分稍微容易一些, 并且也显示出了它与赝标耦合情况的关系. 例如, 在 (41a) 式中, 因为当 $\not{p}_1$ 作用在初始中子态上时 $\not{p}_1 = M$, 所以最后的 $\gamma_5 \not{k}$ 可以写为 $\gamma_5(\not{k}-\not{p}_1+M)$. 又因 γ_5 与 $\not{p}_1$ 和 $\not{k}_1$ 都反对易, 所以这项可写为 $(\not{p}_1 - \not{k} - M)\gamma_5 + 2M\gamma_5$. 其中头一项与 $(\not{p}_1 - \not{k} - M)^{-1}$ 相约, 所得结果恰与 (43a) 式相消. 用类似的方式, 可把 (41a) 式中头一个因子 $\gamma_5 \not{k}$ 写成 $-2M\gamma_5 - \gamma_5(\not{p}_2 - \not{k} - M)$, 由其中第二项可得到一个没有 $(\not{p}_2 - \not{k} - M)^{-1}$ 因子的较简单的项, 并可与 (44a) 式中的类似项合并. 以类似的方式简化 (42a) 式中的 $\gamma_5 \not{k}_1$ 和 $\gamma_5 \not{k}_2$. 最后得到像 (41a) 式和 (42a) 式那样的项, 不过它们有赝标耦合 $2M\gamma_5$, 而不是 $\gamma_5 \not{k}$, 没有与 (43a) 式或 (44a) 式相似的项, 其余的项表示赝矢耦合与赝标耦合效应的差. 赝标项与切断没有敏感的关系, 而差项对数式地依赖于切断点值. 差项影响电子中子相互作用, 却不影响中子的磁矩.

可以类似地分析质子与电磁势的相互作用. 虚介子对质子的电磁性质有影响, 即使这些介子是中性的也是如此. 这点类似于由虚光子带来的电子散射的辐射修正. 由带电介子引起的中子和质子的磁矩之和等于由相应的中性介子理论中算出的质子磁矩. 实际上, 通过图形的比较, 容易看出, 对于任何 q, 按照中性介子理论计算到电磁势的一阶的质子散射矩阵等于介子带电时中子矩阵和质子矩阵之和. 对于任何种类的介子耦合或混合的介子耦合, 上述结论到所有级次都成立 (略去中子和质子的质量差).

郑重声明

诺贝尔物理学奖获得者著作选译

ISBN: 978-7-04-020849-8

ISBN: 978-7-04-035173-6

ISBN: 978-7-04-024306-2

ТЕОРЕТИЧЕСКАЯ ФИЗИКА ТОМ VI
ГИДРОДИНАМИКА
朗道
理论物理学教程 第六卷
流体动力学 (第五版)

ISBN: 978-7-04-030572-2

ISBN: 978-7-04-034659-6

ТЕОРЕТИЧЕСКАЯ ФИЗИКА ТОМ IX
СТАТИСТИЧЕСКАЯ
ФИЗИКА Часть 2
朗道
理论物理学教程 第九卷
统计物理学 II
(凝聚态理论) (第四版)
高等教育出版社

ISBN: 978-7-04-031953-8

ISBN: 978-7-04-024160-0